암호 수학

| 양정모 | 지음

경문사

머리말

현대사회가 정보화 시대를 넘어서 4차 산업혁명 시대로 접어들었다. 즉, 세계적으로 생명과학이 주도하는 시대가 되었으며, 바야흐로 무인자동차, 드론, 알파고와 같은 인공지능, IT기술로 탄생한 인간을 대신하는 로봇 시대가 도래하였다. 이는 IT의 근간인 정보전달의 핵심가치를 기반에 두고 있는 것이다. 이러한 시대에 정보보안문제를 이론적으로 다루는 암호학은 필수적인 학문이 되었다.

이 교재는 암호학에서 필요로 하는 수학적 소재를 별도로 편성하여 암호수학이라는 이름으로 구성하여 보았다. 전체적인 구성은 암호학에서 널리 사용하는 정수론의 기초 분야, 대수적 구조 분야, 그리고 무한수열과 인수분해, 부호이론(coding theory) 정도로 편성해 보았다. 이외에도 많은 수학적 소재가 다루어지고 있으나 우선 이 정도로 구성하여 출간하게 되었다.

이 책은 두 학기에 걸쳐 강의하는 것으로 1학기에는 1장과 2장을, 2학기에는 3장과 4장을 강의하면 무난할 듯하다. 1장은 공개열쇠암호에서 많이 다루는 정수론에 대한 일반적인 내용으로 편성해 보았고, 2장은 역시 암호 전반에서 다루는 대수학의 내용을 알맞게 구성해 보았다. 3장은 스트림 암호 등에서 열쇠설계 소재로 다루는 무한수열과 인수분해 문제를 다루었고, 4장은 부호이론으로 구성해 보았다.

특히, 4장의 부호이론은 대수학, 확률론, 그리고 통계학의 이론을 토대로 하여 발전하여 왔으며 초기에는 암호학과 정보이론 분야에 활용되면서 그 중요성이 증대되다가, 이제는 국가적 차원에서 공학뿐만 아니라 경영학, 경제학, 사회과학 등 많은 학문 분야의 기초과목으로 학습을 하도록 하는 추세가 되었다. 이러한 이유는 4차 산업혁명 시대에서 요구하는 소프트웨어에 대한 이해와 개발을 하기 위한 논리적 사고, 창의적 발현, 문제해결능력 함양 등을 기르는 데 그 목적이 있기 때문이다.

부호이론은 코딩교육과 매우 밀접한 관계가 있다. 일반적으로 코딩(부호)교육이란 코딩(명령어를 넣는 작업), 알고리즘(명령체계), 프로그래밍(모든 절차와 과정) 등을 배우는 교육과정을 말한다. 이러한 교육을 받은 후에 실제 구현을 하기 위해 각 객체별 명령어(C언어 등)도 배우게 된다.

이 책은 암호학을 공부하는 데 약간의 도움이 되었으면 하는 바람이다. 끝으로 이 책이 출간되기까지 여러모로 애써주신 경문사 사장님, 편집부 한경수 선생님, 그리고 여러 해 동안 원고를 집필하는데 내조를 아끼지 않은 정수영 여사와 세 딸들에게 감사한 마음을 전한다.

2019년 2월

저자

차 례

제1장 정 수

제2장 대수적 구조

제3장 무한수열과 정수의 인수분해

제4장 대수적 부호론

제 1 장 정수

제 1 장에서는 암호수학의 가장 기초적인 토대인 함수의 개념과 성질들에 관해 설명하고, 나아가 집합간의 사상 및 관계, 일반적인 정수론과 행렬에 대해 소개하고자 한다.

1.1 집합과 함수

1.1.1 집합

1) 집합의 정의

우리들의 직관 또는 사고의 대상물로 서로 상이하고 또 내용 규정이 명확한 것의 모임을 종합된 한 개의 것으로 생각할 때 이것을 **집합**(set)이라 하고, 집합을 이루고 있는 개개의 것을 **원소**(element) 또는 **원**(member)이라 한다. 여기서 말하는 집합이란 막연한 대상이 아닌 서재 안의 책의 집합이라든지, 대한민국의 국적을 가진 사람의 집합 등과 같이 어느 하나로 공통된 특징에 의해 통일될 수 있는 대상의 모임을 생각한다. 즉, 집합이란 여러 가지 사항을 기호화하고 추상화한 것이라고 생각할 수 있다. 대상이 명확해야만 모델화가 용이해지고 모델화를 행함에 따라 기계적 절차에 의한 계산법이 가능하게 되어 이것이 알고리즘(algorithm) 개발로 이어진다.

보기 1 다음 모임들 중 어느 것이 집합이라고 말할 수 있는가? 또, 집합인 경우 유한집합인지 무한집합인지를 구분하고 유한집합인 경우 위수를 구하여라.

(1) 전 세계 인터넷 이용자들의 모임

(2) 정수들의 모임

(3) 영어 알파벳의 모음들의 모임

(4) 소수(prime number)들의 모임

■ **풀이** (1) 집합이 아니다.

(2) $|Z| = \infty$, 무한집합.

(3) $|A| = 5$, 유한집합.

(4) $|P| = \infty$, 유한집합.

2) 집합의 표시법

집합을 나타내는 방법은 크게 두 가지로 분류할 수 있다. 첫째, 집합을 이루고 있는 원소를 { }를 사용하여 일렬로 나열해 놓는 표시 방법을 **원소나열법**(tabular form)이라 한다. 예를 들면 정수 전체의 집합을 Z라 하면

$$Z = \{\cdots, -2, -1, 0, 1, 2, \cdots\}$$

로 나타낼 수 있다. 둘째, 어떤 집합에 속하는 각 원소 x를 만족시키는 성질 $p(x)$를 제시함으로써 그 집합을 나타내는 방법이 있다. 이때, 성질 $p(x)$을 만족하는 x 전체의 집합은

$$\{x \mid p(x)\}$$

로 나타낸다. 또 성질 $p(x)$을 만족시키는 R의 원소 x 전체의 집합은

$$\{x \in R \mid p(x)\} \text{ 또는 } \{x \mid x \in R,\ p(x)\}$$

로 나타낸다. 이러한 표시 방법을 **조건제시법** 또는 **집합구성표시법**(set-builder form)이라 한다. 예를 들면 $x^2 - 3x = -2$을 만족하는 x 전체의 집합을 G라 하면

$$G = \{x \mid x^2 - 3x = -2\}$$

로 나타낼 수 있다.

보기 2 보기 1에서 집합인 경우 원소나열법 또는 조건제시법으로 집합을 표시하여라.

■ **풀이** (2) $Z = \{n \mid n\text{은 정수}\}$

(3) $A = \{a, e, i, o, u\}$

(4) $P = \{p \mid p\text{는 소수}\}$

3) 부분집합

두 집합 A, B가 동일한 원소를 포함하고 있을 때, 이 두 집합은 서로 **같다**(equal)라고 말하고, 이를 $A = B$ 또는 $B = A$로 나타낸다. 또 집합 A의 모든 원소가 집합 B에 속할 때, A는 B의 **부분집합**(subset)이라 하고, $A \subset B$ 또는 $B \supset A$로 표현한다. 원소를 하나도 가지고 있지 않는 집합을 **공집합**(empty set 또는 null set)이라 하고 ϕ 혹은 { }

으로 나타낸다. 공집합 ϕ는 모든 집합의 부분집합이고 $A=B$라는 것은 $A \subset B$이고 $B \subset A$임을 알 수 있다.

보기 3 보기 2에서 $P \subset Z$이다.

4) 멱집합

집합들의 집합이라는 말 대신에 **족**(family or class)이라는 용어를 쓰는 경우가 있다. 한 집합 A의 모든 부분집합들의 족을 2^A 혹은 $P(A)$로 나타내고 **집합 A의 멱집합**(power set of A)이라 한다. 즉,

$$2^A = P(A) = \{B \mid B \subset A\}$$

이다. 일반적으로 집합 A의 원소의 개수가 n이면 A의 부분집합 2^A의 개수는 2^n개이다.

예제 4 다음 집합들의 모든 부분집합족을 구하여라.

(1) $A=\{1,\ 2\}$ (2) $B=\{a,\ \{\phi\},\ \{a,\ b\}\}$

■ 풀이 (1) $2^A = P(A) = \{A,\ \{1\},\ \{2\},\ \phi\}$

(2) $2^B = \{B,\ \{a\},\ \{\{\phi\}\},\ \{\{a,\ b\}\},\ \{a,\ \{\phi\}\},\ \{a,\ \{ab\}\},\ \{\{\phi\},\ \{a,\ b\}\},\ \phi\}$

5) 집합의 연산

집합과 집합 사이에는 몇 가지 기본적인 연산자가 존재한다. **합집합**(union)을 나타내는 연산자는 $\bigcup$, **교집합**(intersection)을 나타내는 연산자는 $\bigcap$, **차집합**(difference)을 나타내는 연산자는 $-$, 그리고 집합 A의 **여집합**(complement)을 나타내는 연산자는 A^c로 나타낸다. 두 집합 사이에 기본적인 연산과 주요법칙은 〈표 1.1〉을 참고하기 바란다.

두 원소 $a,\ b$를 순서를 고려하여 만든 쌍 $(a,\ b)$을 $a,\ b$의 **순서쌍**(ordered pair)이라 하고, $(a,\ b)=(c,\ d)$라 함은 $a=c,\ b=d$일 때만을 의미한다. 따라서 두 집합 A와 B의 **곱집합** 또는 **데카르트 곱**(cartesian product)이라 함은 집합 A의 원소 a와 집합 B의 원소 b로 만든 순서쌍 $(a,\ b)$ 전체의 집합을 말하며 이를 $A \times B$로 나타낸다. 즉,

▌표 1.1 집합의 연산과 주요법칙

교집합	$A\cap B=\{x \mid x\in A \text{ and } x\in B\}$	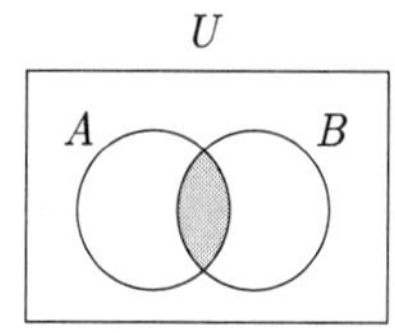
합집합	$A\cup B=\{x \mid x\in A \text{ or } x\in B\}$	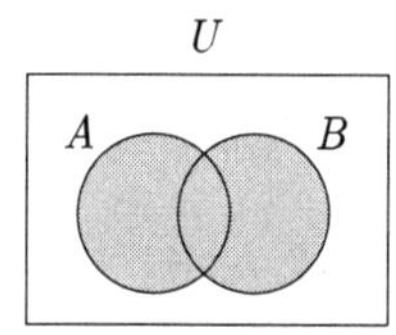
차집합	$A-B=\{x \mid x\in A \text{ and } x\notin B\}$ $=\{x \mid x\in A \text{ and } x\in B^c\}$ $=A\cap B^c$	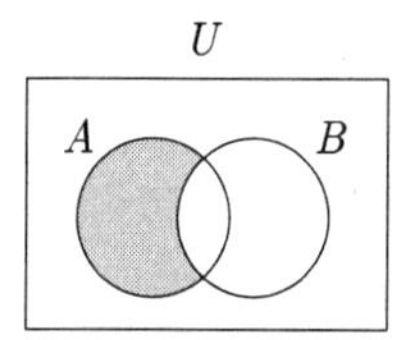
여집합	$A^c=\{x \mid x\notin A\}$	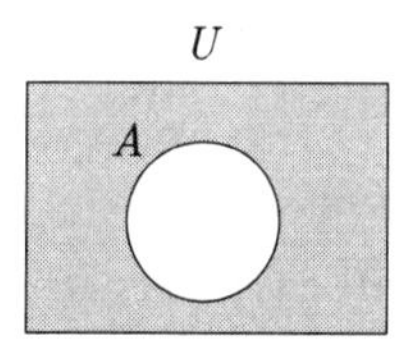
대칭차집합	$(A-B)\cup(B-A)=(A\cup B)-(A\cap B)$	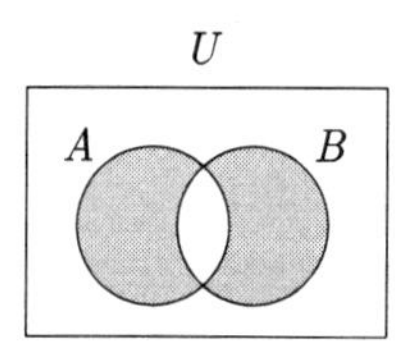
교환법칙	$A\cup B=B\cup A \quad A\cap B=B\cap A$	
결합법칙	$(A\cup B)\cup C=A\cup(B\cup C)$ $(A\cap B)\cap C=A\cap(B\cap C)$	
분배법칙	$A\cup(B\cap C)=(A\cup B)\cap(A\cup C)$ $A\cap(B\cup C)=(A\cap B)\cup(A\cap C)$	
흡수법칙	$A\cup(A\cap B)=A \quad A\cap(A\cup B)=A$	
드모르강법칙	$(A\cup B)^c=A^c\cap B^c \quad (A\cap B)^c=A^c\cup B^c$	

$$A\times B=\{(a,\ b) \mid a\in A,\ b\in B\}$$

특히, $A\times A$을 A^2으로 나타낸다.

일반적으로 집합 A_1, A_2, $\cdots$, A_n에 대하여 순서 n조(ordered n-tuple)

$$(a_1,\ a_2,\ \cdots,\ a_n),\quad a_1 \in A_1,\ a_2 \in A_2,\ \cdots\ a_n \in A_n$$

전체로 이루어진 집합을 A_1, A_2, $\cdots$, A_n의 **곱집합** 또는 **데카르트 곱**(cartesian product)이라 하고, 이를 $A_1 \times A_2 \times \cdots \times A_n$으로 나타낸다. 즉,

$$A_1 \times A_2 \times \cdots \times A_n = \{(a_1,\ a_2,\ \cdots,\ a_n) \mid a_1 \in A_1,\ a_2 \in A_2,\ \cdots,\ a_n \in A_n\}$$

특히, $A_1 = A_2 = \cdots = A_n = A$인 경우의 곱집합 $A_1 \times A_2 \times \cdots \times A_n$을 A_n으로 나타낸다.

예제 5 $A = \{d\}$, $B = \{c,\ d\}$, $C = \{a,\ b,\ c\}$, $D = \{a,\ b\}$ 그리고 $E = \{a,\ b,\ d\}$라고 할 때 다음을 구하여라.

(1) $A \bigcup B$ (2) $B \bigcap D$

(3) $B \times C$ (4) $C \times B$

■ **풀이** (1) $A \cup B = \{c,\ d\}$

(2) $B \cap D = \phi$

(3) $B \times C = \{(c,\ a),\ (c,\ b),\ (c,\ c),\ (d,\ a),\ (d,\ b),\ (d,\ c)\}$

(4) $C \times B = \{(a,\ c),\ (a,\ d),\ (b,\ c),\ (b,\ d),\ (c,\ c),\ (c,\ d)\}$

1.1.2 함수

1) 대응과 함수

두 집합 X와 Y에서 X의 임의의 원소 x가 Y의 단 하나의 원소 y에 대응되는 규칙 f을 X에서 Y로의 **함수**(function) 또는 **사상**(mapping)이라 하고 $f: X \to Y$로 나타낸다. 이때 X를 함수 f의 **정의역**(domain), Y를 **공변역**(codomain)이라 하고 $f[X]$을 **치역**(range)이라 한다. 또, 각 $x \in X$에 대응하는 Y의 유일한 원소를 $f(x)$로 나타내고, 이 $f(x)$을 x에서의 함숫값 또는 f에 의한 x의 **상**(image)이라고 한다. 일반적으로 치역은 공변역의 부분집합임을 알 수 있다. 즉,

$$f[X] = \{f(x) \mid x \in X\} \subset Y$$

함수를 나타내는 기호로는 일반적으로

$$f,\ g,\ h,\ \cdots,\ \phi,\ \psi,\ \varphi,\ \cdots,\ F,\ G,\ H$$

등이 자주 쓰인다.

보기 6 자연수 전체의 집합 N에서 N으로의 대응규칙 $f(n)$을 다음과 같이 정의하면 어느 것이 함수가 되는가?

(1) $f(n)$은 n의 약수의 개수 (2) $f(n)$은 n의 약수

■ **풀이** (1) $f(10)=4,\ f(11)=2,\ f(12)=6$ 등이 되어 함수가 된다.
(2) $f(10)=1,\ 2,\ 5,\ 10$ 등 두 개 이상이 대응이 되므로 함수가 아니다.

2) 함수의 연산

두 함수 $f: X \to Y$와 $g: X \to Y$가 정의되었다고 하자. 임의의 $x \in X$에 대하여 $f(x)=g(x)$일 때 우리는 두 함수 f와 g는 **같다**(equal)라고 말하고 $f=g$로 나타낸다. 만약 $f \neq g$이기 위해서는 적당한 $x \in X$가 존재하여 $f(x) \neq g(x)$가 되는 것이다. 또한, 두 함수 f와 g을 더하여 새로운 함수 $f+g$을 만들 수 있다. 즉, $f+g$의 함숫값은 임의의 $x \in X$에 대하여

$$(f+g)(x)=f(x)+g(x)$$

로 정의하면 된다. 같은 방법으로

$$(f-g)(x)=f(x)-g(x)$$
$$(f \times g)(x)=f(x) \times g(x)$$
$$(f \div g)(x)=\frac{f(x)}{g(x)},\ g(x) \neq 0$$

로 정의할 수 있다. 이때 주의해야 할 사항은 두 함수의 덧셈, 뺄셈, 곱셈, 나눗셈에 의해 정의되는 새로운 함수는 두 함수의 정의역이 같아야 정의될 수 있다. 또 f가 함수이고 k가 실수일 때 함수 kf는

$$(kf)(x)=k \cdot f(x)$$

로 정의한다. 역시 함수 kf의 정의역은 f의 정의역과 같다.

예제 7 $f(x) = \dfrac{x-3}{2}$, $g(x) = \sqrt{x}$ 로 정의할 때, 다음을 구하여라.

(1) $f+g$ (2) $f-g$

(3) $f \times g$ (4) $f \div g$

■ 풀이 (1) $(f+g)(x) = f(x) + g(x) = \dfrac{x-3}{2} + \sqrt{x}$. 단, $x \geq 0$

(2) $(f-g)(x) = f(x) - g(x) = \dfrac{x-3}{2} - \sqrt{x}$. 단, $x \geq 0$

(3) $(f \times g)(x) = f(x) \times g(x) = \dfrac{x-3}{2} \times \sqrt{x}$. 단, $x \geq 0$

(4) $(f \div g)(x) = f(x) \div g(x) = \dfrac{x-3}{2\sqrt{x}}$. 단, $x > 0$

3) 합성함수

두 함수 $f : X \rightarrow Y$와 $g : W \rightarrow Z$가 정의되고 $f[X]$는 W의 부분집합이라 하자. 이때, 두 함수 f와 g에 의해 X에서 Z로 새로이 정의된 함수 $g \circ f$를 f와 g의 **합성함수**(composition function)라 하고 임의의 $x \in X$에 대하여

$$g \circ f(x) = g(f(x))$$

로 정의한다. 여기에서 f의 정의역은 X이고 g의 정의역은 W이지만 $g \circ f$의 정의역은 f의 치역과 같다.

주의 만약, $f[X]$가 W의 부분집합이 될 수 없는 경우에는 $g \circ f$가 정의되지 않는다. 이때, $g \circ f$의 정의역을 g의 정의역에 대응되는 $x \in X$값들만으로 제한하면 합성함수 $g \circ f$을 정의할 수 있다.

예제 8 함수 f와 g가 다음과 같이 정의되었을 때 합성함수 $g \circ f$와 $f \circ g$를 구하고 각각의 정의역을 찾아라.

(1) $f(x) = \dfrac{1}{x}$, $g(x) = \sin x$ (2) $f(x) = x - 3$, $g(x) = \sqrt{x}$

■ 풀이 (1) f의 치역은 0 이외의 모든 실수의 집합이고 g의 정의역은 실수 전체의 집합이므로 f의 치역은 g의 정의역의 부분집합이므로 합성함수 $g \circ f$을 정의할 수 있다.

따라서

$$g \circ f(x) = g(f(x)) = g\left(\frac{1}{x}\right) = \sin\frac{1}{x}$$

이고 $g \circ f$의 정의역은 0을 제외한 모든 실수의 집합이다. 한편, g의 치역은 $[-1,\ 1]$이고 f의 정의역은 0을 제외한 모든 실수이므로 g의 치역은 f의 정의역의 부분집합이 될 수 없다. 그러므로 합성함수 $f \circ g$을 정의할 수 없다. 그런데, $\sin x = 0$이 되는 x값들을 g의 정의역에서 제외하면 나머지 x값들에 대해 다음과 같이 정의된다.

$$f \circ g(x) = f(g(x)) = f(\sin x) = \frac{1}{\sin x}$$

그러므로 $f \circ g$의 정의역은 g의 정의역에서 $x \neq n\pi\,(n = 0,\ \pm 1,\ \pm 2,\ \cdots)$인 x값들 만이다.

(2) f의 치역은 모든 실수의 집합이고 g의 정의역은 0을 포함한 양의 실수 전체의 집합이므로 f의 치역은 g의 정의역의 부분집합이 될 수 없다. 따라서 합성함수 $g \circ f$을 정의할 수 없다. 그런데 $x - 3 \geq 0$인 x값들만 f의 정의역으로 정하면, 즉 $x \geq 3$인 x값들에 대해 다음과 같이 정의된다.

$$g \circ f(x) = g(f(x)) = g(x-3) = \sqrt{x-3}$$

그러므로 $g \circ f$의 정의역은 $x \geq 3$인 실수 x의 집합이다. 한편, g의 치역은 $x \geq 0$인 실수 x이고 f의 정의역은 모든 실수이므로 g의 치역은 f의 정의역의 부분집합이다. 그러므로 합성함수 $f \circ g$을 정의할 수 있다. 따라서

$$f \circ g(x) = f(g(x)) = f(\sqrt{x}) = \sqrt{x} - 3.$$

그러므로 $f \circ g$의 정의역은 g의 치역과 같다.

참고 위 예제에서 알 수 있듯이 일반적으로 다음과 같이 세 함수 $f,\ g,\ h$에 대하여 합성함수가 정의될 때, 합성함수는 다음과 같은 성질을 가지고 있다.

(1) $f \circ g \neq g \circ f$

(2) $(f \circ g) \circ h = f \circ (g \circ h)$

4) 함수의 외형상 분류

함수를 외형상으로 분류하면 대수함수와 초월함수로 나누어진다. 대수함수는 유리함수와 무리함수로 분류되고 유리함수에는 다항함수와 분수함수가 있다. 또, 초월함수는 지수함수, 로그함수, 삼각함수와 쌍곡선함수로 분류된다. 암호수학에서 필요로 하는 함수는 주로 대수함수이므로 이들만 소개하겠다.

(1) 다항함수: 집합 R에서 집합 R로의 함수 f에서 $f(x)$의 값이 다항식의 형태로 나타날 때, 함수 f를 **다항함수**(polynomial function)라고 한다. 즉,

$$f(x) = a_n x_n + a_{n-1} x_{n-1} + \cdots + a_1 x + a_0 \ (n\text{은 음이 아닌 정수, } a_i\text{는 상수})$$

의 형태를 말한다. 특히, $a_n \neq 0$인 경우에 이 함수를 n**차 다항함수**라 하고 상수다항식

$$f(x) = c$$

에 의하여 정의되는 함수를 **상수함수**(constant function)라 한다.

(2) 유리함수: 두 다항식 $P(x)$, $Q(x)$에서 분수식 $\dfrac{Q(x)}{P(x)}$을 유리식이라고 한다. 또, 위에서 정의한 함수 f가 유리식에 의하여 정의되는 함수

$$f(x) = \frac{Q(x)}{P(x)} \ (\text{단, } P(x) \neq 0)$$

를 **유리함수**(rational function)라고 한다. 특히, 두 다항식 $P(x)$, $Q(x)$가 모두 일차 다항식일 때, 즉

$$f(x) = \frac{ax+b}{cx+d} \ (c \neq 0,\ ad-bc \neq 0)$$

는 $f(x) = \dfrac{k}{x-p} + q$의 형태로 변형된다. 이때, 이 함수의 그래프는 〈그림 1.1〉과 같은 형태로서 이를 **직각쌍곡선**(rectangular hyperbola)이라 한다. 여기서 두 직선 $x = p$와 $x = q$를 **수직점근선**(vertical asymptote)이라 한다.

(3) 무리함수: 집합 R에서 집합 R로의 함수 f에서 $f(x)$의 값이 무리식의 형태로 나타날 때, 함수 f를 **무리함수**(irrational function)라고 한다. 즉,

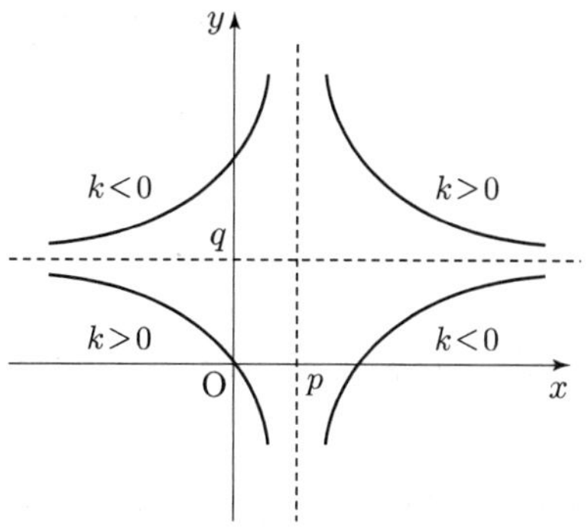

▎그림 1.1 직각쌍곡선

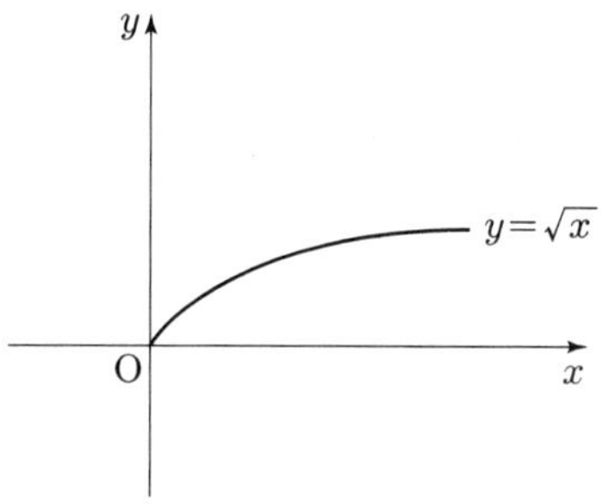

▎그림 1.2 제곱근함수

$$f(x) = \sqrt[n]{P(x)} \quad (n\text{은 2 이상의 자연수})$$

의 형태를 말한다. 특히, 함수

$$f : [0, \infty) \rightarrow R$$

에서

$$f(x) = \sqrt{x}$$

을 **제곱근함수**(square root function)라 한다. 이 함수의 그래프는 〈그림 1.2〉와 같다.

보기 9 다음 함수들은 외형상 어떤 함수들인가?

(1) $y = x^4 - 4x^2 - 5$

(2) $y = \dfrac{x^3 - 2x + 5}{2x + 3}$

(3) $y = \sqrt{2x - 7}$

(4) $y = \sqrt[3]{2x^2 + 3x - 4}$

■ 풀이 (1) 다항함수 (2) 분수함수
(3) 무리함수 (4) 무리함수

5) 함수의 내용상 분류

함수를 내용상으로 분류해 보면 단사, 전사, 전단사함수와 항등함수 등이 있다.

(1) 단사함수: f가 집합 X에서 집합 Y로의 함수일 때, 임의의 $x_1,\ x_2 \in X$에 대하여 $x_1 \neq x_2$이면 $f(x_1) \neq f(x_2)$을 만족하는 함수 f를 집합 X에서 집합 Y로의 **단사함수**(injective function) 또는 **일대일 함수**(one to one function)라 한다.

(2) 전사함수: f가 집합 X에서 집합 Y로의 함수일 때, 임의의 $y \in Y$에 대하여 $f(x) = y$인 x가 X 안에 적어도 하나 이상 존재할 때, f를 집합 X에서 집합 Y로의 **전사함수**(surjective function)라 한다. 즉, $f(X) = Y$인 함수를 말한다.

(3) 전단사함수: 함수 f가 전사이면서 단사일 때, f를 **전단사함수**(bijective function) 또는 **일대일 대응**(one to one correspondence)이라 한다.

(4) 항등함수: f가 집합 X에서 집합 X로의 함수일 때, 임의의 $x \in X$에 대하여 $f(x) = x$를 만족하는 함수 f를 집합 X에서 집합 X로의 **항등함수**(identity function)라 하고 $f \equiv I_X$로 나타낸다. 일반적으로 항등함수는 모두 전단사함수가 되지만 전단사함수라고 해서 항등함수가 되는 것은 아니다. 한편, 내용상 분류한 위의 함수들은 정의역과 공변역을 어떻게 제한하느냐에 따라 성격이 다른 함수가 될 수도 있다.

예제 10 다음 함수들은 내용상 어떤 함수인가?

(1) $f : R \rightarrow R,\ f(x) = 2x + 1$ (2) $g : R \rightarrow [0,\ \infty),\ g(x) = x^2$

(3) $h : R \rightarrow R,\ h(x) = x$ (4) $p : R^+ \rightarrow R,\ p(x) = \log x$

(5) $\exp : R \rightarrow R,\ \exp(x) = e^x$

■ 풀이 (1) 임의의 $x_1,\ x_2 \in R$에 대하여 $f(x_1) = f(x_2)$이면,

$$2x_1 + 1 = 2x_2 + 1$$

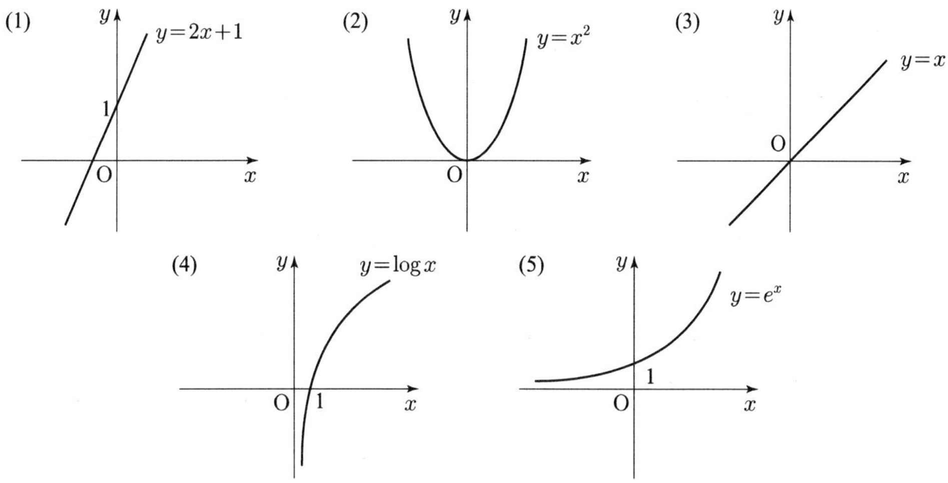

▍그림 1.3

이 되어 정리하면 $x_1 = x_2$이므로 함수 f는 단사함수이다. 또, $f(R) = R$이므로 함수 f는 전사함수도 된다. 그러므로 함수 f는 전단사함수이다.

(2) 임의의 x_1, $x_2 \in R$에 대하여 $f(x_1) = f(x_2)$이면,

$$x_1^2 = x_2^2$$

이 되어 정리하면 $x_1 = \pm x_2$이므로 함수 f는 단사함수가 될 수 없다. 그러나

$$f(R) = \{y \mid y \geq 0\}$$

이므로 치역과 공변역이 같다. 따라서 함수 f는 전사함수이다.

(3) 항등함수.

(4) 임의의 x_1, $x_2 \in R^+$에 대하여 $p(x_1) = p(x_2)$이면,

$$\log x_1 = \log x_2$$

가 되어 정리하면 $x_1 = x_2$이므로 함수 f는 단사함수이다. 또, $f(R^+) = R$이므로 함수 f는 전사함수도 된다. 그러므로 함수 f는 전단사함수이다.

(5) 임의의 x_1, $x_2 \in R$에 대하여 $f(x_1) = f(x_2)$이면,

$$e^{x_1} = e^{x_2}$$

이고 양변을 e^{x_2}으로 나누면

$$e^{x_1 - x_2} = 1$$

이 되어 정리하면 $x_1 = x_2$이므로 함수 f는 단사함수이다. 그러나

$$f(R) = \{y \mid y > 0\} \subset R$$

이므로 함수 f는 전사함수는 될 수 없다. 그러므로 함수 f는 단사함수이다.

참고 $f : A \to B$, $g : B \to C$인 경우에 f, g가 같이 단사이면 $g \circ f$도 단사로 되고, $g \circ f$가 단사이면 f는 분명히 단사이다.

6) 역함수

f가 집합 X에서 집합 Y로의 전단사함수(일대일 대응)일 때, 그의 역대응 $g : Y \to X$을 f의 **역함수**(inverse function)라 하고 $g \equiv f^{-1}$로 나타낸다. 이때, $f(x) = y$이면 $f^{-1}(y) = x$가 되고 보통 x와 y을 교환한 $y = f^{-1}(x)$를 생각하여 원함수 $f(x)$의 역함수로 취급한다. $y = f(x)$와 $x = f^{-1}(y)$가 동일하나 $y = f(x)$와 $y = f^{-1}(x)$는 직선 $y = x$에 관하여 대칭이 된다. 모든 함수의 역함수가 반드시 존재하는 것은 아니다. 이때에는 정의역과 공변역을 적당히 제한하여 주어진 함수가 전단사함수가 되게 하고 나서 역함수를 구하면 된다. 역함수를 구하는 방법은 먼저 주어진 함수를 x에 관하여 정리한 다음 x와 y를 교환하면 된다. 그러면 자연스럽게 역함수의 정의역은 원함수의 치역이 되고 역함수의 치역은 원함수의 정의역이 된다.

예제 11 $f(x) = x^2 \ (x \geq 0)$의 역함수를 구하여라.

■ **풀이** f는 $x \geq 0$에서 전단사함수이므로 f^{-1}가 존재한다. 따라서

$$y = x^2 \quad \Leftrightarrow \quad x = \pm\sqrt{y}$$

$x \geq 0$이므로 $x = \sqrt{y}$ 이고 x와 y을 교환하면

$$y = \sqrt{x}\,.$$

즉, $f^{-1}(x) = \sqrt{x}$ 가 되고 원함수 f의 치역이 f^{-1}의 정의역이 된다.

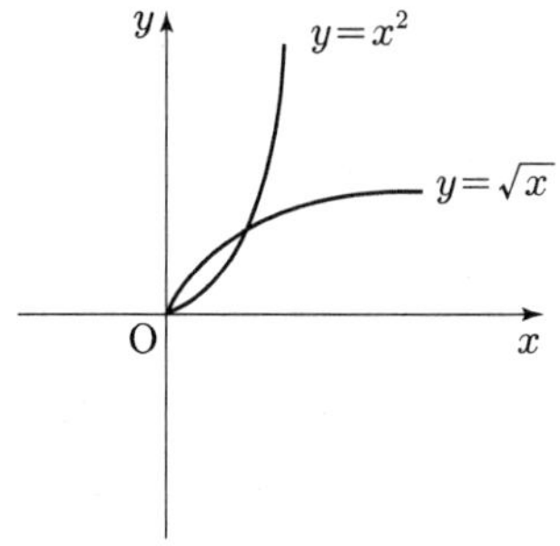

▌그림 1.4

정리 1.1

f가 X에서 Y로의 전단사함수일 때 다음 성질들이 성립한다.

(1) $(f^{-1})^{-1}=f$

(2) $f^{-1}(f(x))=x,\ \ x\in X$

(3) $f(f^{-1}(y))=y,\ \ y\in Y$

증명 (1) f의 치역은 f^{-1}의 정의역이고 f의 정의역은 f^{-1}의 치역이므로

$$f^{-1}(y)=x \ \Leftrightarrow\ f(x)=y$$

이다. 따라서 f는 f^{-1}의 역함수이다.

(2) $f(x)=y$이므로 $f^{-1}(f(x))=f^{-1}(y)=x$

(3) $f^{-1}(y)=x$이므로 $f(f^{-1}(y))=f(x)=y$

1.1.3 관계

1) 명제함수

두 집합 A와 B의 곱집합 $A\times B$ 위에서 정의된 대응 p가 임의의 $(x,\ y)\in A\times B$에 대하여 $p(x,\ y)$가 참(true) 또는 거짓(false)인 성질을 가질 때 $p(x,\ y)$을 $A\times B$ 위에서의 **명제함수**(propositional function)라 하고 $p(x,\ y)$ 자체를 **전개조건**(open sentence)이라 한다. 다음 보기들을 다루어 보자.

보기 12 $A=\{a \mid a$는 극작가$\}$, $B=\{b \mid b$는 희곡$\}$라 하고

$$p(x,\ y)=\text{“}x\text{는 } y\text{를 썼다.”}$$

라고 정의하면 $p(x,\ y)$는 $A\times B$ 위에서 명제함수이다. 특히,

p(셰익스피어, 햄릿)= “셰익스피어는 햄릿을 썼다.”
p(셰익스피어, 파우스트)= “셰익스피어는 파우스트를 썼다.”

는 각각 참과 거짓이다.

보기 13 다음 문장들은 모두가 전개조건들이다.

(1) x는 y보다 작다
(2) x는 y를 나눈다
(3) x는 y의 부인이다
(4) 삼각형 x는 y와 닮았다.

2) 관계

다음의 세 가지로 구성된 R을 집합 A에서 B로의 **관계**(relation from A to B)라 하고

$$R=(A,\ B,\ p(x,\ y))$$

로 나타낸다. 여기서 A와 B는 집합을 나타내고 $p(x,\ y)$는 $A\times B$ 위에서의 명제함수이다. 특히, 어떤 $(a,\ b)\in A\times B$에 대하여 $p(a,\ b)$가 참이면 aRb로 나타내고 a와 b가 **관계가 있다**고 말한다. 또, $p(a,\ b)$가 거짓이면 $a\not R b$로 나타내고 a와 b는 **관계가 없다**라고 말한다. 이와 같이 두 개의 대상 사이의 관계를 특히 **이항관계**(binary relation)라 부른다. 이것은 두 집합 A와 B 사이에 관계 R이 정의되면 임의의 원소 $(a,\ b)\in A\times B$에 대하여 aRb인지 $a\not R b$인지는 일의적으로 결정된다는 것을 의미한다. 이와 같이 어떤 대상의 모임(집합)을 어떻게 보는가는(의미 부여) 전적으로 그것을 이용하는 측의 인간에 있는 것으로, 이것이 수학을 모든 분야의 기초에 두는 것을 가능하게 하고 있다.

예제 14 다음 중 관계인 것과 아닌 것을 구분하고, 그 이유를 설명하여라.

(1) $R_1=(R,\ R,\ p(x,\ y))$, $p(x,\ y)=\text{“}x<y\text{”}$,
단, R은 실수의 집합
(2) $R_2=(A,\ B,\ p(x,\ y))$, $p(x,\ y)=$ “x는 y의 남편”,
단, $A=\{x \mid x$는 남자$\}$, $B=\{y \mid y$는 여자$\}$

(3) $R_3=(N,\ N,\ p(x,\ y))$, $p(x,\ y)=$ "x는 y를 나눈다",

단, $N=\{x \mid x$는 자연수$\}$

(4) $R_4=(A,\ B,\ p(x,\ y))$, $p(x,\ y)=$ "x는 y를 나눈다",

단, $A=\{x \mid x$는 남자$\}$, $B=\{y \mid y$는 여자$\}$

■ 풀이 (1) 실수의 순서쌍 $(a,\ b)\in R\times R$에 대하여 $p(a,\ b)$, 즉 $a<b$는 참 또는 거짓이기 때문에 R_1은 관계이다. 더구나 $p(2,\ \pi)$는 참이므로 $2R_1\pi$로 쓸 수 있고 $p(5,\ \sqrt{2})$는 거짓이기 때문에 $5\not R_1\sqrt{2}$로 나타낼 수 있다.

(2) (1)와 같은 이유로 R_2도 관계이다.

(3) R_3도 관계이다. 이를테면 $3R_3 12$, $2\not R_3 7$, $5R_3 15$등이다.

(4) R_4는 관계가 아니다. 만약, a가 남자이고 b가 여자라면 $p(a,\ b)$는 아무 의미가 없다.

참고 $R=(A,\ B,\ p(x,\ y))$을 관계라 하면 전개조건 $p(x,\ y)$는 A에서 B로의 **관계를 정의한다**라고 말한다. 더구나 만약 $A=B$라면 $p(x,\ y)$는 A에서 **관계를 정의한다** 또는 R은 A**에서의 관계이다**라고 말한다.

3) 관계의 해집합과 그래프

$R=(A,\ B,\ p(x,\ y))$을 관계라 하자. 또,

$$R^*=\{(a,\ b) \mid a\in A,\ b\in B,\ p(a,\ b)\text{는 참}\}$$

이라 놓았을 때 R^*를 관계 R의 **해집합(solution set)**이라 한다. 즉, 관계 R의 해집합 R^*는 $p(a,\ b)$가 참인 $(a,\ b)\in A\times B$로 구성되어 있다. 결국 A에서 B로의 관계 R의 해집합 R^*는 $A\times B$의 부분집합이다. 따라서 R^*는 $A\times B$의 좌표 위에 점으로 된 그림으로 나타낼 수 있다. 일반적으로 A에서 B로의 관계 R의 그래프는 $A\times B$의 좌표 위에 점들로 구성되어 있다.

예제 15 다음 관계를 만족하는 해집합을 구하고 $A\times B$의 좌표 위에 그래프로 나타내어라.

(1) $R_1=(A,\ B,\ p(x,\ y))$, $A=\{2,\ 3,\ 4\}$, $B=\{3,\ 4,\ 5,\ 6\}$,

$p(x,\ y)=$ "x는 y를 나눈다."

(2) $R_2 = (R,\ R,\ p(x,\ y))$, R은 실수의 집합, $p(x,\ y) =$ "$y \le x+1$"

■ 풀이 (1) 관계 R_1의 해집합

$$R^* = \{(2,\ 4),\ (2,\ 6),\ (3,\ 3),\ (3,\ 6),\ (4,\ 4)\}$$

이고, 그래프는 〈그림 1.5〉와 같다.

(2) 관계 R_2을 만족하는 해집합

$$R^* = \{(x,\ y) \mid y \le x+1\}$$

이고 $R \times R$ 위의 그래프는 〈그림 1.6〉과 같다.

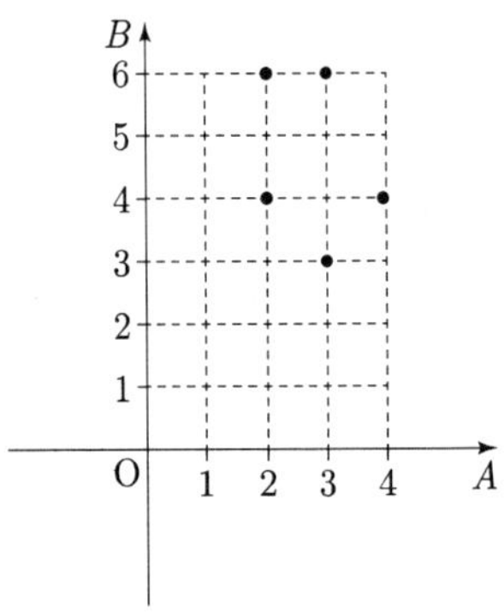

❙ 그림 1.5

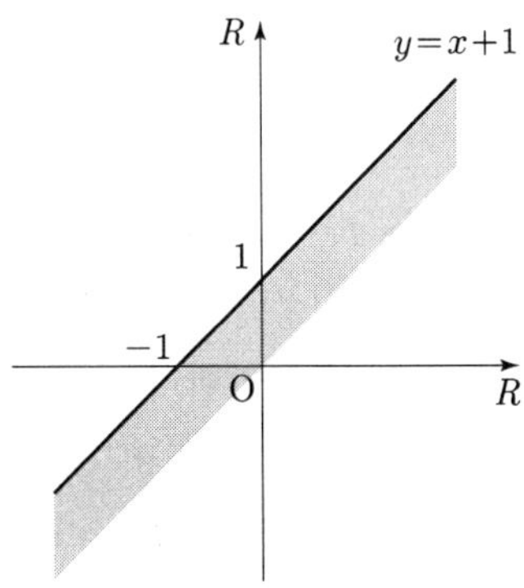

❙ 그림 1.6

4) 순서쌍의 집합으로써의 관계

R^*을 $A \times B$의 부분집합이라 하자. 이때, 관계 $R = (A,\ B,\ p(x,\ y))$을 $p(x,\ y) =$ "순서쌍 $(x,\ y)$는 R^*에 속한다."라고 정의할 수 있다. 따라서 관계 R의 해집합은 R^*이다. 그러므로 모든 관계 $R = (A,\ B,\ p(x,\ y))$에 대하여 $A \times B$의 부분집합인 유일한 해집합 R^*가 대응한다. 또 $A \times B$의 모든 부분집합 R^*에 대하여 R^*가 그의 해집합인 관계 $R = (A,\ B,\ p(x,\ y))$이 대응한다. 즉, 관계 $R = (A,\ B,\ p(x,\ y))$과 $A \times B$의 부분집합 R^*와의 일대일 대응관계의 관점에서 본다면 우리는 A에서 B로의 관계 R을 다음과 같이 재정의할 수 있다.

정의 1.2

A에서 B로의 관계 R은 $A\times B$의 부분집합이다.

참고 위의 정의 1.2는 앞에서 정의한 관계의 개념과 달리 '전개조건'과 '변수'라는 용어를 사용하지 않고 관계라는 개념을 정의할 수 있는 장점을 가지고 있다.

보기 16 (1) $A=\{1,\ 2,\ 3\}$, $B=\{a,\ b\}$라 할 때 $R=\{(1,\ a),\ (1,\ b),\ (3,\ a)\}$라 하자. 그러면 R은 $A\times B$의 부분집합이므로 R은 A에서 B로의 관계이다. 예를 들면 $1Ra$, $2\not R b$이고 $3Ra$이다.

(2) $W=\{a,\ b,\ c\}$라 할 때, $R=\{(a,\ b),\ (a,\ c),\ (c,\ c),\ (c,\ b)\}$라 하자. 그러면 R은 W에서 관계이다. 예를 들어 $a\not R a$, aRc이고 cRb이다.

참고 A의 원소의 개수가 m이고 집합 B의 원소의 개수가 n이면 A에서 B로의 서로 다른 관계는 2^{mn}가지가 있다. 왜냐하면 $A\times B$의 원소의 개수는 mn개이고 따라서 $A\times B$의 부분집합의 개수는 2^{mn}가지이기 때문이다.

5) 역관계

A에서 B로의 모든 관계 R은

$$R^{-1}=\{(b,\ a)\mid(a,\ b)\in R\}$$

에 의해 정의되는 B에서 A로의 역관계 R^{-1}을 갖는다. 즉, 역관계 R^{-1}는 R에 속하는 각각의 원소들의 순서를 교환한 순서쌍으로 이루어져 있다.

보기 17 보기 16의 (1)에서 R의 역관계 R^{-1}을 구하여라.

■ 풀이 $R^{-1}=\{(a,\ 1),\ (b,\ 1),\ (a,\ 3)\}$

예제 18 $C=\{1,\ 2,\ 3,\ 4,\ 5\}$라 하고 C에서의 관계 R을 다음 〈그림 1.7〉에서 나타낸 점들이라 하자. 이때, 다음 물음에 답하여라.

(1) 다음 내용들의 참, 거짓을 말하여라.

(a) $1R4$ (b) $2R5$ (c) $3\not R1$ (d) $5\not R3$

(2) R의 정의역과 치역을 구하여라.

(3) 관계 R과 그의 역관계 R^{-1}을 구하여라.

■ 풀이 (1) (a) 참 (b) 거짓 (c) 거짓 (d) 참

(2) 정의역: {1, 3, 5}, 치역: {1, 2, 4, 5}

(3) $R=\{(1,\ 2),\ (1,\ 4),\ (3,\ 1),\ (3,\ 4),\ (3,\ 5),\ (5,\ 1),\ (5,\ 2),\ (5,\ 4)\}$

$R^{-1}=\{(2,\ 1),\ (4,\ 1),\ (1,\ 3),\ (4,\ 3),\ (5,\ 3),\ (1,\ 5),\ (2,\ 5),\ (4,\ 5)\}$

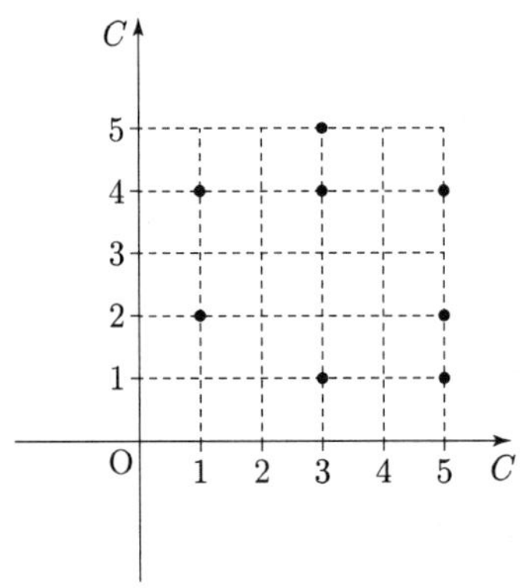

▌그림 1.7

6) 동치관계

앞에서 언급한 관계에는 여러 가지 경우의 관계가 있었다. 이런 관계 중 대상(집합)으로서는 다르게 보이더라도 어떤 성질에만 착안점을 둔다면 동등해지는 관계가 있다. 이런 관계를 우리는 **동치관계**(equivalence relation)라 한다. 동치관계는 어떤 두 대상(집합) 간의 수학적 구조를 연구하는데 매우 중요한 개념이다. 동치관계를 만족하기 위해서는 관계 R이 반사관계, 대칭관계, 추이관계를 만족해야만 한다.

가. 반사관계

$R=(A,\ A,\ p(x,\ y))$을 집합 A에서의 관계라 하자. 즉, R을 $A\times A$의 부분집합이라 하자. 그러면 모든 $a\in A$에 대하여 $(a,\ a)\in R$이면 R을 A에서의 **반사관계**(reflexive relation)라 한다.

보기 19 $A=\{1, 2, 3, 4\}$에서 $R=\{(1, 1), (2, 4), (3, 3), (4, 1), (4, 4)\}$을 A에서의 관계라 하자. 그러면 R은 반사관계가 아닌 이유를 설명하여라.

■ 풀이 $(2, 2) \not\in R$이기 때문에 R은 반사관계가 아니다. R이 반사관계이려면 모든 $a \in A$에 대하여 $(a, a) \in R$이어야만 한다.

나. 대칭관계

R을 $A \times A$의 부분집합이라 하자. 즉, $R=(A, A, p(x, y))$을 집합 A에서의 관계라 하자. 즉, 그러면 $(a, b) \in A \times A$에 대하여

$$(a, b) \in R \text{이면 } (b, a) \in R$$

일 때 R을 A에서의 **대칭관계**(symmetric relation)라 한다.

보기 20 $A=\{1, 2, 3, 4\}$에서 $R=\{(1, 3), (4, 2), (2, 4), (2, 3), (3, 1)\}$을 A에서의 관계라 하자. 그러면 R은 대칭관계가 될 수 없음을 설명하여라.

■ 풀이 $(2, 3) \in R$이나 $(3, 2) \not\in R$이기 때문이다.

참고 $(a, b) \in R$이면 $(b, a) \in R^{-1}$이기 때문에 R이 대칭관계일 필요충분조건은 $R=R^{-1}$이다.

다. 반대칭관계

R을 $A \times A$의 부분집합이라 하자. 즉, $R=(A, A, p(x, y))$을 집합 A에서의 관계라 하자. 즉, 그러면 $(a, b) \in A \times A$에 대하여

$$(a, b) \in R \text{이고 } (b, a) \in R \text{이면 } a=b$$

을 만족하는 관계 R을 A에서의 **반대칭관계**(anti-symmetric relation)라 한다.

보기 21 다음 관계 중 주어진 집합에서 반대칭관계인 것을 찾아보아라.

(1) $R=(N, N, p(x, y))$, $p(x, y)=$ "x는 y를 나눈다.", N은 자연수의 집합

(2) $R=\{(1, 3), (4, 2), (4, 4), (2, 4)\}$, $A=\{1, 2, 3, 4\}$

(3) $R=(A, A, p(A, B))$, $p(A, B)=$ "A는 B의 부분집합이다.", A는 집합족

■ 풀이 (1) $(a, b) \in N \times N$에 대하여 $(a, b) \in R$이고 $(b, a) \in R$이라면 a는 b를 나누고 b는 a를 나누므로 $a = b$이다. 따라서 R은 N에서 반대칭관계이다.

(2) $(4, 2) \in R$이고 $(2, 4) \in R$인데 $2 \neq 4$이므로 R은 A에서의 반대칭관계가 아니다.

(3) $(A, B) \in A \times A$에 대하여 $(A, B) \in R$이고 $(B, A) \in R$이면 $A \subset B$이고 $B \subset A$이므로 $A = B$이다. 따라서 R은 A에서의 반대칭관계이다.

참고 D을 모든 순서쌍 $(a, a) \in A \times A$들의 집합이라 하자. 그러면 A에서 관계 R이 반대칭관계일 필요충분조건은 $R \cap R^{-1} \subset D$이다.

라. 추이관계

$(a, b) \in A \times A$에 대하여

$$(a, b) \in R\text{이고 } (b, c) \in R\text{이면 } (a, c) \in R$$

을 만족하는 관계 R을 A에서의 **추이관계**(transitive relation)라 한다.

보기 22 다음 관계 중 주어진 집합에서 추이관계인 것을 찾아보아라.

(1) $R = (E, E, p(x, y))$, $p(x, y) =$ "x는 y를 사랑한다.", $E = \{x \mid x$는 지구상의 인간$\}$

(2) $R = (R, R, p(x, y))$, $p(x, y) =$ "x는 y보다 작다.", $R = \{x \mid x$는 실수$\}$

■ 풀이 (1) $a, b, c, \in E$에 대하여 a가 b를 사랑하고 b가 c를 사랑한다면 a는 c를 반드시 사랑한다고 말할 수 없다. 따라서 $(a, b) \in R$이고 $(b, c) \in R$이면 $(a, c) \in R$이 반드시 참이 아니다. 그러므로 R은 추이관계가 아니다.

(2) $a, b, c \in R$에 대하여 $a < b$이고 $b < c$이면 $a < c$이다. 따라서 $(a, b) \in R$이고 $(b, c) \in R$이면 $(a, c) \in R$이므로 R은 추이관계이다.

예제 23 $E = \{1, 2, 3\}$에서 다음 관계들은 어떤 관계인지를 설명하여라.

(1) $R_1 = \{(1, 1), (2, 2), (2, 3), (3, 2), (3, 3)\}$

(2) $R_2 = \{(1, 1), (3, 2), (2, 3)\}$

(3) $R_3 = \{(1, 2)\}$

(4) $R_4 = \{(1, 2), (2, 2)\}$

■ 풀이 (1) $(1, 1), (2, 2), (3, 3) \in R_1$이므로 관계 R_1은 반사관계이다. 또 대칭관계, 추이관계도 만족한다.

(2) 대칭관계

(3) 반대칭관계, 추이관계

(4) 반대칭관계, 추이관계

마. 동치관계

집합 A에서 관계 R이 다음 세 가지 조건을 만족할 때 R을 A에서 **동치관계**(equivalence relation)라 한다. 즉,

(1) 모든 $a \in A$에 대하여 $(a, a) \in R$ (반사관계)

(2) $(a, b) \in R$이면 $(b, a) \in R$ (대칭관계)

(3) $(a, b) \in R$이고 $(b, c) \in R$이면 $(a, c) \in R$ (추이관계)

예제 24 다음 관계들이 동치관계임을 설명하여라.

(1) $A = \{x \mid x$는 유클리드 평면의 삼각형$\}$

$$R = (A, A, p(x, y)),\ p(x, y) = \text{“}x\text{는 } y\text{를 닮았다.”}$$

(2) $R = (R, R, p(x, y))$, $p(x, y) =$ “x와 y는 같다.”, R은 실수집합

(3) $R = (Z, Z, p(x, y))$, $p(x, y) =$ “x와 y의 차는 m의 배수이다.”, $Z = \{x \mid x$는 정수$\}$

■ 풀이 (1) 임의의 $a, b, c \in A$에 대하여

(a) 삼각형 a는 그 자신과 닮았다. 즉, $(a, a) \in R$ (반사관계 성립)

(b) 삼각형 a와 b가 닮았다면 삼각형 b와 a도 닮았다. 즉, $(a, b) \in R$이면 $(b, a) \in R$ (대칭관계 성립)

(c) 삼각형 a와 b가 닮고 삼각형 b와 c가 닮았다면 삼각형 a와 c도 닮았다. 즉, $(a, b) \in R$이고 $(b, c) \in R$이면 $(a, c) \in R$ (추이관계 성립)

(2) 임의의 $a, b, c \in R$에 대하여

(a) $a = a$, 즉 $(a, a) \in R$ (반사관계 성립)

(b) $a = b$이면 $b = a$, 즉 $(a, b) \in R$이면 $(b, a) \in R$ (대칭관계 성립)

(c) $a = b$이고 $b = c$이면 $a = c$, 즉 $(a, b) \in R$이고 $(b, c) \in R$이면 $(a, c) \in R$ (추이관계 성립)

(3) 임의의 $a, b, c \in Z$에 대하여

(a) $a - a = m \cdot 0 (m \in Z)$, 즉 $(a, a) \in R$이다.

(b) $a-b$가 m의 배수이면 $a-b=mk(m,\ k\in Z)$이고 $b-a=m(-k)$이므로 $b-a$도 m의 배수이다. 즉, $(a,\ b)\in R$이면 $(b,\ a)\in R$이다.

(c) $a-b$가 m의 배수이고 $b-c$가 m의 배수이면 $a-b=mk$, $b-c=ml$ $(m,\ k,\ l\in Z)$이다. 따라서 양변을 변변 더하면 $a-c=mk+ml=m(k+l)$이므로 $a-c$도 m의 배수이다. 즉, $(a,\ b)\in R$이고 $(b,\ c)\in R$이면 $(a,\ c)\in R$이다.

참고 (1) R이 집합 A에서 관계라면, 즉 임의의 $a,\ b\in A$에 대하여 $(a,\ b)\in R$이면 a와 b는 관계가 있다고 하며 aRb 또는 $a\sim b$라고 나타내기도 한다.
(2) 예제 24의 (3)에서 "정수 x와 y의 차는 m의 배수이다."라는 표현은 "정수 x와 y는 m을 법(modulus)으로 합동이다."라고 하고 기호로는 '$x\equiv y \bmod m$' 또는 "$m\mid(x-y)$"로 나타낸다. 자세한 것은 정수론에서 다루겠다.

7) 동치류

집합 $A=\{1,\ 2,\ 3,\ \cdots,\ 10\}$라 하고

$$B_1=\{1,\ 3\},\ B_2=\{7,\ 8,\ 10\},\ B_3=\{2,\ 5,\ 6\},\ B_4=\{4,\ 9\}$$

을 A의 부분집합이라 하자. 그러면 집합족 $B=\{B_1,\ B_2,\ B_3,\ B_4\}$는 다음 두 가지 중요한 성질을 가지게 된다. 즉,

(1) A는 B의 원소들의 합집합이다. 즉,

$$A=B_1\cup B_2\cup B_3\cup B_4$$

(2) 임의의 B_i와 B_j에 대하여 $B_i=B_j$ 또는 $B_i\cap B_j=\phi$이다.

이러한 성질을 갖는 집합족 B를 집합 A의 **분할**(partition)이라 한다.

일반적으로 $\{B_i\}_{i\in I}$을 집합 A의 공집합이 아닌 부분집합족이라 하자. 그러면 다음 두 가지 조건을 만족하는 $\{B_i\}_{i\in I}$을 A의 분할이라 한다. 즉,

(1) $\cup_{i\in I}B_i=A$

(2) 임의의 B_i, B_j에 대하여 $B_i=B_j$ 또는 $B_i\cap B_j=\phi$

또, 이때 각 B_i을 A의 동치류라 한다.

보기 25 (1) $N=\{1,\ 2,\ 3,\ 4,\ \cdots\}$, $E=\{2,\ 4,\ 6,\ 8,\ \cdots\}$, $F=\{1,\ 3,\ 5,\ 7,\ \cdots\}$라 하면 $\{E,\ F\}$는 N의 분할이다.

(2) $T=\{1,\ 2,\ 3,\ \cdots,\ 10\}$, $A=\{1,\ 3,\ 5\}$, $B=\{2,\ 6,\ 10\}$, $C=\{4,\ 8,\ 9\}$라 하면 $\{A,\ B,\ C\}$는 T의 분할이 아니다. 왜냐하면 $T\neq A\cup B\cup C$이기 때문이다.

(3) $Z=\{\cdots,\ -3,\ -2,\ -1,\ 0,\ 1,\ 2,\ 3,\ \cdots\}$일 때

$$B_0=\{\cdots,\ -10,\ -5,\ 0,\ 5,\ 10,\ \cdots\},\ B_1=\{\cdots,\ -9,\ -4,\ 1,\ 6,\ 11,\ \cdots\},$$
$$B_2=\{\cdots,\ -8,\ -3,\ 2,\ 7,\ 12,\ \cdots\},\ B_3=\{\cdots,\ -7,\ -2,\ 3,\ 8,\ 13,\ \cdots\},$$
$$B_4=\{\cdots,\ -6,\ -1,\ 4,\ 9,\ 14,\ \cdots\}$$

라고 하면 $\{B_i\}_{i\in\{0,\ 1,\ 2,\ 3,\ 4\}}$는 Z의 분할이다. 또, 각 B_i는 Z의 동치류이다. 자세한 것은 아래 참고를 참조하기 바란다.

예제 26 집합 A로부터 집합 B에로의 사상 f가 존재할 때, 집합 A의 두 원소 a_1, a_2간의 관계 R_f을 $f(a_1)=f(a_2)\Leftrightarrow a_1R_fa_2$에 의해 정의하면 관계 R_f는 동치관계임을 보여라.

■ **풀이** (1) $a_1R_fa_1\Leftrightarrow f(a_1)=f(a_1)$ (반사관계 성립)

(2) $(a_1R_fa_2\Leftrightarrow f(a_1)=f(a_2))\Leftrightarrow(f(a_2)=f(a_1)\Leftrightarrow a_2R_fa_1)$ (대칭관계성립)

(3) $a_1R_fa_2$이고 $a_2R_fa_3\ \Leftrightarrow\ f(a_1)=f(a_2)$이고 $f(a_2)=f(a_3)$

$\Leftrightarrow\ f(a_1)=f(a_3)\ \Leftrightarrow\ a_1R_fa_3$ (추이관계 성립)

참고 위의 예제 26에서 집합 A로부터 집합 B에로의 사상 f가 존재할 때, 집합 A의 두 원소 a_1, a_2간의 관계 R_f을 $f(a_1)=f(a_2)\Leftrightarrow a_1R_fa_2$에 의해 정의하면 관계 R_f는 동치관계임을 보였다. 이때, f가 전사이면, 집합 B를 A의 R에 관한 **상집합**(quotient set)이라 부르고, A/R로 나타낸다. $(A/R(=B))$의 원소 $f(a)$을 A에서의 a의 R에 의한 **동치류**(equivalence class)라 부르고, $C(a)$로 나타낸다. A의 원소 a는 a의 동치류를 대응시키는 사상 $f: A\to A/R$을 **표준적 전사**(canonical surjection)라 부른다. 또, 각 동치류로부터 하나씩 뽑아낸 A의 원소를 **대표**(representative)라 부른다.

보기 27 임의의 정수를 어떤 자연수 n으로 나눈 경우에, 나머지가 같은 수는 n을 법으로 하여 서로 합동이라고 부른다. 이것을 x, $y \in$ 에 대해서 $x \equiv y \mod n$로 나타낸다. 이것은 분명히 동치관계이지만, 이것을 이용한 상집합 $Z/\equiv$는

$$\{0,\ 1,\ 2,\ \cdots,\ n-1\}$$

이 된다. 단 $0,\ 1,\ 2,\ \cdots,\ n-1$은 각 동치류의 대표이다.

연습문제 1.1

1. 다음 문장들을 집합기호로 나타내어 보아라.

(1) x는 A에 속하지 않는다.

(2) R은 S의 부분집합이다.

(3) d는 E의 원소이다.

(4) H는 D를 포함하지 않는다.

2. 다음 중 어느 집합이 유한집합인가?

(1) 지구위에 사는 사람들의 모임

(2) 짝수들의 모임

(3) $\{1,\ 2,\ 3,\ \cdots,\ 100\}$

(4) $\{1,\ 2,\ 3,\ \cdots\}$

3. 다음 주어진 집합들의 모든 부분집합을 구하여라.

(1) $B=\{0,\ 1,\ 2\}$

(2) $C=\{2,\ \{4,\ 5\},\ 4\}$

(3) $D=\{3,\ \{1,\ 4\}\}$

(4) $E=\{x \mid x^2-x-2=0\}$

4. 문제 3에서 다음을 구하여라.

(1) $B\times B$

(2) 2^B

(3) $B\times E$

(4) $B\cap E$

5. 폐구간 $0\le x\le 8$ 위에 함수 f를 $f(x)=x^2$으로 정의했을 때, 다음 값들을 구하여라.

(1) $f(4)$

(2) $f(5)$

(3) $f(3)$

6. $V=\{-2,\ -1,\ 0,\ 1,\ 2\}$라 하자. 함수 $g: V\to R$을 $g(x)=x^2+1$로 정의했을 때 g의 치역을 구하여라.

7. $f(x)=2x+1,\ g(x)=x^2-2$로 정의했을 때 $g\circ f$와 $f\circ g$를 구하여라.

8. 문제 5에서 주어진 함수에 대하여 다음을 구하여라.

(1) $f^{-1}(25)$ (2) $f^{-1}(9)$

(3) $f^{-1}([0,\ 1])$

9. 다음 함수의 역함수를 구하여라.

(1) $f(x) = x^3 + 5$ (2) $g(x) = 2x - 3$

10. 두 집합 $C_1 = \{(x,\ y) \mid x^2 + y^2 = a^2\}$, $C_2 = \{(x,\ y) \mid x^2 + y^2 = b^2\}$을 생각하자. 이때, C_1과 C_2 사이에 일대일 대응관계에 있음을 설명해 보아라 (단, $0 < a < b$).

11. 전개조건 $p(x,\ y) =$ "x는 y보다 작다."로 정의되고 $A = \{1,\ 2,\ 3,\ 4\}$에서 $B = \{1,\ 3,\ 5\}$로의 관계를 R이라 하자.

(1) A에서 B로의 관계 $R = (A,\ B,\ p(x,\ y))$의 해집합을 구하여라.

(2) $A \times B$의 좌표그림에 R을 나타내어라.

12. 다음 전개조건들의 각각은 실수 위에서 관계를 정의한다. 각각의 관계를 $R \times R$의 좌표그림에 나타내어 보아라.

(1) $y = x^2$ (2) $y < 3 - x$

(3) $y \leq x^3$ (4) $y \geq x^2$

13. $R = \{(1,\ 5),\ (4,\ 5),\ (1,\ 4),\ (4,\ 6),\ (3,\ 7),\ (7,\ 6)\}$을 관계라 하자.

(1) 관계 R의 정의역과 치역을 구하여라.

(2) 역관계 R^{-1}을 구하여라.

14. $E = \{1,\ 2,\ 3\}$일 때, 다음 주어진 관계는 어떤 관계인지 말해보아라.

(1) $R_1 = \{(1,\ 1),\ (2,\ 2),\ (2,\ 3),\ (3,\ 2),\ (3,\ 3)\}$

(2) $R_2 = \{(1,\ 1)\}$ (3) $R_3 = \{(1,\ 2)\}$

(4) $R_4 = \{(1,\ 2),\ (2,\ 2)\}$ (5) $R_5 = E \times E$

15. 다음 관계 R은 동치관계임을 증명하여라.

(1) $N = \{x \mid x\text{는 자연수}\}$, $R = (N,\ N,\ p(x,\ y))$,

$p(x,\ y) =$ "$(x - y)$는 5에 의해 나누어진다."

1.2 약수와 배수

1.2.1 정수의 기본적인 성질

1) 덧셈과 곱셈에 대한 기본성질

집합 S에서 순서쌍의 집합 $S \times S = \{(a, b) \mid a, b \in S\}$을 S와 S의 곱집합이라 한다. 함수 $\cdot : S \times S \to T$가 $(a, b) \mapsto c$로 정의될 때 S에서 T로의 이항연산 또는 연산이라 하고 $T = S$일 때 S는 연산에 대하여 닫혀 있다고 한다. 연산의 기호는 $+, \times, \cdot, \circ$ 등으로 표시한다. 먼저 정수의 집합 Z의 덧셈 및 곱셈에 대한 기본성질을 살펴보면 다음과 같다. 즉, $(Z, +, \cdot)$는 다음 성질을 만족한다.

A.0: 집합 Z위에 덧셈이 정의되어 있다.(닫혀 있다) 즉,

$$a, b \in Z \Rightarrow a + b \in Z$$

A.1: $(a+b)+c = a+(b+c)$ (덧셈에 관한 결합법칙)

A.2: $a+b = b+a$ (덧셈에 관한 교환법칙)

A.3: 특정한 정수 $0 \in Z$이 존재하여, 모든 $a \in Z$에 대하여

$$a+0 = 0+a = a$$

를 만족시킨다. 정수 0을 **덧셈에 관한 항등원**이라고 한다.

A.4: 각 $a \in Z$에 대하여

$$a+(-a) = (-a)+a = 0$$

인 $-a \in Z$가 단 하나 존재한다. 정수 $-a$를 덧셈에 관한 a의 역원이라고 한다.

M.0: 집합 Z 위에 곱셈이 정의되어 있다.(닫혀 있다) 즉,

$$a, b \in Z \Rightarrow a \cdot b \in Z$$

M.1: $(a \cdot b) \cdot c = a \cdot (b \cdot c)$ (곱셈에 관한 결합법칙)

M.2: $a \cdot b = b \cdot a$ (곱셈에 관한 교환법칙)

M.3: 특정한 정수 $1 \in Z(\neq 0)$이 존재하여, 모든 $a \in Z$에 대하여

$$a \cdot 1 = 1 \cdot a = a$$

를 만족시킨다. 정수 1을 **곱셈에 대한 항등원**이라고 한다.

M.4: $a \cdot b = a \cdot c$, $a \neq 0$이면 $b = c$ (곱셈에 대한 소약법칙)

M.5: $a \cdot (b+c) = a \cdot b + a \cdot c$, $(a+b) \cdot c = a \cdot c + b \cdot c$ (분배법칙)

앞의 기본성질 중에서 A.1과 M.1, A.2와 M.2, A.3와 M.3는 서로 비슷하지만, A.4와 M.4는 서로 다르다. 실제로, 집합 Z에서 곱셈에 관한 역원을 가지는 원소는 1과 -1뿐이다.

일반적으로, 한 집합 R위에 덧셈 +와 곱셈 ·이 정의되어 있고, 또 이 두 연산에 관하여 성질 A.1~A.4, M.1~M.4, M.5가 성립할 때, R을 **정역**(integer domain)이라고 한다.

보기 1 $(Z, +, \cdot)$는 정역이다.

2) 순서에 대한 기본성질

정수 전체의 집합 Z는 다음에 소개할 세 성질 O.1, O.2, O.3을 만족시키는 부분집합 N이 존재한다. 즉,

O.1: 각 $a \in Z$에 대하여 다음 중 하나만이 성립한다.(삼일률)

(1) $a \in N$ (2) $a = 0$ (3) $-a \in N$

O.2: $a, b \in N$이면 $a + b \in N$이고 $ab \in N$이다.

O.3: $S(\neq \phi)$가 양의 정수 전체의 집합 N의 부분집합이면 S는 최소원 l을 가진다. 즉, $S \subset N$이고 $S \neq \phi$이면 모든 $s \in S$에 대하여 $l \leq s$인 정수 $l \in S$이 존재한다.

두 정수 $a, b \in Z$에 대하여 $b - a \in N$을 $b > a$ 또는 $a < b$로 나타낸다. 이때, 임의의 정수 $a, b \in Z$에 대하여 다음이 성립한다.

$$a \in N \Leftrightarrow a > 0$$
$$-a \in N \Leftrightarrow a < 0$$
$$b > a \Leftrightarrow b - a > 0$$

특히, $a>0$일 때 a를 **양의 정수**(positive integer)라 하고 $a<0$일 때 a를 **음의 정수**(negative integer)라고 한다. 따라서 N은 양의 정수 전체의 집합이고, 이 집합은 자연수 전체의 집합과 일치한다. 즉,

$$N = \{a \in Z \mid a > 0\} = \{1, 2, 3, 4, \cdots\}$$
$$Z = N \cup \{0\} \cup \{-a \mid a \in N\}$$

이다. 한편, $a \leq b$와 $a \geq b$는 각각

$$a < b \text{ 또는 } a = b, \quad a > b \text{ 또는 } a = b$$

를 의미한다. 위의 기본성질 O.1과 O.2로부터 다음과 같은 성질을 얻는다.

정리 1.3

정수 전체의 집합 Z는 다음의 성질들이 성립한다.

(1) $a \leq a$ (반사율)

(2) $a \leq b$이고 $b \leq a$이면 $a = b$ (반 대칭율)

(3) $a \leq b$이고 $b \leq c$이면 $a \leq c$ (추이율)

(4) $a,\ b \in Z$에 대하여 다음 중 하나만이 성립한다. (삼일율)

i) $a > b$

ii) $a = b$

iii) $a < b$

(5) $a \leq b$이고 $c \leq d$이면 $a + c \leq b + d$이다.

(6) $a \leq b$일 때, $c \in Z$에 대하여

i) $c > 0$이면 $ac \leq bc$

ii) $c < 0$이면 $ac \geq bc$

iii) $c = 0$이면 $ac = bc$

이다.

기본성질 O.3은 다음 정리와 동치이다. 이미 잘 알려진 수학적 귀납법은 이 원리에 근거를 두고 있다.

정리 1.4

집합 N의 부분집합 S에 대하여 다음 두 조건이 성립하면 $S=N$이다.

(1) $1\in S$

(2) $k\in S$이면 $k+1\in S$

증명 $T=N-S$이고 $T\neq\phi$이라 하자. 기본성질 O.3에 의하여 T는 최소인 원소 a를 갖는다. $1\in S$이므로 $a>1$이고 $0<a-1<a$이다. 그러면 $(a-1)\notin T$이므로 $(a-1)\in S$이다. (2)에 의하여 $a=(a-1)+1\in S$이다. 따라서 $a\in T\cap S$이므로 모순이다. 그러므로 $T=\phi$, 즉 $S=N$이어야 한다.

정리 1.5 수학적 귀납법

양의 정수 $n\in N$에 대한 명제 $p(n)$이 다음 두 조건을 만족한다고 하자. 즉,

(1) $p(1)$은 참이다.

(2) $p(n)$이 참이면 $p(n+1)$도 참이다.

그러면 모든 양의 정수 $n\in N$에 대하여 $p(n)$은 참이다.

증명 $S=\{n\in S\mid p(n)$은 참이다$\}$라 하면 주어진 조건 (1)과 (2)에 의하여

(1) $1\in S$

(2) $n\in S$이면 반드시 $(n+1)\in S$

이다. 따라서 정리 1.4에 의하여 $S=N$이다. 그러므로 모든 양의 정수 $n\in N$에 대하여 $p(n)$은 참이다.

3) 절댓값

임의의 정수 $a\in Z$에 대하여

$$|a|=\begin{cases} a, & a\geq 0 \\ -a, & a<0 \end{cases}$$

으로 정의하고 이때 정수 $|a|$을 a의 **절댓값(absolute value)**이라고 한다. 이렇게 절댓값을 정의하면 다음 정리가 쉽게 증명될 것이다.

정리 1.6

임의의 $a, b, c \in Z$에 대하여 다음이 성립한다.

(1) $|a| \geq 0$이고 $-|a| \leq a \leq |a|$

(2) $|a| = 0 \Leftrightarrow a = 0$

(3) $|a| = |b| \Leftrightarrow a = \pm b$

(4) $|ab| = |a|\,|b|$

(5) $|a+b| \leq |a| + |b|$

보기 2 다음 절댓값을 구하여라.

(1) 3　　　　(2) -20

■ **풀이** (1) $|3| = 3$

(2) $|-20| = 20$

1.2.2 약수와 배수

1) 약수 · 배수

정수 전체의 집합 Z 위에는 나눗셈이라는 이항연산이 정의되지 않는다. 그러나 두 정수 사이의 곱셈에 관한 성질을 '나눈다', '나누어떨어진다'와 같은 말로 표현하면 편리할 때가 많다. 두 정수 $a, b \in Z$에 대하여 어떤 정수가 c가 존재하여 $a = bc$일 때 b가 a를 **나눈다**고 하고 b를 a의 **약수**, a를 b의 **배수**라 한다. 이 사실을 $b\,|\,a$로 표기하고 b는 a를 **나눈다** 또는 a는 b로 **나누어떨어진다**고 말한다. b가 a의 약수가 아닐 때 $b \nmid a$로 나타낸다.

참고 임의의 정수 $b \in Z$에 대하여 $b\,|\,0$이고 $0\,|\,0$이다. 그러나 $b \neq 0$이면 $0 \nmid b$이다. 즉, $0\,|\,b \Leftrightarrow b = 0$이다.

정리 1.7

세 정수 a, b, $c \in Z$에 대하여 다음이 성립한다.

(1) $a \neq 0 \Rightarrow a \mid 0,\ 1 \mid a,\ a \mid a$

(2) $a \mid 1 \Leftrightarrow a = \pm 1$

(3) $a \mid b$이고 $c \mid d$이면 $ac \mid bd$이다.

(4) $a \mid b$이고 $b \mid a \Leftrightarrow a = \pm b$

(5) $a \mid b$이고 $b \neq 0$이면 $|a| \leq |b|$이다.

(6) $a \mid b$이고 $a \mid c$이면 임의의 정수 x, y에 대해서 $a \mid (bx + cy)$이다.

증명 (1) 당연하다.

(2) $a \mid 1$이면 $1 = ac$인 $c \in Z$가 존재한다. 즉, a는 곱셈에 대하여 역원 c를 갖는다. 이 식을 만족하는 $a = \pm 1$밖에 없다.

(3) $a \mid b$이고 $c \mid d$이면 $b = ak$, $d = cl$인 정수 k, $l \in Z$이 존재한다. 따라서 $bd = (ac)kl$이므로 $ac \mid bd$이다.

(4)와 (5)는 생략한다.

(6) 가정에 의하여 $b = ak$, $c = al$인 정수 k, $l \in Z$이 존재한다. 이때,

$$bx + cy = akx + aly = a(kx + ly)$$

이고 $kx + ly \in Z$이므로 $a \mid (bx + cy)$이다.

참고 1. 정리 1.7의 (4)에서와 같이 $a \mid b$이고 $b \mid a$인 a와 b를 서로 다른 원소의 **동반원**(associate element)이라고 한다. 즉, a와 $-a$는 동반원이다. 또, 정수 a에 대하여 $ab = ba = 1$을 만족하는 정수 b가 존재할 때, a를 정수의 **단원**(unit)이라고 한다. 실제로 정수 전체의 집합 Z의 단원은 1과 -1뿐이다.

2. a, b, c, $d \in Z$이고 $b \neq 0$일 때,

(1) $b \mid a$이고 $b \mid c$이면 $b \mid (a \pm c)$이다.

(2) $d = a + c$일 때, b가 a, c, d 중 어느 두 정수를 나누면 b는 나머지 다른 정수도 나눈다.

정리 1.8 정수의 나눗셈정리

임의의 정수 a, $b \in Z(a \neq 0)$에 대하여

$$b = aq + r, \quad 0 \leq r < |a|$$

인 정수 q와 r이 유일하게 존재한다. 이때, q을 **몫**, r을 **나머지**라 한다.

정리 1.8은 매우 중요한 정리이므로 잘 기억해 두자. 증명은 생략하고 그 활용에 중점을 두겠다.

보기 3 정수 a와 b의 값이 다음과 같이 주어졌을 때, b를 a로 나눈 몫과 나머지를 구하여라.

(1) $a = 14$, $b = -50$

(2) $a = -3$, $b = 25$

■ **풀이** (1) 정리 1.8의 나눗셈정리에 의하여 $-50 = 14 \cdot (-4) + 6$이므로 몫 $q = -4$이고 나머지 $r = 6$이다.

(2) (1)와 같은 방법으로 하면 $25 = (-3) \cdot (-8) + 1$이므로 $q = -8$, $r = 1$

정수 a의 배수 전체의 집합을 $aZ = \{ax \mid x \in Z\}$로 나타내면 $1Z = Z$, $0Z = \{0\}$이고 $(-a)Z = \{(-a)x \mid x \in Z\} = \{ay \mid y \in Z\} = aZ$이다.

보기 4 (1) $Z = \{\cdots, -2, -1, 0, 1, 2, \cdots\} = (-1)Z$

(2) $2Z = \{\cdots, -4, -2, 0, 2, 4, \cdots\} = (-2)Z$

(3) $3Z = \{\cdots, -6, -3, 0, 3, 6, \cdots\} = (-3)Z$

정리 1.9

두 정수 a, $b \in Z$에 대하여 다음이 성립한다.

(1) $bZ \subseteq aZ \Leftrightarrow a \mid b$

(2) $aZ = bZ \Leftrightarrow b = \pm a$

(3) $\{0\} = 0Z \subseteq aZ$

증명 (1) 먼저 $bZ \subseteq aZ$이면, $b \in bZ \subseteq aZ$이므로 $a \mid b$이다. 역으로, $a \mid b$이면 $b = ac$인 정수 c가 존재하므로 임의의 정수 x에 대하여 $bx = a(cx) \in aZ$이고, 따라서 $bZ \subseteq aZ$이다.

(2)와 (3)는 분명히 성립한다.

다음 보기는 이 사실을 보여 준다.

보기 5 각 배수 사이의 관계를 선도표로 나타내면 다음 그림과 같다.

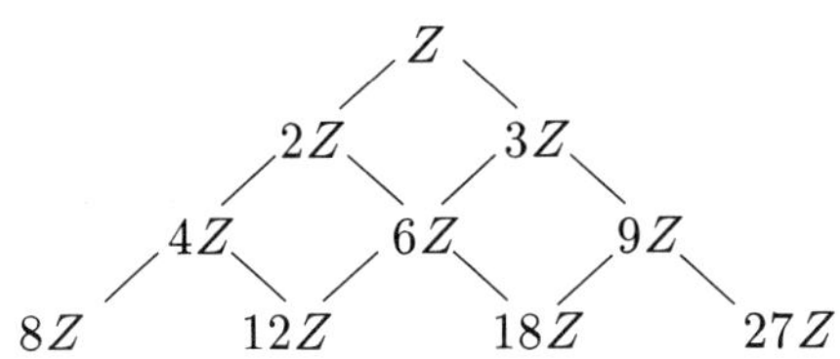

정리 1.10

공집합이 아닌 집합 S가 정수 Z의 부분집합이라 하자. 이때, $a, b \in S$이면 $a + b \in S$이고 $a - b \in S$가 성립한다고 하자. 그러면

$$S = mZ = \{mx \mid x \in Z\}$$

인 정수 $m(\geq 0)$이 유일하게 존재한다.

2) 최대공약수 · 최소공배수

두 정수 a, b가 주어졌을 때 $d \mid a$이고 $d \mid b$이면 d를 a와 b의 **공약수**(common divisor)라 한다. 그리고 두 정수 a, b에 대하여, 다음 세 조건을 만족시키는 정수 d를 a와 b의 **최대공약수**(greatest common divisor)라 하고 d를 (a, b) 또는 $\gcd\{a, b\}$ 또는 $GCD\{a, b\}$로 나타낸다.

(1) $d \geq 0$

(2) d는 a와 b는 공약수이다. 즉, $d \mid a$, $d \mid b$.

(3) a와 b의 공약수는 모두 d의 약수이다. 즉, $c \mid a$, $c \mid b \Rightarrow c \mid d$.

특히, 두 정수 a와 b의 최대공약수가 1일 때, 즉 $(a, b) = 1$일 때, a와 b는 **서로소**(relatively prime)라고 한다.

두 정수 a, b가 주어졌을 때 $a|c$, $b|c$인 정수 c를 a와 b의 **공배수**(common multiple)라고 한다. 그리고 다음 세 조건을 만족시키는 정수 l을 a와 b의 **최소공배수**(least common multiple)라 하고, l을 $[a, b]$ 또는 $lcm\{a, b\}$ 또는 $LCM\{a, b\}$로 나타낸다.

(1) $l \geq 0$

(2) l는 a와 b는 공배수이다. 즉, $a|l$, $b|l$.

(3) a와 b의 공배수는 모두 l의 배수이다. 즉, $a|c$, $b|c \Rightarrow l|c$.

정의에 의하여 분명히 다음이 성립한다.

$$(a, b) = (b, a),\ (a, b) = (-a, b) = (a, -b) = (-a, -b)$$
$$[a, b] = [b, a],\ [a, b] = [-a, b] = [a, -b] = [-a, -b]$$

즉, 예를 들면

$$(4, 6) = (6, 4) = 2,\ (4, 6) = (-4, 6) = (4, -6) = (-4, -6) = 2$$
$$[4, 6] = [6, 4] = 12,\ [4, 6] = [-4, 6] = [4, -6] = [-4, -6] = 12$$

이다. 특히 $a > 0$, $b > 0$인 경우에, 최대공약수 (a, b)는 a와 b의 양의 공약수 중에서 가장 큰 정수이고 최소공배수 $[a, b]$는 a와 b의 양의 공배수 중에서 가장 작은 정수이다.

보기 6 다음을 구하여라.

(1) $(78, 32)$ (2) $(15, 24)$

(3) $[8, 12]$ (4) $[7, 15]$

■ **풀이** (1) $(78, 32) = 2$ (2) $(15, 24) = 3$

(3) $[8, 12] = 24$ (4) $[7, 15] = 105$

정리 1.11

$a, b, q, r \in Z$에 대하여 $b = aq + r$이면, $(a, b) = (a, r)$이다.

증명 이제 $(a, b) = d$, $(a, r) = e$라고 하자. 그러면 $b = aq + r$, $e|a$, $e|r$이므로 $e|a$이고 $e|b$이다. 따라서 $e|d$이다. 마찬가지로 $r = b - aq$, $d|a$, $d|b$이므로 $d|a$이고

$d \mid r$이다. 따라서 $d \mid e$이다. 그러므로 $d = e$이다.

정수의 인수분해는 정수들의 최대공약수를 구하는 것과 같은 문제이다. 정수가 작은 경우에는 간단히 구할 수 있지만 큰 정수에서는 어려운 문제이다. 위의 정리를 확장함으로써 최대공약수를 보다 쉽게 구할 수 있다.

임의의 정수 a와 b의 최대공약수를 구하려 한다. 먼저 $(|a|, |b|) = (a, b)$이므로 $b \geq a > 0$이라 가정하자. 나눗셈 정리에 의하여

$$b = aq_1 + r_1, \quad 0 < r_1 < a$$
$$a = r_1q_2 + r_2, \quad 0 < r_2 < r_1$$
$$r_1 = r_2q_3 + r_3, \quad 0 < r_3 < r_2$$
$$r_2 = r_3q_4 + r_4, \quad 0 < r_4 < r_3$$
$$\vdots$$
$$r_{n-2} = r_{n-1}q_n + r_n, \quad 0 < r_n < r_{n-1}$$
$$r_{n-1} = r_nq_{n+1}$$

q_1	b	a	q_2
	aq_1	r_1q_2	
	r_1	r_2	
	$\vdots$	$\vdots$	
q_n	r_{n-2}	r_{n-1}	q_{n+1}
	$r_{n-1}q_n$	r_nq_{n+1}	
	r_n	0	

이 과정은 나머지 $r_i(i = 1, 2, 3, \cdots, n)$가 0이 나오면 끝나고 a와 b의 최대공약수는 r_n이다.

정리 1.12 유클리드의 알고리즘

두 양의 정수 a, b에 대하여 위의 과정에서 $r_n = (a, b)$이다.

보기 7 다음을 구하여라.

(1) $(36, 55)$ (2) $(122, 134)$

■ **풀이** (1) $55 = 36 \times 1 + 19$

$36 = 19 \times 1 + 17$

$19 = 17 \times 1 + 2$

$17 = 2 \times 8 + 1$

$2 = 1 \times 2 + 0$

그러므로 $(36, 55) = 1$이다.

1	55	36	1
	36	19	
1	19	17	8
	17	16	
2	2	1	
	2		
	0		

(2) $134 = 122 \times 1 + 12$

$122 = 12 \times 10 + 2$

$12 = 2 \times 6$

그러므로 $(122,\ 134) = 2$이다.

정리 1.13

두 정수 $a,\ b \in Z$에 대하여 $ax + by = (a,\ b)$을 만족하는 두 정수 $x,\ y \in Z$가 존재한다.

증명 집합 $S = \{am + bn \mid am + bn > 0,\ m,\ n \in Z\}$이라고 하자. $a \neq 0$이면 $-a \in S$ 또는 $a \in S$이다. 그러므로 $S \neq \phi$이고, 따라서 순서에 관한 기본성질 O.3에 의하여 S는 최소원 d를 갖는다. 그러면 $d = ax + by$인 정수 $x,\ y$가 존재한다. a와 d에 나눗셈 정리를 적용하면

$$a = dq + r,\ 0 \leq r < d$$
$$r = a - dq = a - (ax + by)q = a(1 - qx) + b(-qy)$$

이다. 만약 $r > 0$이면 d가 S의 최소원이므로 모순이다. 따라서 $r = 0$이다. 그러므로 $d \mid a$이다. 같은 방법으로 $d \mid b$이다. $c \mid a$이고 $c \mid b$이면 $c \mid ax + by$이므로 $c \mid d$이다. 따라서 $d = (a,\ b)$이다.

위의 정리에서 $ax + by = (a,\ b)$을 만족하는 두 정수 $x,\ y$는 유일하지 않다. 예를 들면, 14와 21의 최대공약수는 7이다. 따라서

$$(14,\ 21) = 7 = 14 \cdot (-1) + 21 \cdot 1 = 14 \cdot (-22) + 21 \cdot 15$$

이다. 한편, 두 정수 $a,\ b$가 서로소일 필요충분조건은 $ax + by = 1$인 정수 $x,\ y$가 존재하는 것이다. 두 정수가 서로소일 때 성립하는 몇 가지 성질에 대하여 알아보자.

정리 1.14

$a,\ b,\ m \in Z$에 대하여 $(a,\ m) = (b,\ m) = 1$일 필요충분조건은 $(ab,\ m) = 1$이다.

증명 먼저 $(a,\ m) = (b,\ m) = 1$이라 하자. 그러면

$$as + mt = 1\text{이고 } bu + mv = 1$$

인 $s,\ t,\ u,\ v \in Z$가 존재한다. 이 두 등식으로부터

$$(as+mt)(bu+mv) = ab(su) + m(asv+but+mtv) = 1$$

이다. 따라서 $(ab,\ m)=1$이다.

역으로 $(ab,\ m)=1$이라고 하자. 그러면 $abs+mt=1$인 정수 $s,\ t$가 존재한다. 이 등식을

$$a(bs)+mt=1, \qquad b(as)+mt=1$$

로 고쳐 쓰면 $(a,\ m)=(b,\ m)=1$이다.

정리 1.15

$a,\ b,\ m \in Z$에 대하여 $(a,\ m)=1$이고 $m \mid ab$이면 $m \mid b$이다.

증명 가정에 의하여 $(a,\ m)=1$이므로 $1=as+mt$인 $s,\ t \in Z$가 존재한다. 이 등식의 양변에 b를 곱하면 $b=abs+mbt$이다. 그런데 가정에 의하여 $m \mid ab$이므로 $m \mid b$ 이다.

최소공배수에 대한 주요한 몇 가지 성질들을 요약하면 다음 정리 1.16과 같다.

정리 1.16

$a,\ b,\ m \in Z$에 대하여 다음이 성립한다.

(1) a와 b의 최소공배수 $[a,\ b]$는 유일하게 존재한다. 또, $[a,\ b]=m$이라 하면 $aZ \cap bZ = mZ$이다.

(2) $m \geq 0$일 때, $[am,\ bm]=m[a,\ b]$이다.

(3) $(a,\ b)[a,\ b]=|ab|$이다.

증명 (1) $aZ \cap bZ = M$이라 놓자. 그러면 $ab \in M$이므로 $M \neq \phi$이다. 또, 임의의 $m_1,\ m_2 \in M$에 대하여 $m_1+m_2 \in M,\ m_1-m_2 \in M$이다. 따라서 정리 1.10에 의하여 $M=mZ$인 정수 $m \geq 0$이 존재한다. 한편, $m \in M$이므로 $a \mid m$이고 $b \mid m$이다. 또, $a \mid n$이고 $b \mid n$이면 $n \in M$이 되어 $m \mid n$이다. 따라서 $[a,\ b]=m$이다. 마지막으로 $[a,\ b]=m_1,\ m_2$라고 하자. 그러면 $m_1 \mid m_2$이고 $m_2 \mid m_1$이므로 정리 1.7의 (4)에 의하여 $m_1 = \pm m_2$이다. 한편, 최소공배수의 정의에 의하여

m_1, $m_2 \geq 0$이므로 $m_1 = m_2$이다.

(2)와 (3)는 각자 해보기 바란다.

1.2.3 소수

소수를 찾는 문제와 정수를 소인수분해하는 문제는 정수론에서 대단히 중요하다. 특히 암호학, 정보이론의 연구에 널리 사용되는데, 예를 들면 1980년 초 렌스트라(Lenstra)에 의하여 타원곡선을 이용한 정수의 인수분해 알고리즘이 개발되어 이 알고리즘에 대한 고속화 문제가 연구되고 있다. 또한, 각종 컴퓨터 통신 보안에 쓰이는 RSA암호도 정수의 소인수분해의 어려움에 기초한 암호체계로 널리 사용되고 있다. 이 절에서는 소수의 개념과 주어진 정수를 소인수분해하는 방법, 그리고 페르마 소수, 메르센 소수를 소개한다. 끝으로 약수의 개수를 구하는 법과 약수의 합 계산방법을 소개하고자 한다.

1) 소수와 합성수

정수 1은 꼭 두 개의 약수 1, -1을 가지지만, 1보다 큰 양의 정수 a는 적어도 네 개의 약수 1, -1, a, $-a$를 가진다. 1보다 큰 양의 정수 p의 약수가 1, -1, p, $-p$뿐일 때, p를 **소수**(prime number)라고 한다. 또, 1보다 큰 양의 정수 a가 소수가 아닐 때, a를 **합성수**(composite number)라고 한다. 양의 정수 a가 합성수일 조건은 $a = bc$인 1보다 큰 정수 b, c가 존재하는 것이다. 또한 소수 p의 양의 약수는 1과 p뿐이므로 임의의 정수 a에 대하여 $(a, p) = 1$ 또는 $(a, p) = p$이다. 또, 다음이 성립한다.

(1) $(a, p) = 1 \Leftrightarrow p \nmid a$

(2) $(a, p) = p \Leftrightarrow p \mid a$

보기 8 10 이하의 양의 정수 중에 소수와 합성수를 찾아보아라.

■ **풀이** 2, 3, 5, 7은 소수이고 4, 6, 8, 9, 10은 합성수이다.

특히, 짝수인 소수는 2뿐이다.

정리 1.17 유클리드 정리

p가 소수일 때 $p \mid ab$이면 $p \mid a$ 또는 $p \mid b$이다.

증명 이제 $p \mid ab$이고 $p \nmid a$이라고 가정하자. 이때, $(a, p)=1$이므로 적당한 정수 x, y가 존재하여 $ax+py=1$이고 양변에 b를 곱하면 $abx+pby=b$이고 $p \mid axb$, $p \mid pby$이므로 $p \mid b$이다. 같은 방법으로 하면 $p \mid a$도 증명할 수 있다. 따라서 정리가 성립한다.

보조정리 1.18

모든 정수 $n>1$은 소수의 인수, 즉 소인수를 갖는다.

증명 $S=\{a \in N \mid a$는 1보다 큰 n의 약수$\}$라 하자. 그러면 $n \in S$이므로 $S \neq \phi$이다. 따라서 정수의 순서에 대한 기본성질 O.3에 의하여 집합 S는 최소원 p를 갖는다. 한편, p의 약수는 모두 n의 약수이므로 p의 최소성에 의하여 p는 소수이어야 한다. 즉, p는 n의 소인수이다.

정리 1.19

정수 n이 합성수이면 n은 $\sqrt{n}$ 이하인 적당한 소인수를 갖는다.

증명 n이 합성수이면 $1<a \leq b<n$인 두 정수 a, b가 존재하여 $n=ab$이다. 만약 $a>\sqrt{n}$이고 $b>\sqrt{n}$이면 $n=ab>\sqrt{n} \cdot \sqrt{n}=n$이므로 모순이다. 따라서 $a \leq \sqrt{n}$ 또는 $b \leq \sqrt{n}$이다. 그러므로 보조정리 1.18에 의하여 n은 $\sqrt{n}$ 이하의 소인수를 갖는다.

예제 9 다음 수의 소인수를 모두 찾고 정리 1.19에서 말하는 적당한 소인수는 어떤 수인지를 말하여라.

(1) 12　　(2) 34

(3) 188　　(4) 2047

■ **풀이** (1) $12=2\times2\times3$이므로 12의 약수 중 소수인 약수, 즉 소인수는 2와 3밖에 없다. 이 중 $\sqrt{12}$ 이하의 소인수는 2와 3이다.

(2) $34 = 2 \times 17$이므로 34의 약수 중 소인수는 2와 17이다. 이 중 $\sqrt{34}$ 이하의 소인수는 2뿐이다.

(3) $188 = 2 \times 2 \times 47$이므로 188은 2와 47의 소인수를 갖고 $\sqrt{188}$ 보다 작은 소인수는 2가 존재한다.

(4) $2047 = 23 \times 89$이므로 2047의 소인수는 23과 89이다. 이 중 $\sqrt{2047}$ 보다 작은 소인수는 23이다.

참고 소수의 개수에 관한 문제는 유클리드나 디리클레에 의하여 무한히 많다는 사실이 증명되었으며 1793년에 가우스가 예상하여 1896년 아다마르와 발레-푸생에 의하여 양의 실수 x을 넘지 않는 소수의 개수가 약 $\dfrac{x}{\ln x}$개임이 증명되었다.

2) 소인수분해

1보다 큰 모든 양의 정수 n은 유한 개의 소수 $p_1, p_2, \cdots, p_r$의 곱

$$n = p_1 p_2 \cdots p_r$$

으로 나타내어진 식을 n의 **소인수분해**(prime factorization)라고 한다. 이때, 양의 정수 n은 **소인수분해된다**라고 말한다. 한편, 정수론의 기본정리에 의하면 모든 정수는 소수의 곱으로 표현되고 소수의 순서를 무시하면 그 표현은 유일하다. 다음 정리는 이것을 말해준다.

정리 1.20 유일소인수분해 정리

임의의 정수 $n > 1$의 서로 다른 소인수 전체가 $p_1, p_2, \cdots, p_r$일 때 n은 유일하게 다음과 같이 소인수분해된다. 즉,

$$n = p_1^{e_1} p_2^{e_2} \cdots p_r^{e_r}$$

이다. 단, $p_1, p_2, \cdots, p_r$는 서로 다른 소수이고, $e_1 \geq 1,\ e_2 \geq 1,\ \cdots,\ e_r \geq 1$이다.

양의 정수 n을 위와 같은 꼴로 나타낸 것을 특히 n의 **표준분해**(standard decomposition)라고 한다.

보기 10 다음 정수들을 표준분해하여라.

(1) 720　　　　　　　　(2) 2100

■ **풀이** (1) $720 = 2^4 \cdot 3^2 \cdot 5$

(2) $2100 = 2^2 \cdot 3 \cdot 5^2 \cdot 7$

참고 두 정수 720과 2100의 표준분해에서 $720 = 2^4 \cdot 3^2 \cdot 5$이고 $2100 = 2^2 \cdot 3 \cdot 5^2 \cdot 7$에 나타나는 서로 다른 소인수 2, 3, 5, 7을 이용하여 두 수를 다음과 같이 쓸 수 있다.

$$720 = 2^4 \cdot 3^2 \cdot 5 \cdot 7^0$$
$$2100 = 2^2 \cdot 3 \cdot 5^2 \cdot 7$$

이때, 두 정수의 최대공약수와 최소공배수는 각각

$$(720,\ 2100) = 2^2 \cdot 3 \cdot 5 = 60$$

과

$$[720,\ 2100] = 2^4 \cdot 3^2 \cdot 5^2 \cdot 7 = 25200$$

이다.

3) 약수의 개수와 합

자연수 전체의 집합 N에서 정수 전체의 집합 Z로의 함수 $f: N \to Z$을 정수론적 함수(arithmetic function)라고 한다. 두 함수 $\tau: N \to Z$와 $\sigma: N \to Z$는 각각 다음과 같이 정의된 함수를 나타낸다.

$$\tau(n) = n\text{의 양의 약수 전체의 개수}$$
$$\sigma(n) = n\text{의 양의 약수 전체의 합}$$

1보다 큰 양의 정수 n에 대하여 n이 소수일 때 그리고 이때에만 n의 양의 약수는 2개뿐이므로 n이 소수이면 $\tau(n) = 2$이고 $\sigma(n) = 1 + n$이다.

보기 11 12의 약수의 개수와 합을 구하여라.

■ **풀이** 12의 약수는 1, 2, 3, 4, 6, 12이므로 약수의 개수 $\tau(12) = 6$이고 약수의 합 $\sigma(12) = 1 + 2 + 3 + 4 + 6 + 12 = 28$이다.

양의 정수 n의 약수의 개수와 합을 나타내는 함수 τ와 σ을 간단히 n의 모든 양의 약수 d를 이용하여 수식으로 표현하면 다음과 같이 쓸 수 있다.

$$\tau(n) = \sum_{d \mid n} 1$$
$$\sigma(n) = \sum_{d \mid n} d$$

또한 $n = p_1^{e_1} p_2^{e_2} \cdots p_r^{e_r}$($p_1, p_2, \cdots, p_r$는 서로 다른 소수이고, $e_1 \geq 1, e_2 \geq 1, \cdots, e_r \geq 1$)를 n의 표준분해라고 하면 n의 약수의 개수

$$\tau(n) = \prod_{i=1}^{r} (e_i + 1)$$

이고 n의 약수의 합은

$$\sigma(n) = \prod_{i=1}^{r} \frac{p_i^{e_i+1} - 1}{p_i - 1} = (1 + p_1 + p_1^2 + \cdots + p_1^{e_1}) \cdots (1 + p_r + p_r^2 + \cdots + p_r^{e_r})$$

이다.

보기 12 504의 약수의 개수와 합을 구하여라.

■ **풀이** $\tau(504) = \tau(2^3 \cdot 3^2 \cdot 7) = (3+1)(2+1)(1+1) = 24$

$\sigma(504) = \sigma(2^3 \cdot 3^2 \cdot 7) = (1+2+2^2+2^3)(1+3+3^2)(1+7) = 1560$

4) 페르마 소수와 메르센 소수

양의 정수 n의 양의 약수 전체의 합이 $2n$과 같을 때, 즉 $\sigma(n) = 2n$일 때 n을 **완전수**(perfect number)라고 한다.

또, 정수가 $F_n = 2^{2^n} + 1\,(n \geq 0)$의 꼴일 때 **페르마 수**(Fermat number)라고 한다. 특히, F_n이 소수일 때 이 소수를 **페르마 소수**(Fermat prime)라고 한다. 사실 1994년에 페르마 수 중에서 소수로 알려진 것은

$$F_0 = 2^1 + 1 = 3,\ F_1 = 2^2 + 1 = 5,\ F_2 = 2^{2^2} + 1 = 17,$$
$$F_3 = 2^{2^3} + 1 = 257,\ F_4 = 2^{2^4} + 1 = 65537$$

뿐이며 합성수인 페르마 수 중에서 F_5, F_6, F_7, F_8, F_9, F_{11}의 소인수분해만이 알려져 있다.

한편, 정수 $M_n = 2^n - 1\,(n \geq 1)$을 **메르센 수**(Mersenne number)라 하고, 특히 M_n이 소수일 때 M_n을 **메르센 소수**(Mersenne prime)라고 한다.

보기 13 정수 6과 28이 완전수임을 보여라.

■ **풀이** $\sigma(6) = 1+2+3+6 = 12$이고 $\sigma(28) = 1+2+4+7+14+28 = 2 \cdot 28$이므로 두 정수 모두 완전수이다.

참고 홀수인 완전수는 아직까지 발견되지 않았으며 완전수가 무한히 많은지도 알려져 있지 않다. 단지 메르센 소수 $M_p = 2^p - 1$(p는 소수)에 대하여 $N_p = 2^{p-1}M_p$, 즉 $N_p = 2^{p-1}(2^p - 1)$이라고 하면 N_p는 완전수이다. 더욱이 짝수인 완전수 n은 모두 이와 같은 꼴의 정수이다.

5) 최대정수함수

실수 x를 넘지 않는 최대의 정수를 $[x]$로 나타내고 이 값을 **정수부분**(integral part)이라 한다. 이때, 실수 전체를 정의역으로 하는 함수 $f(x) = [x]$을 **최대정수함수**(greatest integer function) 또는 **가우스 함수**라고 한다. 또, 임의의 실수 x에 대하여 $\{x\} = x - [x]$을 x의 **소수부분**이라고 한다. 이렇게 정의하면 다음 정리가 성립한다.

정리 1.21

임의의 $x,\ y \in R$에 대하여 다음 성질이 성립한다.

(1) $x - 1 < [x] \leq x < [x] + 1$

(2) 임의의 정수 $a \in Z$에 대하여 $[x + a] = [x] + a$

(3) $[x] + [y] \leq [x + y] \leq [x] + [y] + 1$

(4) 양의 정수 $a,\ b \in Z$에 대하여 $\left[\dfrac{b}{a}\right]$는 정수 $1,\ 2,\ \cdots,\ b$ 중에서 a의 배수인 것의 개수와 같다.

보기 14 다음 값을 구하여라.

(1) $[3.4]$ (2) $[-7.3]$

(3) $\{5.6\}$ (4) $\left[\dfrac{200}{3}\right]$

(5) 300부터 600까지의 정수 중에서 7의 배수의 개수

■ 풀이 (1) 3 (2) -8

(3) 0.6 (4) 66

(5) 1부터 600까지의 정수 중 7의 배수의 개수는 $\left[\dfrac{600}{7}\right]=\left[85+\dfrac{5}{7}\right]=85$개이고 1부터 299까지의 정수 중 7의 배수의 개수는 $\left[\dfrac{299}{7}\right]=\left[42+\dfrac{5}{7}\right]=42$개이므로 구하는 개수는 $85-42=43$개이다.

연습문제 1.2

1. $a, b, c \in Z(c \neq 0)$에 대하여 다음이 성립함을 증명하여라.

(1) $|a+b| \leq |a| + |b|$

(2) $(-a)(-b) = ab$

(3) $0 \leq b < a$이고 $0 \leq c < a$이면 $|b-c| < a$

(4) $a \mid b \Leftrightarrow (ca) \mid (cb)$

(5) $b \in aZ \Leftrightarrow bZ \subseteq aZ$

2. $n \geq 2$인 자연수 n에 대하여 다음이 성립함을 수학적 귀납법으로 증명하여라.

$$1+2+3+\cdots+n = \frac{n(n+1)}{2}$$

3. 다음 정수들의 약수를 모두 구하여라.

(1) 36 (2) 288

(3) 24 (4) 1400

4. 다음을 구하여라.

(1) $(78, 32)$ (2) $(-9, 48)$

(3) $(0, -36)$ (4) $(-8, -18)$

5. $(a, b) = 1$이고 $m \mid a$이면 $(m, b) = 1$임을 증명하여라.

6. $[a, b, c] = m$이면 $aZ \cap bZ \cap cZ = mZ$임을 증명하여라.

7. $a, b \in Z$에 대하여 $[a, b] = (a, b)$이면 $a = \pm b$임을 보여라.

8. 다음을 증명하여라.

(1) 정수 $p > 1$가 소수이기 위한 필요충분조건은 $p \mid ab$이면 $p \mid a$ 또는 $p \mid b$이다.

(2) 정수 $2^n+1\,(n \geq 1)$이 소수이면 n은 2의 거듭제곱이다.

(3) 페르마 수 F_5는 소수가 아니다.

($2^{32}+1=(2^9+2^7+1)(2^{23}-2^{21}+2^{19}-2^{17}+2^{14}-2^9-2^7+1)$을 이용하여라.)

(4) 정수 $M_n=2^n-1\,(n>1)$이 소수이면 n도 소수이다.

(5) 두 양의 정수 b, c의 곱 bc가 완전제곱수(정수의 제곱)일 때, $(b,\ c)=1$이면 b와 c는 모두 완전제곱수이다.

(6) 임의의 실수 $x \in R$에 대하여 $[x]+\left[x+\dfrac{1}{2}\right]=[2x]$

(7) 1000!은 10^{249}으로 나누어 떨어진다.

9. 176부터 545까지의 정수 중에서 13의 배수의 개수를 구하여라.

1.3 합동과 중국인의 나머지정리

1.3.1 합동식

1) 합동식

고정된 양의 정수 m에 대하여 두 정수 a, b의 차가 m의 배수일 때, 즉 $m \mid (a-b)$일 때 a와 b는 법 m에 관하여 **합동**(congruent)이라 하고 $a \equiv b \bmod m$으로 표현한다. 그리고 합동 기호 $\equiv$가 들어 있는 식을 **합동식**(congruence)이라고 한다. 한편, $m \nmid (a-b)$인 경우에 이를 $a \not\equiv b \bmod m$으로 나타내고, 이때 a와 b는 법 m에 관하여 **합동이 아니**다라고 한다.

보기 1 다음 두 수들은 어떤 수에 대하여 합동인가?

(1) 7과 4　　(2) 10과 17

(3) 3과 -1　　(4) -3과 5

■ **풀이** (1) $7 \equiv 4 \bmod 3$　　(2) $10 \equiv 17 \bmod 7$

(3) $3 \equiv -1 \bmod 4$　　(4) $-3 \equiv 5 \bmod 8$

사실 합동 개념은 일상생활에서 자주 대하는 개념이다. 예를 들어 시계의 시침은 12 또는 24를 법으로 하여 같은 시간을 나타내고, 또 달력에서 요일은 7을 법으로 하여 같은 요일이 반복된다. 정의에 의하여 다음이 성립한다.

정리 1.22

양의 정수 m과 정수 a, b, $k \in Z$에 대하여 다음이 성립한다.

$$a \equiv b \bmod m \Leftrightarrow m \mid (a-b) \Leftrightarrow a = b + mk$$

정리 1.23

정수 전체의 집합 Z 위에 정의된 합동관계 $a \equiv b \bmod m$은 동치관계이다. 즉,

(1) $a \equiv a \bmod m$(반사관계)

(2) $a \equiv b \bmod m$이면 $b \equiv a \bmod m$(대칭관계)

(3) $a \equiv b \bmod m$이고 $b \equiv c \bmod m$이면 $a \equiv c \bmod m$(추이관계)

이 성립한다.

증명 정수 a, b, c, $m \in Z$에 대하여 다음이 성립한다.

(1) $m \mid (a-a)$

(2) $m \mid (a-b)$이면 $m \mid (b-a)$이다.

(3) $a-c=(a-b)+(b-c)$이므로 $m \mid (a-b)$이고 $m \mid (b-c)$이면 $m \mid (a-c)$이다.

보기 2 법 3에 관하여 다음이 성립한다.

$$\cdots \equiv -3 \equiv 0 \equiv 3 \equiv 6 \equiv 9 \equiv \cdots \mod 3$$
$$\cdots \equiv -2 \equiv 1 \equiv 4 \equiv 7 \equiv 10 \equiv \cdots \mod 3$$
$$\cdots \equiv -1 \equiv 2 \equiv 5 \equiv 8 \equiv 11 \equiv \cdots \mod 3$$

정리 1.24

정수 전체의 집합 Z 위에서 $a \equiv b \bmod m$이고 $c \equiv d \bmod m$라고 하자. 그러면 다음 관계가 성립한다.

(1) $a \pm c \equiv b \pm d \bmod m$

(2) $ac \equiv bd \bmod m$

증명 (1) 가정에 의하여 $a-b=mk_1$이고 $c-d=mk_2$인 정수 k_1, $k_2 \in Z$가 존재한다. 따라서 좌우변을 각각 더하거나 빼면

$$(a \pm c)-(b \pm d)=m(k_1 \pm k_2)$$

이므로 $a \pm c \equiv b \pm d \bmod m$이다.

(2) (1)에서 a와 c을 각각 곱하면

$$ac = (b+mk_1)(d+mk_2) = bd + m(k_1 d + k_2 b + mk_1 k_2)$$

이므로 $ac \equiv bd \bmod m$이다.

참고 (1) 어떤 $a,\ b,\ m \in Z$에 대하여 $a \equiv b \bmod m$라 할 때, 임의의 정수 $c \in Z$에 대하여 $a+c \equiv b+c \bmod m$이고 $ac \equiv bc \bmod m$이다.

(2) 정리 1.24를 확장하면, 즉 모든 $k=1,\ 2,\ \cdots,\ n$에 대하여 $a_k \equiv b_k \bmod m$이면 $\sum_{k=1}^{n} a_k \equiv \sum_{k=1}^{n} b_k \bmod m$이고 $\Pi_{k=1}^{n} a_k \equiv \Pi_{k=1}^{n} b_k \bmod m$이다. 특히, $a \equiv b \bmod m$이면 임의의 양의 정수 n에 대하여 $a^n \equiv b^n \bmod m$이다.

정리 1.25

$f(x) = a_0 + a_1 x + \cdots + a_n x^n$이고 $g(x) = b_0 + b_1 x + \cdots + b_n x^n$인 두 정수계수 다항식에서 $a_k \equiv b_k \bmod m\,(k=0,\ 1,\ 2,\ \cdots,\ n)$이라 하자. 이때,

(1) $a \equiv b \bmod m$이면 $f(a) \equiv g(b) \bmod m$

(2) $a \equiv b \bmod m$이면 $f(a) \equiv f(b) \bmod m$

이다.

증명 (1) 위의 참고 (2)에 의하여 $a \equiv b \bmod m$이면 모든 k에 대하여 $a^k \equiv b^k \bmod m$이고, 가정에 의하여 $a_k \equiv b_k \bmod m$이므로 정리 1.24에 의하여

$$a_k a^k \equiv b_k b^k \bmod m$$

이다. 따라서 참고 (2)에 의하여 $\sum_{k=0}^{n} a_k a^k \equiv \sum_{k=0}^{n} b_k b^k \pmod m$이다. 즉,

$$f(a) \equiv g(b) \bmod m$$

이다.

(2) 당연하다.

예제 3 다음 주어진 수를 괄호 안의 수로 나누면 나머지는 얼마인가?

(1) $2^{15}14^{40}+1$ (11)　　(2) 26384 (9)　　(3) 36524 (11)

■ 풀이 (1) $2^4 \equiv 5 \bmod 11$이므로 $2^8 \equiv 5^2 \equiv 3 \bmod 11$이고, 따라서 두 합동식을 변변 곱하면 $2^{12} \equiv 15 \equiv 4 \bmod 11$이다. 양변에 2^3을 곱하면

$$2^{15} \equiv 4 \cdot 2^3 \equiv -1 \bmod 11$$

이다. 한편, $14 \equiv 3 \bmod 11$이므로 $14^{40} \equiv 3^{40} \bmod 11$이고, 11을 법으로 할 때

$$3^2 \equiv -2, \quad 3^4 \equiv (-2)^2 = 4, \quad 3^8 \equiv 5, \quad 3^{10} \equiv -10 \equiv 1$$

이므로 $3^{40} \equiv 1$이다. 따라서 정리 1.24에 의하여

$$2^{15}14^{40} + 1 \equiv (-1) \cdot 1 + 1 \equiv 0 \bmod 11$$

이므로 나머지는 0이다.

(2) $(n+1)$자리 양의 정수 $a = a_n a_{n-1} \cdots a_1 a_0$라 하고

$$f(x) = a_0 + a_1 x + \cdots + a_n x^n$$

이라 하자. 그러면 정수 a를 10진법으로 나타내면

$$a = a_n 10^n + a_{n-1} 10^{n-1} + \cdots + a_1 10 + a_0, \quad 0 \le a_k \le 9$$

이므로 $a = f(10)$으로 나타낼 수 있다. 한편, $10 \equiv 1 \bmod 9$이므로 정리 1.25에 의하여 $f(10) \equiv f(1) \bmod 9$이다. 따라서

$$a \equiv a_0 + a_1 + \cdots + a_n \bmod 9$$

이다. 그러므로

$$26384 \equiv 4 + 8 + 3 + 6 + 2 \equiv 23 \equiv 2 + 3 \equiv 5 \bmod 9$$

따라서 26384를 9로 나누었을 때의 나머지는 5이다.

(3) (2)과 같은 방법으로 하면 $10 \equiv -1 \bmod 11$이므로 정리 1.25에 의하여 $f(10) \equiv f(-1) \bmod 11$ 이다. 따라서

$$a \equiv a_0 - a_1 + \cdots + (-1)^n a_n \bmod 11$$

이다. 그러므로

$$36524 \equiv 4 - 2 + 5 - 6 + 3 \equiv 4 \bmod 11$$

따라서 36524를 11로 나누었을 때의 나머지는 4이다.

정리 1.26

$a,\ b,\ m \in Z,\ m > 0$이라 하자. 이때, 다음이 성립한다.

(1) $ab \equiv ac \bmod m$이고 $(a,\ m) = 1$이면 $b \equiv c \bmod m$

(2) $d \mid m,\ d > 0$일 때, $a \equiv b \bmod m$이면 $a \equiv b \bmod d$

(3) $d \mid m,\ d \mid a,\ d \mid b$, 그리고 $d > 0$일 때,

$$a \equiv b \bmod m \Leftrightarrow \frac{a}{d} \equiv \frac{b}{d} \bmod \frac{m}{d}$$

(4) $a \equiv b \bmod m$이면 $(a,\ m) = (b,\ m)$

이다.

증명 (1) $ab \equiv ac \bmod m$이므로 $m \mid (b-c)$이다. 한편, $(a,\ m) = 1$이므로 정리 1.15에 의하여 $m \mid (b-c)$이다. 그러므로 $b \equiv c \bmod m$이다.

(2) $d \mid m,\ d > 0$이고 $a \equiv b \bmod m$이면 $d \mid m$이고 $m \mid (a-b)$이므로 $d \mid (a-b)$, 즉 $a \equiv b \bmod d$이다.

(3) $m \mid (a-b) \Leftrightarrow \frac{m}{d} \,\Big|\, \left(\frac{a}{d} - \frac{b}{d}\right) \Leftrightarrow \frac{a}{d} \equiv \frac{b}{d} \bmod \frac{m}{d}$

(4) $a \equiv b \bmod m$이므로 $a = b + mk$인 정수 $k \in Z$가 존재한다. 따라서 정리 1.11에 의하여 $(a,\ m) = (b,\ m)$이다.

2) 완전잉여계

우리는 앞에서 합동관계 $a \equiv b \bmod m$은 정수 전체의 집합 Z 위에서 동치관계임을 설명하였다. 이 동치관계에 의하여 집합 Z는 쌍마다 서로소인 동치류들로 분할된다. 이러한 동치류를 특히 **법 m에 관한 잉여류(residue class modulo m)**라 한다. 예를 들어, 정수 $a \in Z$에 의하여 결정되는 잉여류를 $\overline{a}$로 나타내면

$$\overline{a} = \{x \in Z \mid a \equiv x \bmod m\}$$

으로 정의한다. 이렇게 정의하면 정수의 집합 Z는 m을 법으로 m개의 잉여류로 분할된다. 이러한 잉여류 전체의 집합을 $\overline{Z}_m$으로 표기한다. 한편, $0,\ 1,\ 2,\ \cdots,\ m-1$의 어떤 쌍도 m을 법으로 합동일 수 없으므로 모든 정수는 m을 법으로 $0,\ 1,\ 2,\ \cdots,\ m-1$ 중 오직 하나와 합동이다. 따라서 $\overline{Z}_m = \{\overline{0},\ \overline{1},\ \overline{2},\ \cdots,\ \overline{m-1}\}$이다.

이때 $Z_m = \{0,\ 1,\ 2,\ 3,\ \cdots,\ m-1\}$로 표기한다. $\overline{Z}_m$의 각 잉여류에서 한 개의 정수를 뽑아 모은 집합을 **법 m에 관한 완전잉여계**(complete system of residue module m)라 한다. 따라서 $Z_m = \{0,\ 1,\ 2,\ 3,\ \cdots,\ m-1\}$는 법 m에 관한 완전잉여계이고, 특히 **최소양의 잉여계**라 한다.

참고 법 m에 관한 잉여류 $\overline{a}$에 대하여 $(a,\ m)=1$일 때 $\overline{a}$을 **법 m에 관한 기약잉여류**(reduced residue class modulo m)라고 한다. 법 m에 관한 기약잉여류 전체의 집합을 $\overline{Z}_m^*$라 하면 다음과 같다.

$$\overline{Z}_m^* = \{\overline{a} \in \overline{Z}_m \mid (a,\ m)=1\}$$

비슷한 방법으로 $Z_m^* = \{a \in Z_m \mid (a,\ m)=1\}$으로 나타낸다.

보기 4 (1) 정수의 집합 Z의 법 3에 관한 잉여류를 구하고, 잉여류 전체의 집합 $\overline{Z}_3$과 기약잉여류 전체의 집합 $\overline{Z}_3^*$을 구하여라.

(2) $\overline{Z}_6 = \{\overline{0},\ \overline{1},\ \overline{2},\ \overline{3},\ \overline{4},\ \overline{5}\}$에서 완전잉여계의 예를 들어 보아라.

■ **풀이** (1) 법 3에 관하여

$$\overline{0} = \{\ \cdots,\ -6,\ -3,\ 0,\ 3,\ 6,\ 9,\ \cdots\}$$
$$\overline{1} = \{\ \cdots,\ -5,\ -2,\ 1,\ 4,\ 7,\ 10,\ \cdots\}$$
$$\overline{2} = \{\ \cdots,\ -4,\ -1,\ 2,\ 5,\ 8,\ 11,\ \cdots\}$$

이다. 따라서 $\overline{Z}_3 = \{\overline{0},\ \overline{1},\ \overline{2}\}$이고 $\overline{Z_3}^* = \{\overline{1},\ \overline{2}\}$

(2) $\{-3,\ -2,\ -1,\ 0,\ 1,\ 2\}$이나 $\{6,\ 7,\ -4,\ -3,\ 10,\ 11\}$ 등

정리 1.27

$a,\ b,\ m \in Z,\ m>0$일 때, 법 m에 관한 합동관계에 대하여 다음이 성립한다.

(1) $a \equiv b \bmod m \Leftrightarrow \overline{a} = \overline{b} \Leftrightarrow b \in \overline{a}$

(2) 임의의 정수 $a,\ b \in Z$에 대하여 $\overline{a} \cap \overline{b} = \phi$이거나 또는 $\overline{a} = \overline{b}$

(3) 정수의 집합 Z는 모든 $\overline{k} \in \overline{Z}_m$에 대하여 $Z = \cup_{k=0}^{m-1} \overline{k}$

위의 보기에서도 알 수 있듯이 정리 1.27은 자명하다.

참고 이 밖에도 잉여계 Z_m에 있어서 다음 성질들이 성립한다.

(1) $\overline{a} \in \overline{Z_m}$이라 할 때, 임의의 $b \in \overline{a}$에 대하여 $(a, m) = (b, m)$이다.

(2) $Z_m = \{0, 1, 2, 3, \cdots, m-1\}$일 때, 임의의 $a, b \in Z_m$에 대하여

$$a \neq b \text{이면 } a \not\equiv b \bmod m$$

이다.

(3) 임의의 $a \in Z$에 대하여 $a \in \overline{b}$인 $\overline{b} \in \overline{Z}_m$는 유일하게 존재한다.

정리 1.28

어떤 유한 정수의 집합 P가 법 m에 관한 완전잉여계이기 위한 필요충분조건은 다음 두 조건을 만족하는 것이다. 즉,

(1) $|P| = m$

(2) $a, b \in P$일 때, $a \neq b$이면 $a \not\equiv b \bmod m$

증명 $\Rightarrow$) 집합 P가 법 m에 관하여 완전잉여계이면 (1)과 (2)는 분명히 성립한다.

$\Leftarrow$) 역으로 두 조건 (1)과 (2)가 성립한다고 하자. 이때, $P = \{p_0, p_1, \cdots, p_{m-1}\}$이라 하면 (2)에 의해 $i \neq j$이면 $\overline{p_i} \neq \overline{p_j}$이므로 $\{\overline{p}_0, \overline{p}_1, \cdots, \overline{p}_{m-1}\} = \overline{Z}_m$이다. 따라서 집합 P는 법 m에 관한 완전잉여계이다.

예제 5 임의의 정수 $n \in Z$에 대하여 $n^7 - n$은 42의 배수임을 증명하여라.

■ **풀이** $n^7 - n$이 2, 3, 7의 배수임을 보이면 된다. 즉,

$$n^7 - n = n(n-1)(n^2+n+1)(n^3+1)$$

은 임의의 정수 n에 대하여 n과 $n-1$은 연속되는 두 정수이므로 곱은 2의 배수이다. 따라서 $n^7 - n$은 2의 배수이다. 또, 법 3에 관하여 $\{0, 1, 2\}$는 완전잉여계이므로 n은 법 3에 관하여 0, 1, 2 중 어느 하나와 합동이다. 만약, $n \equiv 0 \bmod 3$이면 $n^7 - n$은 3의 배수이다. $n \equiv 1 \bmod 3$이면 역시 $n^7 - n$은 3의 배수가 된다. 마지막으로 n이 법 3에 관하여 2와 합동이라면 (n^3+1)이 3의 배수가 되므로 $n^7 - n$은

3의 배수가 된다. 따라서 법 3에 관하여 어떤 하나와 합동이 되더라도 $n^7 - n$은 3의 배수이다. 이제 준 식이 7의 배수임을 보이기 위해서 법 7에 관하여 완전잉여계인 집합

$$\{-4,\ -3,\ -2,\ -1,\ 0,\ 1,\ 2\}$$

을 생각하자.

$n \equiv -4 \bmod 7$, $n \equiv -2 \bmod 7$, $n \equiv -1 \bmod 7$인 경우에는 (n^3+1)이 7의 배수, $n \equiv -3 \bmod 7$, $n \equiv 2 \bmod 7$인 경우에는 (n^2+n+1)이 7의 배수, 그리고 $n \equiv 0 \bmod 7$인 경우 준 식은 당연히 7의 배수이다. 한편, $n \equiv 1 \bmod 7$인 경우에는 $(n-1)$이 7의 배수가 되어 준 식은 어느 경우가 되든 7의 배수가 된다. 따라서 $n^7 - n$은 42의 배수이다.

3) 오일러 φ-함수와 기약잉여계

양의 정수 전체의 집합을 P라 할 때, 함수 $\varphi: P \to P$을 임의의 $m \in P$에 대하여

$$\varphi(m) = k,\ k = |\{s \in Z_m \mid (m,\ s) = 1\}|$$

로 정의했을 때, 이 φ을 **오일러 φ-함수**라고 한다.

또, 잉여류 $\bar{a} \in \overline{Z}_m$에 대하여 $(a,\ m) = 1$일 때, $\bar{a}$을 법 m에 관한 **기약잉여류**라고 한다. 이렇게 정의하면 집합 Z_m 속에는 기약잉여류가 모두 $\varphi(m) = k$개가 있음을 알 수 있다. 보통 법 m에 관한 기약잉여류 전체의 집합을 $\overline{Z}^*_m$로 나타낸다. 즉,

$$\overline{Z}^*_m = \{\bar{a} \in \overline{Z_m} \mid (a,\ m) = 1\}$$

여기서 집합 $\overline{Z}^*_m$에 속하는 원소의 개수는 $\varphi(m)$이다.

정수의 집합 $\{r_1,\ r_2,\ \cdots,\ r_{\varphi(m)}\}$에 대하여 $\{\bar{r}_1,\ \bar{r}_2,\ \cdots,\ \bar{r}_{\varphi(m)}\} = \overline{Z}^*_m$이 성립할 때 이 집합을 법 m에 관한 **기약잉여계**(reduced residue system modulo m)라 한다.

보기 6 다음 값을 구하여라.

(1) $\varphi(1)$, $\varphi(3)$, $\varphi(5)$, $\varphi(12)$ (2) $\overline{Z}^*_6$ (3) p가 소수일 때 $\overline{Z}^*_p$

■ **풀이** (1) $\varphi(1) = 1$, $\varphi(3) = 2$, $\varphi(5) = 4$, $\varphi(12) = 4$

(2) $\overline{Z}^*_6 = \{\bar{1},\ \bar{5}\}$, 법 6에 관한 기약잉여계는 $\{1,\ 5\}$

(3) $\overline{Z}^*_p = \{\bar{1},\ \bar{2},\ \cdots,\ \overline{p-1}\}$, 법 p에 관한 기약잉여계는 $\{1,\ 2,\ \cdots,\ p-1\}$

정리 1.29

정수의 집합 $R=\{r_1, r_2, \cdots, r_{\varphi(m)}\}$이라 하자. 이때, R이 법 m에 관해 기약잉여계이기 위한 필요충분조건은 다음 두 조건을 만족하는 것이다. 즉,

(1) 임의의 $r_i \in R$에 대하여 $(r_i, m)=1$

(2) $r_i, r_j \in R$에 대하여 $r_i \neq r_j$이면 $r_i \not\equiv r_j \bmod m$

증명 위의 정의와 보기를 참고해 보면 당연하다.

예제 7 정수의 집합 $R=\{r_1, r_2, \cdots, r_{\varphi(m)}\}$이 법 m에 관한 기약잉여계일 때, $(a, m)=1$이면 $T=\{ar_1, ar_2, \cdots, ar_{\varphi(m)}\}$도 법 m에 관한 기약잉여계이다. 이 사실을 이용하여 법 5에 관한 기약잉여계를 두 가지만 구해 보아라.

■ **풀이** $\overline{Z}_5=\{\overline{0}, \overline{1}, \overline{2}, \overline{3}, \overline{4}\}$이므로 $\overline{Z}_5^*=\{\overline{1}, \overline{2}, \overline{3}, \overline{4}\}$이다. 따라서 법 5에 관한 기약잉여계는 집합 $R=\{1, 2, 3, 4\}$이 하나 있고, 또 $(2, 5)=1$이므로 집합 R의 각 원소에 2를 곱하면 $T=\{2, 4, 6, 8\}$도 법 5에 대한 또 다른 기약잉여계라 할 수 있다.

정리 1.30

p를 소수라 하고 k를 양의 정수라 할 때,

$$\varphi(p^k)=p^k-p^{k-1}=p^k\left(1-\frac{1}{p}\right)$$

이다.

증명 $\varphi(p^k)$의 값은 집합 $Z_{p^k}=\{0, 1, 2, \cdots, p^k-1\}$의 원소 중에서 p^k와 서로소인 원소의 개수와 같다. 그런데 이 개수는 집합 $S=\{1, 2, 3, \cdots, p^k-1, p^k\}$의 원소 중에서 p^k와 서로소인 원소의 개수와 일치한다. 한편, 집합 S의 원소 중에서 p^k와 서로소가 아닌 원소를 구해보면 $1 \cdot p, 2 \cdot p, \cdots, p^{k-1} \cdot p$이다. 따라서 집합 S에는 p^k와 서로소가 아닌 원소가 p^{k-1}개 있다. 그러므로 S의 총 원소의 개수 p^k에서 p^{k-1}을 빼낸 수가 p^k와 서로소인 원소의 개수가 된다. 즉, $\varphi(p^k)=p^k-p^{k-1}$이다.

정리 1.31

정수의 집합 $R=\{r_1, r_2, \cdots, r_{\varphi(m)}\}$이 법 m에 관한 기약잉여계라 하고 집합 $S=\{s_1, s_2, \cdots, s_{\varphi(n)}\}$은 법 n에 관한 기약잉여계라 하자. 이때, $(m, n)=1$이면

(1) $T=\{nr_i+ms_j \mid r_i\in R,\ s_j\in S\}$는 법 mn에 관한 기약잉여계이다.

(2) $\varphi(mn)=\varphi(m)\varphi(n)$

증명은 생략하고 그 활용에 중점을 두겠다. 정리 1.30과 정리 1.31로부터 다음과 같은 주요한 정리를 얻는다.

예제 8 $Z_7^*=\{1, 2, 3, 4, 5, 6\}$은 법 7에 관한 기약잉여계이고 $Z_4^*=\{1, 3\}$은 법 4에 관한 기약잉여계일 때 $T=\{4r_i+7s_j \mid r_i\in Z_7^*,\ s_j\in Z_4^*\}$의 원소를 구해보고 Z_{28}^*와 비교하여 보아라. 또, $\varphi(28)$을 구하여라.

■ **풀이** 집합 $T=\{4r_i+7s_j \mid r_i\in Z_7^*,\ s_j\in Z_4^*\}$의 원소를 구하기 위해 Z_7^*과 Z_4^*에서의 원소의 순서쌍 (r_i, s_j)값을 차례대로 대입하면

$$T=\{11, 25, 5, 29, 19, 33, 23, 37, 27, 41, 31, 45\}$$

이고 법 28에 대하여 정리하면

$$T=\{11, 25, 5, 1, 19, 5, 23, 9, 27, 13, 3, 17\}$$

이 되어 Z_{28}^*과 같다. 한편,

$$\varphi(28)=\varphi(4\times 7)=\varphi(4)\varphi(7)=2\times 6=12$$

이다. 이는 $|Z_{28}^*|=\varphi(28)=12$임을 확인할 수 있다.

정리 1.32

(1) $n=p_1^{e_1}p_2^{e_2}\cdots p_k^{e_k}$을 정수 $n>1$의 표준분해라고 하면

$$\begin{aligned}\varphi(n)&=(p_1^{e_1}-p_1^{e_1-1})(p_2^{e_2}-p_2^{e_2-1})\cdots(p_k^{e_k}-p_k^{e_k-1})\\&=n\left(1-\frac{1}{p_1}\right)\left(1-\frac{1}{p_2}\right)\cdots\left(1-\frac{1}{p_k}\right)\end{aligned}$$

이다.

(2) 임의의 양의 정수 n에 대하여

$$\sum_{d\mid n}\varphi(d)=n$$

이다. 여기서 $\sum_{d\mid n}$는 n의 모든 양의 약수 d에 대한 합을 나타낸다.

증명 (1) 자명하다.

(2) i) $n=1$인 경우: $\sum_{d\mid 1}\varphi(d)=\varphi(1)=1$이므로 성립

ii) $n>1$인 경우: $n=p_1^{e_1}p_2^{e_2}\cdots p_k^{e_k}$을 n의 표준분해라고 하자. 그러면 정리 1.31의 (2)를 이용하면

$$\sum_{d\mid n}\varphi(d)=\left\{\varphi(1)+\varphi(p_1)+\cdots+\varphi(p_1^{e_1})\right\}\cdots\left\{\varphi(1)+\varphi(p_k)+\cdots+\varphi(p_k^{e_k})\right\}$$

임을 알 수 있다. 또, 정리 1.30에 의하여 p가 소수이면

$$\begin{aligned}\varphi(1)+\varphi(p_i)+\cdots+\varphi(p_i^{e_i})&=1+(p_i-1)+(p_i^2-p_i)+\cdots+(p_i^{e_i}-p_i^{e_i-1})\\&=p_i^{e_i}\end{aligned}$$

이다. 따라서 이 사실로부터

$$\sum_{d\mid n}\varphi(d)=p_1^{e_1}p_2^{e_2}\cdots p_k^{e_k}=n$$

임을 알 수 있다.

예제 9 위 정리들을 이용하여 다음 각 값을 구하여라.

(1) $\varphi(81)$ (2) $\varphi(100)$ (3) $\sum_{d\mid 24}\varphi(d)$

■ 풀이 (1) $\varphi(81)=\varphi(3^4)=3^4-3^3=54$

(2) $\varphi(100)=\varphi(2^2 5^2)=\varphi(2^2)\varphi(5^2)=(2^2-2)(5^2-5)=40$

(3) $\sum_{d\mid 24}\varphi(d)=\varphi(1)+\varphi(2)+\varphi(3)+\varphi(4)+\varphi(6)+\varphi(8)+\varphi(12)+\varphi(24)$

$=1+1+2+2+2+4+4+8=24$

4) 오일러 정리와 페르마 정리

오일러 정리와 페르마 정리는 암호학 분야에서 많이 활용되는 대단히 중요한 정리이다.

정리 1.33 오일러

m이 양의 정수일 때,

$$(a,\ m)=1\text{이면 } a^{\varphi(m)}\equiv 1 \bmod m$$

이다.

증명 정수의 집합 $R=\{r_1,\ r_2,\ \cdots,\ r_{\varphi(m)}\}$이 법 m에 관한 기약잉여계라 하자. 그러면 예제 7의 사실로부터 $(a,\ m)=1$이면 $T=\{ar_1,\ ar_2,\ \cdots,\ ar_{\varphi(m)}\}$도 법 m에 관한 기약잉여계이다. 또, R의 각각의 모든 원소는 T의 단 하나의 원소와 각각 법 m에 관하여 합동이다. 따라서

$$ar_1\cdot ar_2\cdot\ \cdots\ \cdot ar_{\varphi(m)}\equiv r_1r_2\cdots r_{\varphi(m)} \bmod m$$

이다. 계산하면

$$a^{\varphi(m)}r_1r_2\cdots r_{\varphi(m)}\equiv r_1r_2\cdots r_{\varphi(m)} \bmod m$$

이다. 또, 집합 R은 법 m에 관하여 기약잉여계라고 가정하였으므로 모든 $r_i\in R$에 대하여 $(r_i,\ m)=1$이다. 따라서 정리 1.26의 (1)에 의하여 위 식은

$$a^{\varphi(m)}\equiv 1 \bmod m$$

이 된다.

정리 1.34 페르마

p이 소수라 하자. 이때,

$$p \nmid a\text{이면 } a^{p-1} \equiv 1 \bmod p$$

이다.

증명 가정에서 $p \nmid a$이라 하였으므로 $(a,\ p)=1$이다. 따라서 오일러 정리에 의하여 $a^{\varphi(p)} \equiv 1 \bmod p$이고 $\varphi(p)=p-1$이므로 $a^{p-1} \equiv 1 \bmod p$이다.

참고 (1) p를 소수라 하고 a를 임의의 정수라 하면 $a^p \equiv a \bmod p$가 성립한다.
(2) [윌슨 정리] p가 소수 $\Leftrightarrow$ $(p-1)! \equiv -1 \bmod p$이다.

예제 10 다음 주어진 수를 괄호 안의 숫자로 나누면 나머지는 얼마인가?

(1) 13^4 (12)　　(2) 5^6 (7)

(3) 10^7 (7)　　(4) $12!+1$ (13)

■ **풀이** (1) 오일러 정리에서 $a=13,\ m=12$인 경우이므로 나머지는 1이다.
(2) 페르마 정리에서 $a=5,\ p=7$인 경우이므로 나머지는 1이다.
(3) $a=10,\ p=7$인 경우이므로 나머지는 3이다.
(4) 윌슨 정리에 의해 $p=13$인 경우이므로 나머지는 0이다.

1.3.2 합동식과 중국인의 나머지정리

1) 일차합동식

일반적으로 일차방정식 $ax=b(a,\ b \in Z)$가 정수해를 갖기 위한 필요충분조건은 b가 a로 나누어떨어져야 한다. 이와 유사하게 합동식 $ax \equiv b \bmod m$이 해를 가지려면 어떤 조건들이 필요한지를 살펴보자. 지금 정수계수를 가지는 합동식

$$f(x)=a_nx^n+a_{n-1}x^{n-1}+\cdots+a_1x+a_0 \equiv 0 \bmod m,\ (a_n \not\equiv 0 \bmod m)$$

를 법 m에 관한 n**차합동식**이라 하고, 특히 정수 $\alpha \in Z$에 대하여

$$f(\alpha) \equiv 0 \bmod m$$

일 때, α는 위 합동식을 **만족한다**고 한다. 만약, $\beta \equiv \alpha \bmod m$이면 정리 1.25에 의하여 β도 이 합동식을 만족함을 알 수 있다. 따라서 잉여류 $\overline{\alpha} = \{x \mid x \equiv \alpha \bmod m\}$에 속하는 원소는 모두 이 합동식을 만족한다. 이때, 잉여류 $\overline{\alpha}$에 속하는 원소 전체를 이 합동식의 **해**라 하고 $x \equiv \alpha \bmod m$으로 나타낸다. 결국 이 합동식을 만족하는 해의 개수는 임의의 완전잉여계에 속하는 정수 중에서 이 합동식을 만족하는 해의 개수와 같다. 특히, $n=1$일 때, 이 합동식을 법 m에 관한 **일차합동식**이라 한다.

보기 11 다음 합동식의 해를 구하여라.

(1) $3x+3 \equiv 0 \bmod 4$　　(2) $x^2+1 \equiv 0 \bmod 5$

■ **풀이** (1) $f(x)=3x+3$으로 놓으면 $f(3) \equiv 0 \bmod 4$이므로 해는 $x \equiv 3 \bmod 4$

(2) (1)과 같은 방법으로 하면 해는 $x \equiv 2 \bmod 5$, $x \equiv 3 \bmod 5$

정리 1.35

$(a,\ m)=1$이면 일차합동식 $ax \equiv b \bmod m$의 해는 유일하게 존재한다.

증명 가정에서 $(a,\ m)=1$이라 하였으므로 $as+mt=1$인 정수 s와 t가 존재한다. 이때, $asb=b-bmt$이므로 $a(sb) \equiv b \bmod m$이다. 즉, $x \equiv sb \bmod m$은 이 합동식의 해로서 존재한다. 또, 만약 $x \equiv x_1 \bmod m$과 $x \equiv x_2 \bmod m$이 이 일차합동식의 해라 하자. 그러면 $ax_1 \equiv ax_2 \bmod m$이다. 그런데 $(a,\ m)=1$이므로 정리 1.26의 (1)에 의하여 $x_1 \equiv x_2 \bmod m$이다. 따라서 이 일차합동식의 해는 유일하다.

참고 (1) 위 정리 1.35에서 오일러 정리를 이용하여 그 유일한 해를 구할 수도 있다. 즉, $(a,\ m)=1$이므로 $a^{\varphi(m)} \equiv 1 \bmod m$이고 $a(ba^{\varphi(m)-1}) \equiv b \bmod m$이 되어 합동식 $ax \equiv b \bmod m$의 해는 $x \equiv ba^{\varphi(m)-1} \bmod m$이 된다.

(2) 위 정리 1.35에서 p를 소수라 하고 $a \not\equiv 0 \bmod p$라 하면 $ax \equiv b \bmod p$도 당연히 유일한 해를 가지게 된다.

예제 12 다음 합동식의 해를 구하여라.

(1) $11x \equiv 2 \mod 40$ (2) $15x \equiv 10 \mod 85$

■ **풀이** (1) 정리 1.35에 의하여 $(11,\ 40) = 1$이므로 이 일차합동식은 유일한 해를 갖는다. 따라서 유클리드 호제법에 의해 $11 \cdot 11 + 40 \cdot (-3) = 1$이 되어 양변에 2를 곱하면

$$2 = 11 \cdot 22 + 40 \cdot (-6)$$

임을 알 수 있다. 따라서 구하는 해는 $x \equiv 22 \mod 40$

(2) (1)와 같은 방법으로 하면 $x \equiv 12 \mod 85$

2) 일차연립합동식과 중국인의 나머지정리

다음 소개하는 정리는 중국인의 나머지정리(Chinese Remainder Theorem)로 일차연립합동식의 해를 구하는 방법을 보여주고 있다. 이 정리는 1세기경 중국의 수학자 손무가 증명한 것으로서 암호학에서 공개열쇠암호이론에 응용되고 있다.

정리 1.36 중국인의 나머지정리

양의 정수 $m_1,\ m_2,\ \cdots,\ m_r$이 쌍마다 서로소라 하고 $m = m_1 m_2 \cdots m_r$이라 하면 다음 연립합동식을 만족하는 해는 법 m에 관해 유일하게 존재한다.

$$x \equiv c_1 \mod m_1, \quad x \equiv c_2 \mod m_2, \quad \cdots, \quad x \equiv c_r \mod m_r$$

이때, 연립합동식의 해는

$$x \equiv \sum_{k=1}^{r} c_k M_k N_k \mod m$$

이고 $M_k = \dfrac{m}{m_k}$이며 N_k는 합동식 $M_k x \equiv 1 \mod m_k,\ (k = 1,\ 2,\ \cdots,\ r)$의 해이다.

증명 $x \equiv \sum_{k=1}^{r} c_k M_k N_k \mod m$을 각 합동식에 대입하면

$$i = k\text{일 때,}\ c_i M_i N_i \equiv c_i \mod m_i$$

$$i \neq k\text{일 때,}\ c_i M_i N_i \equiv 0 \mod m_i$$

이므로 x는 합동식의 해이다.

예제 13 다음 연립합동식의 해를 구하여라.

(1) $\begin{cases} x \equiv 1 \bmod 4 \\ x \equiv 3 \bmod 5 \\ x \equiv 2 \bmod 7 \end{cases}$ (2) $\begin{cases} x \equiv 1 \bmod 5 \\ x \equiv 10 \bmod 11 \end{cases}$ (3) $\begin{cases} 8x \equiv 4 \bmod 14 \\ 5x \equiv 3 \bmod 11 \end{cases}$

■ **풀이** (1) 정리 1.36에 의하여

$$4 \cdot 5 \cdot 7 = 35 \cdot 4 = 28 \cdot 5 = 20 \cdot 7$$

이고

$$35 \cdot 3 \equiv 1 \bmod 4, \quad 28 \cdot 2 \equiv 1 \bmod 5, \quad 20 \cdot 6 \equiv 1 \bmod 7$$

이므로 이 연립방정식의 해는

$$x \equiv 1 \cdot 35 \cdot 3 + 3 \cdot 28 \cdot 2 + 2 \cdot 20 \cdot 6 \equiv 93 \bmod 140$$

(2) (1)와 같은 방법으로 하면

$$11 \cdot 1 \equiv 1 \bmod 5, \quad 5 \cdot 9 \equiv 1 \bmod 11$$

이므로 이 연립방정식의 해는

$$x \equiv 1 \cdot 11 \cdot 1 + 10 \cdot 5 \cdot 9 \equiv 21 \bmod 55$$

(3) 첫 번째 합동식은 $4x \equiv 2 \bmod 7$과 동치이므로 해는 $x \equiv 4 \bmod 7$이다. 또, 두 번째 합동식의 해는 $x \equiv 5 \bmod 11$이므로 위의 연립합동식은

$$\begin{cases} x \equiv 4 \bmod 7 \\ x \equiv 5 \bmod 11 \end{cases}$$

을 푸는 것과 같다. 따라서 (1)와 같은 방법으로 풀면

$$11 \cdot 2 \equiv 1 \bmod 7, \quad 7 \cdot 8 \equiv 1 \bmod 11$$

이 되어 구하는 해는

$$x \equiv 11 \cdot 2 \cdot 4 + 7 \cdot 8 \cdot 5 \equiv 368 \equiv 60 \bmod 77$$

연습문제 1.3

1. 다음 주어진 수를 괄호 안의 수로 나누면 나머지는 얼마인가?

(1) $2^{20}(7)$　　(2) $3^{40}(23)$

(3) $2^{37}-1(223)$

2. $f(x)=12x^5-7x^4+8x^2-3$일 때, $f(18)\equiv f(3)\equiv 3 \bmod 5$임을 보여라.

3. 양의 정수 p를 10진법으로 나타내면

$$p=p_n 10^n+p_{n-1}10^{n-1}+\cdots+p_1 10+p_0,\ (0\le p_k\le 9)$$

라 하자. 이때, 다음을 증명하여라.

(1) $p\equiv p_0+p_1+\cdots+p_n \bmod 3$　　(2) $p\equiv p_0+p_1+\cdots+p_n \bmod 9$

4. 다음을 증명하여라.

(1) 양의 정수 m이 홀수일 때, $\{2, 4, \cdots, 2m\}$은 법 m에 관하여 완전잉여계이다.

(2) $30\mid(n^5-n)$

(3) $n^2\equiv 0$ 또는 $1 \bmod 4,\ n\in Z$

(4) m이 임의의 양의 정수일 때, $\varphi(m^2)=m\varphi(m)$

(5) 임의의 $n\in Z$에 대하여 $n^{13}\equiv n \bmod 2730$

5. 다음 식의 값을 계산하여라.

(1) $\varphi(68)$　　(2) $\varphi(97)$

6. 다음 합동식의 해를 구하여라.

(1) $\begin{cases} x^5-x\equiv 0 \bmod 5 \\ 13x\equiv 4 \bmod 53\end{cases}$　　(2) $\begin{cases} 12x\equiv 25 \bmod 97 \\ 24x\equiv 18 \bmod 606\end{cases}$

(3) $\begin{cases} 6x\equiv 3 \bmod 15 \\ 4x\equiv 3 \bmod 17\end{cases}$　　(4) $\begin{cases} 2x\equiv 3 \bmod 9 \\ 4x\equiv 2 \bmod 10 \\ x\equiv 4 \bmod 7\end{cases}$

1.4 원시근과 이차잉여

1.4.1 원시근

1) 위수

앞 절의 정리 1.33의 오일러 정리에 의하면 양의 정수 m과 $(a,\ m)=1$인 정수 a에 대하여 $a^{\phi(m)} \equiv 1 \bmod m$임을 언급하였다. 이는 다음에서 말하는 위수를 정의하는 데 참고가 된다.

정의 1.37 위수

양의 정수 $m(m \geq 2)$과 $(a,\ m)=1$인 정수 a에 대하여

$$a^r \equiv 1 \bmod m$$

인 가장 작은 양의 정수 r을 법 m에 관한 a의 **위수(order)**라 하고 $r=\mathrm{ord}_m a$로 나타내기로 한다.

다음 정리는 위수에 대한 성질을 나열한 것이다. 증명 없이 소개하지만 자주 사용되는 내용이므로 독자들은 그 활용에 중점을 두고 기억하기 바란다.

정리 1.38

(1) 양의 정수 m과 $(a,\ m)=1$인 정수 a에 대하여 $\mathrm{ord}_m a=r$일 때 다음이 성립한다.

(i) 정수 $k(k \geq 0)$에 대하여 $a^k \equiv 1 \bmod m$이면 $r \mid k$이고 $r \mid \varphi(m)$이다.

(ii) 정수 $i,\ j(\geq 0)$에 대하여

$$a^i \equiv a^j \bmod m \iff r \mid (i-j) \iff i \equiv j \bmod r$$

이다.

(iii) 정수 $k(k \geq 0)$에 대하여 $\text{ord}_m a^k = \dfrac{r}{(k,\ r)}$이고

$$\text{ord}_m a^k = r \iff (k,\ r) = 1$$

이다.

(2) 양의 정수 m과 $(a,\ m) = (b,\ m) = 1$인 정수 $a,\ b$에 대하여 $\text{ord}_m a = r$, $\text{ord}_m b = s$이고 $(r,\ s) = 1$이면 $\text{ord}_m ab = rs$이다.

(3) 양의 정수 $m,\ n$에 대하여 $(m,\ n) = 1$일 때 $(a,\ m) = (a,\ n) = 1$인 정수 a에 대하여 $\text{ord}_m a = r$, $\text{ord}_n a = s$이면 $\text{ord}_{mn} a = [r,\ s]$이다.

다음 두 알고리즘은 양의 정수 a와 정수 $k(k \geq 0)$에 대하여 합동식 $b \equiv a^k \bmod m$, $0 \leq b < m$인 b를 계산할 때 유용하게 사용된다. 이 알고리즘을 소개하면 다음과 같다.

표 1.2 $b \equiv a^k \bmod m,\ 0 \leq b < m$인 정수 b의 계산 알고리즘

[알고리즘 A]

1단계: $b = 1$이라 놓는다.

2단계: $k = 0$이면 b로 돌아와서 계산을 끝내고 $k \neq 0$이면 3단계로 간다.

3단계: k가 홀수인 경우 $c \equiv ba \bmod m,\ 0 \leq c < m$인 정수 c를 b로, $k-1$을 k로 다시 놓아 2단계로 간다.

k가 짝수인 경우 $c \equiv a^2 \bmod m,\ 0 \leq c < m$인 정수 c를 a로, $\dfrac{k}{2}$를 k로 놓아 2단계로 간다.

보기 1 $k = 37$이고 a가 양의 정수일 때 $b = a^{37}$을 구하는 과정을 위 알고리즘을 이용하여 보여라.

■ **풀이** b값을 계산하는 과정을 살펴보면 아래 표와 같다.

계산횟수	a	b	k	홀/짝	k(2진법)
0	a	1	37	홀수	100101
1	a	$a\,(1 \cdot a)$	$36(37-1)$	짝수	100100
2	a^2	a	$18(36/2)$	짝수	10010
3	$a^4((a^2)^2)$	a	$9(18/2)$	홀수	1001
4	a^4	$a^5(a \cdot a^4)$	$8(9-1)$	짝수	1000
5	$a^8((a^4)^2)$	a^5	$4(8/2)$	짝수	100
6	$a^{16}((a^8)^2)$	a^5	$2(4/2)$	짝수	10
7	$a^{32}((a^{16})^2)$	a^5	$1(2/2)$	홀수	1
8	a^{32}	$a^{37}(a^5 \cdot a^{32})$	$0(1-1)$	종료	0

따라서 8회의 계산 결과 $b = a^{37}$이다.

▌표 1.3 $b \equiv a^k \bmod m,\ 0 \le b < m$인 정수 b의 계산 알고리즘

[알고리즘 B]

1단계: 먼저 주어진 k값에 대하여 $s = [\log_2 k]$을 계산하고 k를

$$k = r_s 2^s + r_{s-1} 2^{s-1} + \cdots + r_1 2^1 + r_0 = (r_s r_{s-1} \cdots r_1 r_0)_{(2)}$$

와 같이 2진법으로 나타낸다.

2단계: $b = 1$이라 놓는다.

3단계: 각 $i(i = s,\ s-1,\ \cdots,\ 1,\ 0)$에 대하여

$$b_i \equiv b^2 a^{r_i} \bmod m,\ 0 \le b_i < m$$

인 정수 b_i을 계산하여 b_i을 다시 b로 놓는다.

4단계: $i = 0$이면 b로 돌아와서 계산을 끝낸다.

예제 2 위 알고리즘 B를 이용하여 $k = 3533,\ a = 9726$이고 $m = 11413$일 때 $9726^{3533} \equiv b \bmod 11413$인 b값을 계산하여라.

■ **풀이** 1단계에 의하여 $\log_2 2^{11} = \log_2 2048 < \log_2 3533 < \log_2 2^{12}$이므로

$$s = [\log_2 3533] = 11,\ k = 3533 = 110111001101_{(2)}$$

이다. $b = 1$이라 놓고 3단계와 4단계를 적용하여 계산하면

$$9726^{3533} \equiv 5761 \bmod 11413$$

이므로 $b = 5761 \bmod 11413$이다. 계산 과정은 아래 표와 같다.

i	r_i	a^{r_i}	b^2	$b^2 a^{r_i}$	$b(\bmod 11413)$
11	1	9726	1	9726	9726
10	1	9726	9726^2	$9726^2 \cdot 9726$	$2659(\equiv 9726^3)$
9	0	1	2659^2	2659^2	$5634(\equiv 9726^6)$
8	1	9726	5634^2	$5634^2 \cdot 9726$	$9167(\equiv 9726^{13})$
7	1	9726	9167^2	$9167^2 \cdot 9726$	$4958(\equiv 9726^{27})$
6	1	9726	4958^2	$4958^2 \cdot 9726$	$7783(\equiv 9726^{55})$
5	0	1	7783^2	7783^2	$6298(\equiv 9726^{110})$
4	0	1	6298^2	6298^2	$4629(\equiv 9726^{220})$
3	1	9726	4629^2	$4629^2 \cdot 9726$	$1085(\equiv 9726^{441})$
2	1	9726	1085^2	$1085^2 \cdot 9726$	$105(\equiv 9726^{883})$
1	0	1	105^2	105^2	$11025(\equiv 9726^{1766})$
0	1	9726	11025^2	$11025^2 \cdot 9726$	$5761(\equiv 9726^{3533})$

2) 원시근

2 이상의 자연수 m을 법으로 하는 기약잉여계 $Z_m^* = \{a \in Z_m \mid (a, m) = 1\}$는 곱셈에 대하여 가환군이 되고 이 군의 위수는 오일러의 함숫값 $\varphi(m)$으로 알려져 있다. 특히 Z_m^*가 순환군이면 적당한 원소 g가 존재하여

$$Z_m^* = \langle g \rangle = \{g, g^2, \cdots, g^{\varphi(m)} = 1\}$$

이다. 이때 원소 g을 곱셈군 Z_m^*의 생성원(generator) 또는 법 m에 관한 원시근이라고 한다. 이러한 내용은 암호학에서 스트림 암호를 연구하는 데 관련이 있으며 자세한 내용은 2장에서 다루겠다. 일반적인 원시근의 정의는 다음과 같다.

정의 1.39 원시근

양의 정수 $m(m \geq 2)$에 대하여

$$(g, m) = 1, \ \mathrm{ord}_m g = \varphi(m)$$

인 g가 존재할 때 g를 법 m에 관한 **원시근**(primitive root)이라 한다.

정리 1.40

p가 홀수인 소수이고 $k \geq 1$인 정수일 때 양의 정수 m이

$$2,\ 4,\ p^k,\ 2p^k$$

와 같은 꼴의 정수일 때 그리고 이때에만 법 m에 관한 원시근이 존재한다.

보기 3 $m = 3^2$일 때 원시근을 찾아보아라.

■ **풀이** $(g,\ 9) = 1$이고 $g^{\varphi(9)} \equiv 1 \bmod 9$인 g를 찾으면 된다. 우선 9와 서로소이면서 $g^6 \equiv 1 \bmod 9$인 원시근은 $g = 2,\ 5$이다. 실제로 이 g값들은 Z_9^*의 생성원이 된다.

정리 1.41

정수 $m(m \geq 3)$에 대하여 정수 a가 다음 두 조건을 만족하면 a는 법 m에 관한 원시근이다. 즉, $(a,\ m) = 1$이고 $a^{\varphi(m)} \equiv 1 \bmod m$이다.

(i) $(a,\ m) = 1$

(ii) $\varphi(m)$의 모든 소인수 q에 대하여 $a^{\varphi(m)/q} \not\equiv 1 \bmod m$이다.

다음 알고리즘은 법 p에 관한 원시근 a를 찾는 방법을 보여주고 있다. 홀수인 소수 p에 대하여 $p-1$의 표준분해가 $p-1 = q_1^{e_1} q_2^{e_2} \cdots q_k^{e_k}$일 때 다음 알고리즘의 순서에 의해 원시근을 구한다.

표 1.4 법 p에 관한 원시근 a를 구하는 알고리즘

1단계: $a = 2,\ i = 1$이라 놓는다.
2단계: $i > k$이면 원시근을 구하였고 a로 돌아가고 $i \leq k$이면 3단계로 간다.
3단계: $a^{p-1/q_i} \not\equiv 1 \bmod p$이면 $i+1$을 다시 i로 놓고 2단계로 간다.
$a^{p-1/q_i} \equiv 1 \bmod p$이면 $i = 1,\ a+1$을 a로 놓은 다음에 3단계를 반복한다.

예제 4 위 알고리즘에 의해 $p=31$에 대한 원시근을 구하여라.

■ **풀이** $30=2^1\times 3^1\times 5^1$이므로 $q_1=2$, $q_2=3$, $q_3=5$이고 $k=3$이다. 이 사실로부터 위 알고리즘을 적용하면 다음 표와 같으므로 원시근 $a=3$이다. 실제로

$$3^{\varphi(31)}=3^{30}\equiv 1 \bmod 31$$

이다.

i	a	a^{p-1/q_i}	$b \bmod 31$	기본계산	다음단계
1	2	$2^{30/2}=2^{15}$	$2^{15}\equiv 1 \bmod 31$	$2^5\equiv 1 \bmod 31$	3단계
1	3	$3^{30/2}=3^{15}$	$3^{15}\equiv 30 \bmod 31$	$3^3\equiv -4 \bmod 31$	2단계
2	3	$3^{30/3}=3^{10}$	$3^{10}\equiv 25 \bmod 31$	$3^4\equiv 19 \bmod 31$	2단계
3	3	$3^{30/5}=3^6$	$3^6\equiv 16 \bmod 31$		2단계
4	3	$i>k$임	종료	$3^{30}\equiv 900\equiv 1 \bmod 31$	

이와 같이 반복하면 3단계에 의해 $i=1$, $a+1=4$을 a로 놓고 또다시 시작하면 $a=3,\ 11,\ 12,\ 13,\ 17,\ 21,\ 22,\ 24$으로서 총 8개이다.

1.4.2 이차잉여

1) 이산로그

정의 1.42 이산로그

법 m에 관한 원시근 g가 존재할 때 $(a,\ m)=1$인 각 정수 a에 대하여

$$a\equiv g^i \bmod m,\ 0\le i\le \varphi(m)-1$$

인 정수 i을 법 m에 관한 (g을 밑으로 하는) a의 이산로그(discrete logarithm) 또는 지수(index)라 하고 이것을 $ind_g a$로 나타낸다. 즉,

$$ind_g a=i \iff a\equiv g^i \bmod m,\ 0\le i\le \varphi(m)-1$$

이다.

정리 1.43

법 m에 관한 원시근 g가 존재할 때 $(a, m)=(b, m)=1$인 정수 a, b와 양의 정수 k에 대하여 다음이 성립한다.

(1) $ind_g 1 = 0$, $ind_g g = 1$

(2) $a \equiv b \pmod{m} \Leftrightarrow ind_g a = ind_g b$

(3) $ind_g ab \equiv ind_g a + ind_g b \bmod \varphi(m)$

(4) $ind_g a^k \equiv k ind_g a \bmod \varphi(m)$

예제 5 $m=13$일 때 $g=2$가 법 13에 대한 원시근임을 보이고, 이때 이산로그표를 만들어 보아라.

■ **풀이** $\varphi(13)=12$이고 $g=2$에 대하여 다음이 성립한다.

$$g^0=1,\ g^1=2,\ g^2=4,\ g^3=8,\ g^4=3,\ g^5=6,\ g^6=12,$$
$$g^7=11,\ g^8=9,\ g^9=5,\ g^{10}=10,\ g^{11}=7,\ g^{12}=1=g^0 \bmod 13$$

이다. 따라서 $(13, 2)=1$이고 $g^{\varphi(m)}=2^{12}=1 \pmod{13}$이므로 $g=2$는 법 13에 대한 원시근이다. 또 법 13에 관한(2를 밑으로 하는) $(a, 13)=1$인 각 정수 a에 대한 이산로그값 $i=ind_2 a$는 아래와 같다.

a	1	2	3	4	5	6	7	8	9	10	11	12	(mod 13)
$i=ind_2 a$	0	1	4	2	9	5	11	3	8	10	7	6	(mod $\varphi(13)$)

참고 법 m에 관한 원시근 g가 존재할 때 이 원시근의 개수는 꼭 $\varphi(\varphi(m))$개 존재한다. 따라서 법 13에 관한 원시근은 $\varphi(\varphi(13))=\varphi(12)=4$개 존재하고 그 4개의 원시근은 2, 6, 7, 11뿐이다.

2) 이차잉여

정의 1.44 이차잉여

양의 정수 m과 $(a, m)=1$인 각 정수 a에 대하여 이차합동식

$$x^2 \equiv a \bmod m$$

의 해가 존재할 때 a를 법 m에 관한 **이차잉여**(quadratic residue)라 하고, 해가 존재하지 않으면 a를 법 m에 관한 **이차비잉여**(quadratic nonresidue)라고 한다.

다음 정리는 암호학에서 자주 사용되는 오일러의 판정법(euler's criterion)이다.

정리 1.45 오일러 판정법

p가 홀수인 소수일 때 $(a, p) = 1$인 정수 a에 대하여 다음이 성립한다.

(1) $a^{\frac{p-1}{2}} \equiv 1 \bmod p$일 때 그리고 이때만 a가 법 p에 관한 이차잉여이고, 이때 $x^2 \equiv a \bmod p$는 꼭 2개의 해를 가진다.

(2) $a^{\frac{p-1}{2}} \equiv -1 \bmod p$일 때 그리고 이때만 a가 법 p에 관한 이차비잉여이다.

정의 1.46 르장드르 기호

p가 홀수인 소수일 때 $(a, p) = 1$인 모든 정수 a에 대하여 $\left(\frac{a}{p}\right)$을 **르장드르 기호**라 하고 다음과 같이 정의한다. 즉,

$$\left(\frac{a}{p}\right) = \begin{cases} 1, & a^{(p-1)/2} \equiv 1 \bmod p \\ -1, & a^{(p-1)/2} \equiv -1 \bmod p \end{cases}$$

만약 $a \equiv 0 \bmod p$인 경우에는 $\left(\frac{a}{p}\right) = 0$으로 약속한다.

예제 6 $p = 7$일 때 다음을 구하여라.

(1) $\left(\frac{1}{7}\right)$ (2) $\left(\frac{5}{7}\right)$

■ 풀이 (1) $p = 7$일 때 $a^{(p-1)/2} \equiv a^3 \equiv 1 \bmod 7$인 $a = 1, 2, 4$이므로 $a = 1$은 법 7에 관한 이차잉여이고, 따라서 정의에 의하여 $\left(\frac{1}{7}\right) = 1$이다.

(2) $a^{(p-1)/2} \equiv a^3 \equiv -1 \bmod 7$인 $a = 3, 5, 6$이므로 $a = 5$는 법 7에 관한 이차비

잉여이다. 따라서 $\left(\frac{5}{7}\right) = -1$이다.

참고 위 예제에서 $\left(\frac{1}{7}\right) = \left(\frac{2}{7}\right) = \left(\frac{4}{7}\right) = 1$이고 $\left(\frac{3}{7}\right) = \left(\frac{5}{7}\right) = \left(\frac{6}{7}\right) = -1$이다. 일반적으로 p가 홀수인 소수일 때 $Z_p^* = \{1, 2, \cdots, p-1\}$에는 법 p에 관한 이차잉여와 이차비잉여가 각각 $\frac{p-1}{2}$개씩 있고, 따라서

$$\left(\frac{0}{p}\right) + \left(\frac{1}{p}\right) + \left(\frac{2}{p}\right) + \cdots + \left(\frac{p-1}{p}\right) = 0$$

임을 알 수 있다.

위와 같이 르장드르 기호를 정의하면 다음 정리와 같은 여러 가지 성질들이 성립한다.

정리 1.47

p가 홀수인 소수일 때 정수 a, b가 $(a, p) = (b, p) = 1$이면 다음이 성립한다.

(1) $\left(\frac{1}{p}\right) = 1$

(2) $\left(\frac{a}{p}\right) = a^{(p-1)/2} \bmod p$

(3) $a \equiv b \bmod p$이면 $\left(\frac{a}{p}\right) = \left(\frac{b}{p}\right)$

(4) $\left(\frac{ab}{p}\right) = \left(\frac{a}{p}\right)\left(\frac{b}{p}\right)$, $\left(\frac{a^2}{p}\right) = 1$

(5) $\left(\frac{-1}{p}\right) = (-1)^{\frac{p-1}{2}}$

(6) $\left(\frac{2}{p}\right) = (-1)^{\frac{p^2-1}{8}}$

따름정리 1.48

p가 홀수인 소수일 때 다음이 성립한다.

(1) $p \equiv 1 \bmod 4 \Leftrightarrow \left(\frac{-1}{p}\right) = 1$이고 $p \equiv 3 \bmod 4 \Leftrightarrow \left(\frac{-1}{p}\right) = -1$이다.

(2) $p \equiv \pm 1 \bmod 8 \Leftrightarrow \left(\frac{2}{p}\right) = 1$이고 $p \equiv \pm 3 \bmod 8 \Leftrightarrow \left(\frac{2}{p}\right) = -1$이다.

정리 1.49 이차잉여의 상호법칙

홀수인 두 소수 p, $q(p \neq q)$에 대하여 다음이 성립한다.

(1) $\left(\dfrac{q}{p}\right)\left(\dfrac{p}{q}\right) = (-1)^{\frac{p-1}{2}\frac{q-1}{2}}$

(2) $\left(\dfrac{q}{p}\right) = (-1)^{\frac{p-1}{2}\frac{q-1}{2}}\left(\dfrac{p}{q}\right)$

증명 (1) $\left(\dfrac{q}{p}\right) = (-1)^N$, $N = \displaystyle\sum_{k=1}^{\frac{p-1}{2}}\left[\dfrac{kq}{p}\right]$이고 $\left(\dfrac{p}{q}\right) = (-1)^M$, $M = \displaystyle\sum_{i=1}^{\frac{q-1}{2}}\left[\dfrac{ip}{q}\right]$이라 하자.

그러면 $\left(\dfrac{q}{p}\right)\left(\dfrac{p}{q}\right) = (-1)^N(-1)^M = (-1)^{N+M}$이므로

$(-1)^{N+M} = (-1)^{\frac{p-1}{2}\frac{q-1}{2}}$, 즉 $N+M = \dfrac{p-1}{2} \times \dfrac{q-1}{2}$임을 보이면 된다.

xy-좌표평면에서 $O(0,\ 0)$, $A\left(\dfrac{p}{2},\ 0\right)$, $B\left(\dfrac{p}{2},\ \dfrac{q}{2}\right)$, $C\left(0,\ \dfrac{q}{2}\right)$을 4점으로 하는 직사각형을 그려보면 직사각형 $OABC$의 내부$\left(1 \le x \le \dfrac{p-1}{2},\ 1 \le y \le \dfrac{q-1}{2}\right)$에 존재하는 정수 $(x,\ y)$쌍들의 개수(이를 격자점이라 한다.)는 $\left(\dfrac{p-1}{2} \times \dfrac{q-1}{2}\right)$개다.

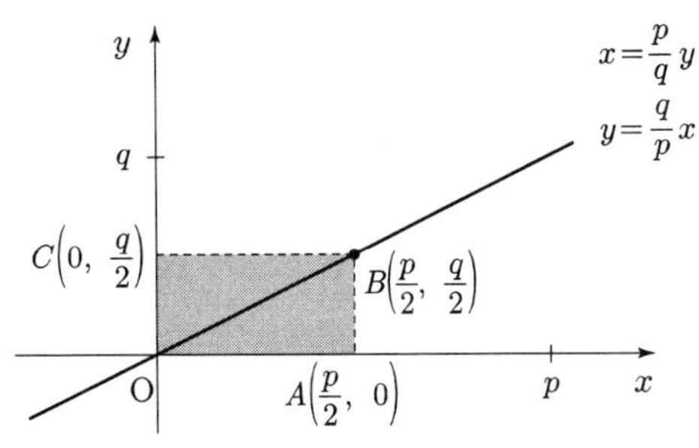

한편, 대각선 OB의 직선의 방정식 $y = \dfrac{q}{p}x$ 위에는 격자점이 하나도 없다. 따라서 ΔOAB의 내부와 ΔOBC의 내부의 격자점의 개수를 구하여 더하면 직사각형 $OABC$의 내부 $\left(1 \le x \le \dfrac{p-1}{2},\ 1 \le y \le \dfrac{q-1}{2}\right)$에 존재하는 정수 $(x,\ y)$쌍들의 개수와 같다.

먼저, ΔOAB 내부의 $x = k$ 위에 있는 격자점의 개수는 $\left[\dfrac{kq}{p}\right]$이므로 모든 격자점의 개수는 $\displaystyle\sum_{k=1}^{\frac{p-1}{2}}\left[\dfrac{kq}{p}\right] = N$이다. 같은 방법으로 ΔOBC 내부의 $y = i$ 위에 있는 격자점의 개수는 $\left[\dfrac{ip}{q}\right]$이므로 모든 격자점의 개수는 $\displaystyle\sum_{i=1}^{\frac{q-1}{2}}\left[\dfrac{ip}{q}\right] = M$이 된다.

따라서,

$$N+M=\frac{p-1}{2}\times\frac{q-1}{2}$$

이다. 그러므로

$$\left(\frac{q}{p}\right)\left(\frac{p}{q}\right)=(-1)^{\frac{p-1}{2}\frac{q-1}{2}}$$

이다.

(2) $(-1)^{\frac{p-1}{2}\frac{q-1}{2}}\left(\frac{p}{q}\right)=(-1)^{N+M}(-1)^{M}=(-1)^{N+2M}=(-1)^{N}=\left(\frac{q}{p}\right)$임을 알 수 있다.

예제 7 $p=11$일 때 $(a,\ p)=1$인 모든 정수 $a(<11)$에 대하여 $\left(\frac{a}{p}\right)$을 구하여라.

■ **풀이** $(a,\ 11)=1$인 모든 정수 $a=1,\ 2,\ \cdots,\ 10$이므로 차례대로 구하면 다음과 같다. 즉,

$\left(\frac{1}{11}\right)=1$(정리 1.47의 (1)), $\left(\frac{2}{11}\right)=(-1)^{\frac{120}{8}}=(-1)^{15}=-1$(정리 1.47의 (6)),

$\left(\frac{3}{11}\right)=(-1)^{\frac{11-1}{2}\frac{3-1}{2}}\left(\frac{11}{3}\right)=(-1)^{5}\left(\frac{11}{3}\right)=-\left(\frac{2}{3}\right)=-(-1)=1$(정리 1.49의 (2), 정리 1.47의 (6)),

$\left(\frac{4}{11}\right)=\left(\frac{2^2}{11}\right)=1$(정리 1.47의 (4)),

$\left(\frac{5}{11}\right)=(-1)^{\frac{11-1}{2}\frac{5-1}{2}}\left(\frac{11}{5}\right)=(-1)^{10}\left(\frac{11}{5}\right)=\left(\frac{1}{5}\right)=1$(정리 1.49의 (2)),

$\left(\frac{6}{11}\right)=\left(\frac{2}{11}\right)\left(\frac{3}{11}\right)=(-1)\cdot 1=-1$($6^2=36\equiv 3 \bmod 11$이므로 3은 법 11에 대한 이차잉여임.),

$\left(\frac{7}{11}\right)=(-1)^{\frac{11-1}{2}\frac{7-1}{2}}\left(\frac{11}{7}\right)=(-1)^{15}\left(\frac{11}{7}\right)=-\left(\frac{4}{7}\right)=-\left(\frac{2^2}{7}\right)=-1$

$\left(\frac{8}{11}\right)=\left(\frac{2}{11}\right)^3=(-1)^3=-1,\ \left(\frac{9}{11}\right)=\left(\frac{3}{11}\right)^2=1,$

$\left(\frac{10}{11}\right)=\left(\frac{-1}{11}\right)=(-1)^{\frac{11-1}{2}}=(-1)^5=-1$(정리 1.47의 (5))

연습문제 1.4

1. 양의 정수 m이 다음과 같이 주어졌을 때 법 m에 관한 원시근을 구하여라.

(1) $m = 4$

(2) $m = 18$

(3) $m = 25$

2. $p = 5$일 때 다음을 구하여라.

(1) $\left(\frac{1}{5}\right)$

(2) $\left(\frac{3}{5}\right)$

3. $p = 13$일 때 $(a,\ p) = 1$인 모든 정수 $a(< 13)$에 대하여 $\left(\frac{a}{p}\right)$을 구하여라.

1.5 행렬식과 역행렬

1.5.1 행렬과 연산

1) 행렬의 정의

정의 1.50 행렬

실수 R의 mn개의 원소 $a_{ij}(1 \le i \le m,\ 1 \le j \le n)$가

$$A = \begin{pmatrix} a_{11} & a_{12} & \cdots & a_{1n} \\ a_{21} & a_{22} & \cdots & a_{2n} \\ \vdots & \vdots & \cdots & \vdots \\ a_{m1} & a_{m2} & \cdots & a_{mn} \end{pmatrix}$$

와 같은 직사각형의 꼴로 배열되어 있을 때 A을 R 위에서의 $m \times n$ **행렬**($m \times n$ matrix)이라고 하고 간단히 $A = [a_{ij}]_{m \times n}$으로 나타내기도 한다. $a_{i1}a_{i2} \cdots a_{in}$을 행렬 A의 **제i행**(raw)이라 하고 $a_{1j}a_{2j} \cdots a_{mj}$을 행렬 A의 **제j열**(column)이라고 한다. 이때 a_{ij}는 제i행과 제j열이 교차되는 곳에 위치한 원소로서 행렬 A의 $(i,\ j)$ **성분**(entry)이라고 한다. 한편 $m \times n$을 행렬 A의 **크기**(size)라고 한다.

가. 정사각행렬

위 행렬에서 $m = n$이면 A을 n차 **정방행렬**(square matrix of order n) 또는 n차 **정사각행렬**(square matrix)이라 하고 n차 정방행렬의 행 번호와 열 번호가 같은 대각선에 위치한 성분 $\{a_{11},\ a_{22},\ \cdots,\ a_{nn}\}$을 **주대각선**(main diagonal)이라 한다.

나. 대각행렬

n차 정방행렬의 주대각선의 성분을 제외한 나머지 성분이 모두 0인 행렬을 **대각행렬**(diagonal matrix)이라 하고 대각행렬 중에 주대각선의 성분이 모두 같은 행렬을 스

칼라행렬(scalar matrix)이라 한다. 또한 주대각선의 성분이 모두 1인 스칼라행렬을 항등행렬(identity matrix) 또는 단위행렬(unit matrix)이라고 한다. 특히 n차 단위행렬을 I_n 또는 간단히 I로 나타낸다. 즉,

$$I_n = \begin{pmatrix} 1 & 0 & 0 & \cdots & 0 \\ 0 & 1 & 0 & \cdots & 0 \\ 0 & 0 & 1 & \cdots & 0 \\ \vdots & \vdots & \vdots & \ddots & \vdots \\ 0 & 0 & 0 & \cdots & 1 \end{pmatrix}$$

으로 쓰기로 한다.

보기 1 (1) $A = \begin{pmatrix} 3 & 0 \\ 0 & 2 \end{pmatrix}$은 대각행렬이고 $B = \begin{pmatrix} 3 & 0 & 0 \\ 0 & 3 & 0 \\ 0 & 0 & 3 \end{pmatrix}$는 스칼라행렬이다.

(2) $I_2 = \begin{pmatrix} 1 & 0 \\ 0 & 1 \end{pmatrix}$과 $I_3 = \begin{pmatrix} 1 & 0 & 0 \\ 0 & 1 & 0 \\ 0 & 0 & 1 \end{pmatrix}$은 단위행렬이다.

다. 전치행렬

행렬 $A = [a_{ij}]_{m \times n}$의 각 $(i,\ j)$성분 a_{ij}가 $(j,\ i)$성분으로 재배열한 $n \times m$ 행렬을 A의 전치행렬(transpose matrix)이라 하고 $A^t = [a_{ji}]_{n \times m}$로 표시한다.

라. 대칭행렬

A가 정방행렬이고 $A^t = A$일 때 A를 대칭행렬(symmetric matrix)이라고 하고 $A^t = -A$인 행렬 A를 교대행렬(skew-symmetric matrix)이라고 한다. 따라서 교대행렬의 주대각선은 모두 0이어야 한다.

마. 아다마르 행렬

n차 정방행렬 H가 H^t와의 곱이 nI_n일 때, 즉 $HH^t = nI_n$일 때 H을 아다마르(Hadamard matrix) 행렬이라고 한다. 특히 다음과 같이 순환관계에 의해 생성되는 H_n을 실베스터-아다마르(Sylvester-Hadamard) 행렬이라고 한다. 즉,

$$H_0 = 1,\ H_n = \begin{pmatrix} H_{n-1} & H_{n-1} \\ H_{n-1} & -H_{n-1} \end{pmatrix},\ n = 1,\ 2,\ \cdots$$

이때 행렬 H_n의 크기는 2^n차 정방행렬이다.

예제 2 다음 행렬들은 어떤 행렬인지 말하여라.

(1) $\begin{pmatrix} a & b & c \\ b & d & e \\ c & e & f \end{pmatrix}$ (2) $\begin{pmatrix} 0 & a & -b \\ -a & 0 & c \\ b & -c & 0 \end{pmatrix}$

(3) $\begin{pmatrix} 1 & 1 \\ 1 & -1 \end{pmatrix}$ (4) $\begin{pmatrix} a & 0 & 0 \\ 0 & b & 0 \\ 0 & 0 & c \end{pmatrix}$

■ **풀이** (1) 대칭행렬 (2) 교대행렬

(3) 아다마르 행렬 (4) 대각행렬

정리 1.51

A, B가 $m \times n$ 행렬이고 C가 $n \times r$ 행렬일 때 다음이 성립한다.

(1) $(A^t)^t = A$ (2) $(A+B)^t = A^t + B^t$

(3) $(kA)^t = kA^t$(k는 실수) (4) $(AC)^t = C^t A^t$

2) 행렬의 연산

정의 1.52 행렬의 연산

$A = [a_{ij}]$와 $B = [b_{ij}]$을 크기가 같은 $m \times n$ 행렬이라 하고 k를 실수라 하자. 이때 각 용어들을 다음과 같이 정의한다.

(i) 행렬의 상등

모든 i, j에 대하여 $a_{ij} = b_{ij}$일 때 행렬 A와 행렬 B는 **같다**(equal)라고 하고 $A = B$로 나타낸다.

(ii) 행렬의 합

모든 i, j에 대하여 $c_{ij} = a_{ij} + b_{ij}$($c_{ij} = a_{ij} - b_{ij}$)라 할 때 $m \times n$ 행렬 $C = [c_{ij}]$을 행렬 A와 행렬 B의 **합**(sum)[**차**(difference)]이라 하고 $C = A + B$($C = A - B$)로 나타낸다.

(iii) 스칼라곱

k을 실수라 할 때 행렬 $A = [a_{ij}]$의 각 성분에 k를 곱한 것을 성분으로 하는 행렬을 A의 **스칼라곱**(scalar product)이라 하고 $kA = [ka_{ij}]$로 나타낸다.

일반적으로 두 행렬의 크기가 다를 때에는 행렬의 합은 정의되지 않는다. 한편, 모든 성분이 0인 $m \times n$ 행렬을 $m \times n$ 영행렬($m \times n$ zero matrix)이라 하고 $O_{m \times n}$ 또는 간단히 O로 나타낸다.

정리 1.53

$m \times n$ 행렬 전체 집합을 M이라 하고 A, B, $C \in M$이라 하면 다음 성질들이 성립한다.(R은 실수의 집합)

(1) A, $B \in M$이면 $A + B \in M$

(2) $A + B = B + A$

(3) $(A + B) + C = A + (B + C)$

(4) $A + O = O + A = A$인 $O \in M$가 존재

(5) $A + X = X + A = O$인 $X \in M$가 존재

(6) $a(bA) = (ab)A$, a, $b \in R$

(7) $(a + b)A = aA + bA$, $a(A + B) = aA + aB$, a, $b \in R$

(8) $1A = A$, $(-1)A = -A$

(9) $aO = O$, $0A = O$

정의 1.54 행렬의 곱

$m \times r$ 행렬 $A = [a_{ij}]$와 $r \times n$ 행렬 $B = [b_{ij}]$에 대하여 (i, j)성분이

$$c_{ij} = \sum_{k=1}^{r} a_{ik} b_{kj}, \quad 1 \le i \le m, \quad 1 \le j \le n$$

로 정의된 $m \times n$ 행렬 $C = [c_{ij}]_{m \times n}$을 행렬 A와 행렬 B의 곱이라 하고 $C = AB$로 나타낸다.

위에서 행렬 AB는 행렬 A의 열의 개수와 행렬 B의 행의 개수가 반드시 같아야만 정의된다.

정리 1.55

A, B, C, I가 n차 정방행렬이고 a와 b가 실수일 때 다음 성질들이 성립한다.

(1) $A+B=B+A$

(2) $(A+B)+C=A+(B+C)$

(3) $A+O=O+A=A$인 n차 정방행렬 O가 존재

(4) $A+X=X+A=O$인 n차 정방행렬 X가 존재

(5) $(a+b)A=aA+bA$, $a(A+B)=aA+aB$

(6) $(ab)A=a(bA)$

(7) $(AB)C=A(BC)$

(8) $AI=IA=A$인 I가 존재

(9) $(B+C)A=BA+CA$, $A(B+C)=AB+AC$

행렬의 곱셈에서는 교환법칙이 성립하지 않는다. 또한 영행렬이 아닌 두 행렬을 곱해서 영행렬이 될 수도 있다. 즉, $A \neq O$, $B \neq O$이면서 $AB=O$일 수 있다. 이때 A을 **좌영인자**(left zero divisor)라 하고 B을 **우영인자**(right zero divisor)라고 한다. 한편, $A \neq O$, $AB=AC$이라도 반드시 $B=C$라고 할 수 없다.

예제 3 $A=\begin{pmatrix}1&0&3\\2&3&-1\\0&4&1\end{pmatrix}$, $B=\begin{pmatrix}3&-2&1\\-1&2&0\\1&0&-3\end{pmatrix}$, $I_3=\begin{pmatrix}1&0&0\\0&1&0\\0&0&1\end{pmatrix}$에서 다음을 계산하여라.

(1) $2A+B$ (2) AB

(3) BA (4) AI_3

■ **풀이** (1) $2A+B=\begin{pmatrix}2&0&6\\4&6&-2\\0&8&2\end{pmatrix}+\begin{pmatrix}3&-2&1\\-1&2&0\\1&0&-3\end{pmatrix}=\begin{pmatrix}5&-2&7\\3&8&-2\\1&8&-1\end{pmatrix}$

(2) $AB=\begin{pmatrix}1&0&3\\2&3&-1\\0&4&1\end{pmatrix}\begin{pmatrix}3&-2&1\\-1&2&0\\1&0&-3\end{pmatrix}=\begin{pmatrix}6&-2&-8\\2&2&5\\-3&8&-3\end{pmatrix}$

(3) $BA=\begin{pmatrix}3&-2&1\\-1&2&0\\1&0&-3\end{pmatrix}\begin{pmatrix}1&0&3\\2&3&-1\\0&4&1\end{pmatrix}=\begin{pmatrix}-1&-2&12\\3&6&-5\\1&-12&0\end{pmatrix}$

(4) $AI_3=\begin{pmatrix}1&0&3\\2&3&-1\\0&4&1\end{pmatrix}\begin{pmatrix}1&0&0\\0&1&0\\0&0&1\end{pmatrix}=\begin{pmatrix}1&0&3\\2&3&-1\\0&4&1\end{pmatrix}$

예제 4 $A=\begin{pmatrix}1 & -1\\2 & -2\end{pmatrix}$, $B=\begin{pmatrix}1 & 4\\1 & 4\end{pmatrix}$일 때 AB를 구하여라.

■ 풀이 $AB=\begin{pmatrix}1 & -1\\2 & -2\end{pmatrix}\begin{pmatrix}1 & 4\\1 & 4\end{pmatrix}=\begin{pmatrix}0 & 0\\0 & 0\end{pmatrix}$

1.5.2 행렬식과 역행렬

행렬식을 계산하는 데 있어서 치환에 의해 정의를 하기도 하고 소행렬식을 이용하여 귀납적으로 정의하기도 한다. 행렬식은 역행렬을 구한다든지 연립방정식의 해를 구하는 등 다양하게 활용되고 있다. 예를 들면 행렬을 암호열쇠로 사용하는 힐(Hill) 암호 등에서 복호열쇠(역행렬)를 찾는 데 행렬식에 대한 기초지식을 필요로 한다.

1) 행렬식과 그 계산법

유한집합 $N=\{1, 2, \cdots, n\}(n \geq 2)$에서 N으로의 일대일 대응을 N 위에서의 **치환**(permutation)이라 하고 이 위의 모든 치환의 집합을 S_n으로 나타낸다. 또 $\sigma \in S_n$가 N에 속하는 숫자 $i_1, i_2, \cdots, i_r$을 $i_1 \to i_2 \to \cdots \to i_{r-1} \to i_r \to i_1$과 같이 순환적으로 옮기고 나머지 숫자들을 고정시킬 때 치환 σ을 r항 **순환치환**(r-cycle)이라 하고 이것을 $(i_1 i_2 \cdots i_r)$로 나타낸다. 예를 들어 치환

$$\sigma=\begin{pmatrix}1 & 2 & 3 & 4 & 5 & 6\\1 & 3 & 5 & 4 & 2 & 6\end{pmatrix} \in S_6$$

이라 하면 σ는 숫자 2, 3, 5를 순환적으로 옮기고 나머지 다른 숫자 1, 4, 6을 고정시킨다. 따라서 이 σ는 (235) 또는 (352) 또는 (523)으로 나타낼 수 있는 3항 순환치환이다. 2항 순환치환 (ij)를 **호환**(transposition)이라 한다. r항 순환치환은 $(i_1 i_2 \cdots i_r)=(i_1 i_2)(i_1 i_3)\cdots(i_1 i_r)$과 같이 $r-1$개의 호환의 곱으로 분해된다. 치환 σ가 짝수개의 호환의 곱으로 표시되면 **우치환**(even permutation), 홀수개의 호환의 곱으로 표시되면 **기치환**(odd permutation)이라 한다.

예제 5 다음 치환을 호환의 곱으로 나타내고 우치환인지 기치환인지를 말하여라.

(1) $\sigma=\begin{pmatrix}1 & 2 & 3\\2 & 3 & 1\end{pmatrix}$ (2) $\tau=\begin{pmatrix}1 & 2 & 3\\1 & 3 & 2\end{pmatrix}$

■ 풀이 (1) 순환치환으로 나타내면 $\sigma=(123)=(12)(13)$이므로 우치환이다.

(2) $\tau=(23)$이므로 기치환이다.

함수 $sgn: S_n \to \{+1, -1\}$에서 임의의 $\sigma \in S_n$에 대하여

$$sgn(\sigma)=\begin{cases}+1, & \sigma\text{가 우치환일 때}\\ -1, & \sigma\text{가 기치환일 때}\end{cases}$$

로 정의한다.

예제 6 다음 함수의 값을 구하여라.

(1) $sgn\begin{pmatrix}1&2&3&4&5\\2&3&4&5&1\end{pmatrix}$ (2) $sgn(12345)(234)(35)$

■ 풀이 (1) $\begin{pmatrix}1&2&3&4&5\\2&3&4&5&1\end{pmatrix}=(1\ 2\ 3\ 4\ 5)=(1\ 2)(1\ 3)(1\ 4)(1\ 5)$이므로

$$sgn\begin{pmatrix}1&2&3&4&5\\2&3&4&5&1\end{pmatrix}=+1$$

(2) $(12345)(234)(35)=\begin{pmatrix}1&2&3&4&5\\5&4&2&3&1\end{pmatrix}=(1\ 5)(2\ 4\ 3)=(1\ 5)(2\ 4)(2\ 3)$이므로

$$sgn(12345)(234)(35)=-1$$

정의 1.56 행렬식

n차 정방행렬 $A=\begin{pmatrix}a_{11}&a_{12}&\cdots&a_{1n}\\a_{21}&a_{22}&\cdots&a_{2n}\\\vdots&\vdots&\cdots&\vdots\\a_{n1}&a_{n2}&\cdots&a_{nn}\end{pmatrix}$에 대하여

$$|A|=\begin{vmatrix}a_{11}&a_{12}&\cdots&a_{1n}\\a_{21}&a_{22}&\cdots&a_{2n}\\\vdots&\vdots&\cdots&\vdots\\a_{n1}&a_{n2}&\cdots&a_{nn}\end{vmatrix}=\sum sgn\begin{pmatrix}1&2&\cdots&n\\i&j&\cdots&l\end{pmatrix}a_{1i}a_{2j}\cdots a_{nl}$$

로 나타내고 이를 n차 행렬식(determinant of order n)이라 하고 우변을 행렬식의 전개(expansion of determinant)라고 한다. 위 식에서 $\sum$는 숫자 1, 2, $\cdots$, n의 모든 치환의 항의 총합을 나타내고 $\sum sgn\begin{pmatrix}1&2&\cdots&n\\i&j&\cdots&l\end{pmatrix}a_{1i}a_{2j}\cdots a_{nl}$은 $n\times n$개의 수 $a_{ij}(i, j=1, 2, \cdots, n)$에 대하여 n차 동차식을 나타낸다.

정리 1.57 행렬식의 성질

n차 정방행렬 A, B에서

(1) 행렬 A가 0만으로 이루어진 행(열)을 가지고 있으면 $|A|=0$이다.

(2) 행렬 A의 두 행(열)을 교환한 행렬식은 A의 행렬식과 부호가 반대이다.

(3) 행렬 A의 두 행(열)이 같거나 비례하면 $|A|=0$이다.

(4) 상수 k에 대하여 $|kA|=k^n|A|$이다.

(5) 행렬 A에 대하여 $|A|=|A^t|$이다.

(6) 행렬 A, B에 대하여 $|AB|=|A|\,|B|$이다.

(7) 행렬 A에 대하여 한 행(열)에 0이 아닌 상수 k를 곱하여 다른 행(열)에 더하거나 뺀 행렬을 A'라 하면 $|A'|=|A|$이다.

정의 1.58 여인수 전개에 의한 행렬식

(1) n차 정방행렬 $A=\begin{pmatrix} a_{11} & a_{12} & \cdots & a_{1n} \\ a_{21} & a_{22} & \cdots & a_{2n} \\ \vdots & \vdots & \cdots & \vdots \\ a_{n1} & a_{n2} & \cdots & a_{nn} \end{pmatrix}$의 i행과 j열을 제외하고 만들어진 $n-1$차 부분행렬의 행렬식을 성분 a_{ij}의 **소행렬식**(minor determinant of entry a_{ij})이라 하고 M_{ij}로 나타낸다. 또한 $C_{ij}=(-1)^{i+j}M_{ij}$을 a_{ij}의 **여인수**(cofactor of entry a_{ij})라고 한다.

(2) $|A|=a_{i1}C_{i1}+a_{i2}C_{i2}+\cdots+a_{in}C_{in}$, $(1\le i\le n)$을 A의 i행에 대한 **여인수 전개**(cofactor expansion)라 한다. j열을 기준으로 여인수 전개를 하면

$$|A|=a_{1j}C_{1j}+a_{2j}C_{2j}+\cdots+a_{nj}C_{nj},\quad (1\le j\le n)$$

이다.

행렬 A에 대한 여인수 전개로 A의 행렬식을 귀납적으로 정의할 수 있다. 즉,

i) $n=1$; $|A|=|a_{11}|=a_{11}$

ii) $n\ge 2$; $|A|=a_{i1}C_{i1}+a_{i2}C_{i2}+\cdots+a_{in}C_{in}$

다음 예제를 풀어보면서 행렬식 계산에 대한 내용을 마무리하고자 한다.

예제 7 다음 행렬의 행렬식 값을 구하여라.

(1) $A=\begin{pmatrix} a_{11} & a_{12} \\ a_{21} & a_{22} \end{pmatrix}$ (2) $B=\begin{pmatrix} a_{11} & a_{12} & a_{13} \\ a_{21} & a_{22} & a_{23} \\ a_{31} & a_{32} & a_{33} \end{pmatrix}$

(3) $C=\begin{pmatrix} 1 & 2 & 0 \\ 2 & 5 & 1 \\ -1 & 0 & 3 \end{pmatrix}$ (4) $D=\begin{pmatrix} 1 & 2 & 3 & 4 \\ 0 & 0 & 0 & 0 \\ 3 & 2 & 5 & 1 \\ 2 & 4 & 0 & 3 \end{pmatrix}$

(5) $E=\begin{pmatrix} 1 & 2 & 3 \\ 4 & 5 & 6 \\ 7 & 8 & 9 \end{pmatrix}$ (6) $F=\begin{pmatrix} 2 & 1 & 1 & 1 \\ 1 & 2 & 1 & 1 \\ 1 & 1 & 2 & 1 \\ 1 & 1 & 1 & 2 \end{pmatrix}$

■ 풀이 (1) 정의 1.56을 이용하여 풀면

$$\begin{aligned} |A| &= \begin{vmatrix} a_{11} & a_{12} \\ a_{21} & a_{22} \end{vmatrix} = \sum sgn\begin{pmatrix} 1 & 2 \\ i & j \end{pmatrix} a_{1i}a_{2j} \\ &= sgn\begin{pmatrix} 1 & 2 \\ 1 & 2 \end{pmatrix} a_{11}a_{22} + sgn\begin{pmatrix} 1 & 2 \\ 2 & 1 \end{pmatrix} a_{12}a_{21} \\ &= a_{11}a_{22} - a_{12}a_{21} \end{aligned}$$

(2) 정의 1.56을 이용하여 풀면

$$\begin{aligned} |B| &= \begin{vmatrix} a_{11} & a_{12} & a_{13} \\ a_{21} & a_{22} & a_{23} \\ a_{31} & a_{32} & a_{33} \end{vmatrix} = \sum sgn\begin{pmatrix} 1 & 2 & 3 \\ i & j & k \end{pmatrix} a_{1i}a_{2j}a_{3k} \\ &= sgn\begin{pmatrix} 1 & 2 & 3 \\ 1 & 2 & 3 \end{pmatrix} a_{11}a_{22}a_{33} + sgn\begin{pmatrix} 1 & 2 & 3 \\ 2 & 3 & 1 \end{pmatrix} a_{12}a_{23}a_{31} \\ &\quad + sgn\begin{pmatrix} 1 & 2 & 3 \\ 3 & 1 & 2 \end{pmatrix} a_{13}a_{21}a_{32} + sgn\begin{pmatrix} 1 & 2 & 3 \\ 1 & 3 & 2 \end{pmatrix} a_{11}a_{23}a_{32} \\ &\quad + sgn\begin{pmatrix} 1 & 2 & 3 \\ 2 & 1 & 3 \end{pmatrix} a_{12}a_{21}a_{33} + sgn\begin{pmatrix} 1 & 2 & 3 \\ 3 & 2 & 1 \end{pmatrix} a_{13}a_{22}a_{31} \\ &= a_{11}a_{22}a_{33} + a_{12}a_{23}a_{31} + a_{13}a_{21}a_{32} - a_{11}a_{23}a_{32} - a_{12}a_{21}a_{33} - a_{13}a_{22}a_{31} \end{aligned}$$

(3) 정의 1.58을 이용하여 풀면

$$|C| = \begin{vmatrix} 1 & 2 & 0 \\ 2 & 5 & 1 \\ -1 & 0 & 3 \end{vmatrix} = 1 \cdot (-1)^{1+1}\begin{vmatrix} 5 & 1 \\ 0 & 3 \end{vmatrix} + 2 \cdot (-1)^{1+2}\begin{vmatrix} 2 & 1 \\ -1 & 3 \end{vmatrix}$$

$$= \begin{vmatrix} 5 & 1 \\ 0 & 3 \end{vmatrix} - 2\begin{vmatrix} 2 & 1 \\ -1 & 3 \end{vmatrix} = 15 - 2(6+1)$$

$$= 1$$

(4) 정리 1.57의 (1)에 의해 $|D| = 0$

(5) 정리 1.57의 (7)에 의해 주어진 행렬의 2행에서 1행을 빼고 3행에서 2행을 빼서 정리하여 (3)를 적용하면

$$|E| = \begin{vmatrix} 1 & 2 & 3 \\ 4 & 5 & 6 \\ 7 & 8 & 9 \end{vmatrix} = \begin{vmatrix} 1 & 2 & 3 \\ 3 & 3 & 3 \\ 3 & 3 & 3 \end{vmatrix} = 0$$

(6) 주어진 행렬의 2행에 (-1)을 곱하여 3행 및 4행에 각각 더한 다음 정의 1.58을 이용하면

$$|F| = \begin{vmatrix} 2 & 1 & 1 & 1 \\ 1 & 2 & 1 & 1 \\ 1 & 1 & 2 & 1 \\ 1 & 1 & 1 & 2 \end{vmatrix} = \begin{vmatrix} 2 & 1 & 1 & 1 \\ 1 & 2 & 1 & 1 \\ 0 & -1 & 1 & 0 \\ 0 & -1 & 0 & 1 \end{vmatrix}$$

$$= 2 \cdot (-1)^{1+1}\begin{vmatrix} 2 & 1 & 1 \\ -1 & 1 & 0 \\ -1 & 0 & 1 \end{vmatrix} + 1 \cdot (-1)^{2+1}\begin{vmatrix} 1 & 1 & 1 \\ -1 & 1 & 0 \\ -1 & 0 & 1 \end{vmatrix}$$

$$= 2\begin{vmatrix} 2 & 1 & 1 \\ -1 & 1 & 0 \\ -1 & 0 & 1 \end{vmatrix} - \begin{vmatrix} 1 & 1 & 1 \\ -1 & 1 & 0 \\ -1 & 0 & 1 \end{vmatrix}$$

$$= 2\left\{1 \cdot (-1)^{1+2}\begin{vmatrix} -1 & 0 \\ -1 & 1 \end{vmatrix} + 1 \cdot (-1)^{2+2}\begin{vmatrix} 2 & 1 \\ -1 & 1 \end{vmatrix}\right\}$$

$$- \left\{(-1)^{1+2}\begin{vmatrix} -1 & 0 \\ -1 & 1 \end{vmatrix} + (-1)^{2+2}\begin{vmatrix} 1 & 1 \\ -1 & 1 \end{vmatrix}\right\}$$

$$= 2(1+3) - (1+2) = 5$$

2) 역행렬과 그 계산법

n차 정방행렬 A의 역행렬의 정의와 역행렬을 구하는 방법을 살펴보고, 이 절을 맺도록 하자.

정의 1.59 역행렬

n차 정방행렬 A에 대하여

$$AB = BA = I_n$$

을 만족하는 n차 정방행렬 B가 존재할 때 B를 A의 **역행렬**(inverse matrix)이라 하고 A^{-1}로 나타낸다. 이때 A를 **정칙**(regular) 또는 **가역**(invertible)이라 한다.

보기 8 행렬 $A = \begin{pmatrix} 2 & -5 \\ -1 & 3 \end{pmatrix}$이고 행렬 $B = \begin{pmatrix} 3 & 5 \\ 1 & 2 \end{pmatrix}$일 때 행렬 B가 행렬 A의 역행렬임을 보여라.

■ **풀이** 정의에 의해

$$AB = \begin{pmatrix} 2 & -5 \\ -1 & 3 \end{pmatrix}\begin{pmatrix} 3 & 5 \\ 1 & 2 \end{pmatrix} = \begin{pmatrix} 1 & 0 \\ 0 & 1 \end{pmatrix} = I_2$$

이고

$$BA = \begin{pmatrix} 3 & 5 \\ 1 & 2 \end{pmatrix}\begin{pmatrix} 2 & -5 \\ -1 & 3 \end{pmatrix} = \begin{pmatrix} 1 & 0 \\ 0 & 1 \end{pmatrix} = I_2$$

이므로 B는 A의 역행렬이다.

행렬의 지수에 대한 정의와 역행렬에 대한 몇 가지 성질들을 증명 없이 소개하겠다.

정의 1.60 행렬의 지수

n차 정방행렬 A에 대하여 행렬의 지수를 다음과 같이 정의한다.

(1) $A^0 = I_n$, $A^n = A \times A \times \cdots \times A$ (A가 n개)

(2) A가 정칙일 때

$$A^{-n} = (A^{-1})^n = A^{-1} \times A^{-1} \times \cdots \times A^{-1} \ (A^{-1}\text{가 } n\text{개})$$

위와 같이 정의하면 $A^r \times A^s = A^{r+s}$이고 $(A^r)^s = A^{rs}$가 성립함을 알 수 있다. 여기에서 지수들은 모두 자연수이다.

정리 1.61 역행렬의 성질

A, B가 n차 정방행렬이고 정칙일 때 다음이 성립한다.

(1) AB는 정칙이다.

(2) $(AB)^{-1} = B^{-1}A^{-1}$이다.

(3) 역행렬 A^{-1}는 유일하게 존재한다.

(4) A^{-1}는 정칙이고 $(A^{-1})^{-1} = A$이다.

(5) A^n은 정칙이고 $(A^n)^{-1} = (A^{-1})^n$, $(n = 0, 1, 2, \cdots)$이다.

(6) 임의의 $k(\neq 0)$에 대하여 kA는 정칙이고 $(kA)^{-1} = \frac{1}{k}A^{-1}$이다.

역행렬을 구하는 방법은 대체적으로 역행렬의 정의에 의한 방법, 가우스 소거법을 이용한 방법, 그리고 수반행렬을 이용하는 방법이 있다.

가. 역행렬의 정의에 의한 방법

행렬 X가 n차 정방행렬 A의 역행렬일 때, 즉 A가 정칙일 때 정의 1.59에 의해 구하는 방법이다. 이 방법은 2차 정방행렬일 때는 가능하나 행렬의 크기가 커지면 다소 복잡해지는 단점이 있다.

보기 9 행렬 $A = \begin{pmatrix} a & b \\ c & d \end{pmatrix}$이고 정칙일 때 A의 역행렬을 구하여라.

■ **풀이** A의 역행렬을 $X = \begin{pmatrix} x & y \\ z & w \end{pmatrix}$라 놓고

$$AX = \begin{pmatrix} a & b \\ c & d \end{pmatrix}\begin{pmatrix} x & y \\ z & w \end{pmatrix} = \begin{pmatrix} 1 & 0 \\ 0 & 1 \end{pmatrix} = I_2$$

이고

$$XA = \begin{pmatrix} x & y \\ z & w \end{pmatrix}\begin{pmatrix} a & b \\ c & d \end{pmatrix} = \begin{pmatrix} 1 & 0 \\ 0 & 1 \end{pmatrix} = I_2$$

인 행렬 X을 구하면 된다. 위 식을 계산하여 정리하면

$$ax + bz = 1,\ ay + bw = 0$$
$$cx + dz = 0,\ cy + dw = 1$$

와 같은 4원 일차연립방정식이 나온다. 여기에서 미지수 x, y, z, w를 차례대로 구하면

$$x=\frac{d}{ad-bc},\quad y=\frac{-b}{ad-bc},\quad z=\frac{-c}{ad-bc},\quad w=\frac{a}{ad-bc}$$

가 되어 $X=A^{-1}=\frac{1}{ad-bc}\begin{pmatrix} d & -b \\ -c & a \end{pmatrix}$, $(ad-bc\neq 0)$을 얻게 된다.

나. 가우스 소거법을 이용한 방법

$n\times k$ 행렬 $A=[a_{ij}]$와 $n\times m$ 행렬 $B=[b_{ij}]$에 대하여 $n\times(k+m)$ 행렬 $(A\,|\,B)$을 **확대행렬**(augmented matrix)이라 한다. 확대행렬의 각 행에 다음과 같은 연산을 반복적으로 해도 행동치이기 때문에 무방하다. 즉,

(i) 한 행에 0이 아닌 상수를 모두 곱한다.

(ii) 두 행을 교환한다.

(iii) 한 행에 상수배를 하여 다른 행에 더한다.

이러한 연산을 **기본 행 연산**(elementary row operation)이라 한다. 이러한 기본 행 연산을 기초로 역행렬을 구하는 방법이 가우스 소거법을 이용한 방법이다. 즉, n차 정방행렬 A의 역행렬을 구하고자 할 때 A를 기본 행 연산에 의해 단위행렬로 변형시키고 동시에 이 연산을 n차 단위행렬 I_n에 적용하여 A^{-1}을 구하는 방법이다. 이것은 확대행렬 $[A\,|\,I_n]$으로 두고서 좌변이 I_n이 될 때까지 기본 행 연산을 실시하면 $[I_n\,|\,A^{-1}]$인 형태로 변형될 것이다. 이때 우변이 바로 A의 역행렬이 되는 것이다. 다음 예제를 살펴보자.

예제 10 가우스 소거법을 이용하여 3차 정방행렬 $A=\begin{pmatrix} 1 & 2 & 3 \\ 2 & 5 & 3 \\ 1 & 0 & 8 \end{pmatrix}$의 역행렬을 구하여라.

■ **풀이** A의 역행렬을 구하기 위해 확대행렬 $[A\,|\,I_3]$으로 두면,

$$\left(\begin{array}{ccc|ccc} 1 & 2 & 3 & 1 & 0 & 0 \\ 2 & 5 & 3 & 0 & 1 & 0 \\ 1 & 0 & 8 & 0 & 0 & 1 \end{array}\right)$$

의 제1행에 -2를 곱하여 2행에 더하고 1행에 -1을 곱하여 3행에 더하면

$$\begin{pmatrix} 1 & 2 & 3 & \vdots & 1 & 0 & 0 \\ 0 & 1 & -3 & \vdots & -2 & 1 & 0 \\ 0 & -2 & 5 & \vdots & -1 & 0 & 1 \end{pmatrix}$$

이고, 2행에 2를 곱하여 3행에 더하면

$$\begin{pmatrix} 1 & 2 & 3 & \vdots & 1 & 0 & 0 \\ 0 & 1 & -3 & \vdots & -2 & 1 & 0 \\ 0 & 0 & -1 & \vdots & -5 & 2 & 1 \end{pmatrix}$$

이고, 2행에 -2를 곱하여 1행에 더하면

$$\begin{pmatrix} 1 & 0 & 9 & \vdots & 5 & -2 & 0 \\ 0 & 1 & -3 & \vdots & -2 & 1 & 0 \\ 0 & 0 & -1 & \vdots & -5 & 2 & 1 \end{pmatrix}$$

이고, 3행에 9를 곱하여 1행에 더하고 3행에 -3을 곱하여 2행에 더하면

$$\begin{pmatrix} 1 & 0 & 0 & \vdots & -40 & 16 & 9 \\ 0 & 1 & 0 & \vdots & 13 & -5 & -3 \\ 0 & 0 & -1 & \vdots & -5 & 2 & 1 \end{pmatrix}$$

이다. 마지막으로 3행에 -1을 곱하면

$$\begin{pmatrix} 1 & 0 & 0 & \vdots & -40 & 16 & 9 \\ 0 & 1 & 0 & \vdots & 13 & -5 & -3 \\ 0 & 0 & 1 & \vdots & 5 & -2 & -1 \end{pmatrix}$$

가 되어 $[I_3 \mid A^{-1}]$인 형태로 변형되었다. 따라서 A의 역행렬

$$A^{-1} = \begin{pmatrix} -40 & 16 & 9 \\ 13 & -5 & -3 \\ 5 & -2 & -1 \end{pmatrix}$$

이다.

다. 수반행렬을 이용한 방법

역행렬을 구하는 마지막 방법으로 행렬식과 수반행렬을 이용하여 구하는 방법이 있다. 이 방법은 고차의 수반행렬을 계산하기가 복잡하다는 단점이 있다.

정의 1.62 수반행렬

n차 정방행렬 $A=[a_{ij}]$에서 a_{ij}의 여인수를 C_{ij}라 할 때

$$C=\begin{pmatrix} C_{11} & C_{12} & \cdots & C_{1n} \\ C_{21} & C_{22} & \cdots & C_{2n} \\ \vdots & \vdots & & \vdots \\ C_{n1} & C_{n2} & \cdots & C_{nn} \end{pmatrix}$$

을 A의 여인수행렬(matrix of cofactor from A)이라 하고 이 행렬의 전치행렬을 A의 수반행렬(adjoint of A)이라 하고 $adj(A)$로 나타낸다. 즉,

$$adj(A)=C^t=\begin{pmatrix} C_{11} & C_{21} & \cdots & C_{n1} \\ C_{12} & C_{22} & \cdots & C_{n2} \\ \vdots & \vdots & & \vdots \\ C_{1n} & C_{2n} & \cdots & C_{nn} \end{pmatrix}$$

예제 11 다음 주어진 행렬의 수반행렬을 구하여라.

$$A=\begin{pmatrix} 3 & 2 & -1 \\ 1 & 6 & 3 \\ 2 & -4 & 0 \end{pmatrix}$$

■ **풀이** $C_{11}=12,\ C_{12}=6,\ C_{13}=-16,\ C_{21}=4,\ C_{22}=2,\ C_{23}=16,$
$C_{31}=12,\ C_{32}=-10,\ C_{33}=16$

따라서

$$adj(A)=\begin{pmatrix} 12 & 4 & 12 \\ 6 & 2 & -10 \\ -16 & 16 & -16 \end{pmatrix}$$

이다.

정리 1.63

n차 정방행렬 A가 정칙이면

$$A^{-1}=\frac{1}{|A|}adj(A)$$

이다.

예제 12 예제 11에서 주어진 행렬 A의 역행렬을 구하여라.

■ **풀이**

$$|A|=\begin{vmatrix}3 & 2 & -1\\1 & 6 & 3\\2 & -4 & 0\end{vmatrix}=(-1)\cdot(-1)^{1+3}\begin{vmatrix}1 & 6\\2 & -4\end{vmatrix}+3\cdot(-1)^{2+3}\begin{vmatrix}3 & 2\\2 & -4\end{vmatrix}$$

$$=-\begin{vmatrix}1 & 6\\2 & -4\end{vmatrix}-3\begin{vmatrix}3 & 2\\2 & -4\end{vmatrix}=-(-4-12)-3(-12-4)$$

$$=16+48=64$$

이다. 따라서

$$A^{-1}=\frac{1}{64}\begin{pmatrix}12 & 4 & 12\\6 & 2 & -10\\-16 & 16 & +16\end{pmatrix}=\frac{1}{32}\begin{pmatrix}6 & 2 & 6\\3 & 1 & -5\\-8 & 8 & +8\end{pmatrix}$$

이다.

예제 13 Z_{26} 위에서 2차 정방행렬 $A=\begin{pmatrix}2 & 3\\7 & 8\end{pmatrix}$의 역행렬을 구하여라.

■ **풀이**

$|A|=\begin{vmatrix}2 & 3\\7 & 8\end{vmatrix}=-5\equiv 21 \pmod{26}$이고 $\frac{1}{|A|}=21^{-1}\equiv 5 \pmod{26}$

이다. 왜냐하면 유클리드 호제법에 의해 $21x\equiv 1 \pmod{26}$인 x는

$$26=21\times 1+5$$
$$21=5\times 4+1$$

이고

$$1=21-5\times 4=21-(26-21\times 1)\times 4$$
$$=21-26\times 4+21\times 4$$
$$=21\times 5-26\times 4$$

이므로 $21^{-1}\equiv 5 \pmod{26}$이다. 한편,

$$C_{11}=(-1)^{1+1}\cdot 8=8,\ C_{12}=(-1)^{1+2}\cdot 7=-7,$$
$$C_{21}=(-1)^{2+1}\cdot 3=-3,\ C_{22}=(-1)^{2+2}\cdot 2=2$$

이므로

$$adj(A) = \begin{pmatrix} C_{11} & C_{21} \\ C_{12} & C_{22} \end{pmatrix} = \begin{pmatrix} 8 & -3 \\ -7 & 2 \end{pmatrix}$$

이다. 따라서 정리 1.63에 의해

$$\begin{aligned} A^{-1} &= \frac{1}{|A|} adj(A) \\ &= 5\begin{pmatrix} 8 & -3 \\ -7 & 2 \end{pmatrix} = \begin{pmatrix} 40 & -15 \\ -35 & 10 \end{pmatrix} \equiv \begin{pmatrix} 14 & 11 \\ 17 & 10 \end{pmatrix} \pmod{26} \end{aligned}$$

이다.

연습문제 1.5

1. a_{ij}가 다음과 같을 때 3×4 행렬 $A=(a_{ij})$을 구하여라.

(1) $a_{ij}=i+j$　　(2) $a_{ij}=2i-3j$

2. 정리 1.51을 증명하여라.

3. $A=\begin{pmatrix}3 & -4 & 2\\ 4 & -1 & 3\end{pmatrix}$, $B=\begin{pmatrix}-2 & 1 & -1\\ -3 & 0 & 3\end{pmatrix}$일 때 다음을 구하여라.

(1) $A+B$　　(2) $3A+2B$

(3) $2A-3B$

4. 3×3 행렬에서 좌영인자와 우영인자의 예를 들어 보아라.

5. 다음 $\{1, 2, 3, 4, 5\}$에서의 각각의 치환을 호환의 곱으로 나타내고 우치환 인지 기치환 인지를 말하여라.

(1) (34152)　　(2) (23541)

6. 다음 행렬식의 값을 정의 1.56에 의해 구하여라.

(1) $\begin{vmatrix}1 & 2\\ -1 & 3\end{vmatrix}$　　(2) $\begin{vmatrix}1 & 0 & 3\\ 4 & 0 & -1\\ 2 & 8 & 6\end{vmatrix}$

(3) $\begin{vmatrix}2 & 4 & -1 & 2\\ 3 & 0 & 1 & 5\\ 4 & 2 & -3 & -1\\ 1 & 0 & 2 & -4\end{vmatrix}$

7. 다음 행렬식의 값을 여인수 전개에 의한 방법으로 구하여라.

(1) $\begin{vmatrix}1 & 1 & 1\\ a & b & c\\ a^2 & b^2 & c^2\end{vmatrix}$　　(2) $\begin{vmatrix}2 & 1 & 1\\ 0 & 2 & 3\\ 0 & 3 & 0\end{vmatrix}$

(3) $\begin{vmatrix} 2 & -40 & 17 \\ 0 & 1 & 11 \\ 0 & 0 & 2 \end{vmatrix}$ (4) $\begin{vmatrix} 3 & 2 & 2 & 2 \\ 2 & 3 & 2 & 2 \\ 2 & 2 & 3 & 2 \\ 2 & 2 & 2 & 3 \end{vmatrix}$

(5) $\begin{vmatrix} b+c & a & a \\ b & c+a & b \\ c & c & a+b \end{vmatrix}$ (6) $\begin{vmatrix} x & 0 & 3 \\ 1 & x & 2 \\ 0 & 1 & x \end{vmatrix}$

8. 가우스 소거법에 의해 다음 행렬의 역행렬을 구하여라.

(1) $\begin{pmatrix} 2 & 6 & 6 \\ 2 & 7 & 6 \\ 2 & 7 & 7 \end{pmatrix}$ (2) $\begin{pmatrix} 5 & 11 & 7 & 3 \\ 2 & 1 & 4 & -5 \\ 3 & -2 & 8 & 7 \\ 1 & 2 & 3 & 4 \end{pmatrix}$

9. 수반행렬을 이용하여 다음 역행렬을 구하여라.

(1) $A = \begin{pmatrix} 0 & -2 & 4 \\ 3 & 0 & -3 \\ 2 & -1 & 0 \end{pmatrix}$ (2) $A = \begin{pmatrix} 1 & 3 & -2 \\ 2 & -1 & 1 \\ 7 & 3 & 4 \end{pmatrix}$

제 2 장 대수적 구조

제 2 장에서는 암호학에서 필요로 하는 수학적 구조인 대수 구조의 개념과 성질에 관해 설명한다. 이러한 구조에는 군론, 환론, 체론 등이 있다.

2.1 군

2.1.1 군

공집합이 아닌 집합 G에 대하여 함수 $*: G \times G \to G$를 G 위의 **이항연산**(binary operation)이라 한다. $G \times G$의 임의의 원소 $(a,\ b)$의 $*$에 의한 함숫값 $*((a,\ b))$을 $a * b$로 표시하고 a와 b의 곱(product)이라 한다. 따라서 $a * b \in G$이다. 이항연산은 $*$ 대신에 여러 가지 기호 $+$, $\cdot$, $\circ$ 등을 사용하기도 한다. 이때, $a * b$는 $a+b$, $a \cdot b$, $a \circ b$ 등으로 표시된다. 혼란이 없을 때 $a * b$을 간단히 ab로 표시한다.

보기 1 실수의 집합 R에 대하여 $+: R \times R \to R$을

$$+((a,\ b)) = a + b$$

로 정의하면 $+$는 R 위의 이항연산이다. 마찬가지로 곱셈 $\cdot$ 도 R 위의 이항연산이다.

정의 2.1 군

어떤 집합 $G(\neq \phi)$ 위에 정의된 이항연산 $\circ$에 관해 닫혀 있고, 즉 $a,\ b \in G$이면 $a \circ b \in G$이고 다음 세 가지 조건을 만족시킬 때 $(G,\ \circ)$을 **군**(group)이라 하고 간단하게 G로 나타낸다.

G.1 **결합법칙**(associative law): 임의의 원소 $x,\ y,\ z \in G$에 대하여

$$(x \circ y) \circ z = x \circ (y \circ z)$$

가 성립한다.

G.2 **단위원**(unti element)의 존재: G 안에 어떤 e가 존재하여, 모든 $x \in G$에 대하여

$$e \circ x = x \circ e = x$$

가 성립한다.

G.3 **역원**(inverse element)의 존재: 임의의 원소 $a \in G$에 대해서

$$a \circ x = x \circ a = e$$

로 되는 원소 x(이것을 x^{-1}로 나타내고, a의 역원이라고 부른다)가 존재한다.

정리 2.2

군 G의 단위원 및 임의의 $a \in G$에 대하여 a의 역원은 유일하다.

증명 e, e'을 단위원이라 하면, $e = ee' = e'$로 된다. 또, x, x'을 a의 역원이라 하면, $x = xe = xax' = ex' = x'$가 된다. 따라서 $e = e'$, $x = x'$이다.

정의 2.3 가환군

군 $(G, \circ)$에 대하여

G.4 **교환법칙**(commutative law): 임의의 $a, b \in G$에 대하여 $a \circ b = b \circ a$가 성립하면 이 군 $(G, \circ)$을 **가환군**(commutative group) 또는 **아벨군**(abelian group)이라 한다.

보기 2 다음 집합들이 주어진 연산자에 대하여 가환군이 됨을 보여라.

(1) $(Q-\{0\}, \times)$, Q는 유리수의 집합 (2) $A = \{-1, 1\}$일 때 $(A, \times)$

■ **풀이** (1) 임의의 $a, b, c \in Q-\{0\}$에 대하여

i) $a \times b \in Q-\{0\}$이므로 곱셈에 관해 닫혀 있다.

ii) $(a \times b) \times c = a \times (b \times c)$이므로 결합법칙 성립.

iii) $a \times 1 = 1 \times a = a$인 $1 \in Q-\{0\}$이 존재(단위원 존재).

iv) $a \times x = x \times a = 1$인 $x = \dfrac{1}{a}$로서 항상 존재(역원 존재).

v) 곱셈에 대하여 교환법칙이 성립.

따라서 $(Q-\{0\}, \times)$은 가환군이다.

(2) (1)와 똑같이 하면 $(A, \times)$는 가환군이다.

예제 3 5를 법으로 하는 동치류의 집합

$$Z_5 = \{\overline{0},\ \overline{1},\ \overline{2},\ \overline{3},\ \overline{4}\}$$

에서 연산 $\oplus$을 $\overline{a} \oplus \overline{b} = \overline{a+b} \pmod{m}$로 정의하자. 이를테면,

$$\overline{2} \oplus \overline{1} = \overline{2+1} = \overline{3}, \quad \overline{3} \oplus \overline{4} = \overline{3+4} = \overline{7} = \overline{2}$$

이다. 그러면 Z_5는 $\oplus$에 대하여 가환군임을 보여라.

■ **풀이** 5를 법으로 하는 동치류의 집합 Z_5의 덧셈표를 만들면 다음과 같다.

$\oplus$	$\overline{0}$	$\overline{1}$	$\overline{2}$	$\overline{3}$	$\overline{4}$
$\overline{0}$	$\overline{0}$	$\overline{1}$	$\overline{2}$	$\overline{3}$	$\overline{4}$
$\overline{1}$	$\overline{1}$	$\overline{2}$	$\overline{3}$	$\overline{4}$	$\overline{0}$
$\overline{2}$	$\overline{2}$	$\overline{3}$	$\overline{4}$	$\overline{0}$	$\overline{1}$
$\overline{3}$	$\overline{3}$	$\overline{4}$	$\overline{0}$	$\overline{1}$	$\overline{2}$
$\overline{4}$	$\overline{4}$	$\overline{0}$	$\overline{1}$	$\overline{2}$	$\overline{3}$

위 표에 의하면 Z_5는 $\oplus$에 대하여 닫혀있고 결합법칙이 성립된다. 또, Z_5의 모든 원소에 대하여 연산 $\oplus$에 대한 단위원은 $\overline{0}$으로서 존재하며 모든 원소는 모두 역원이 존재한다. 따라서 Z_5는 $\oplus$에 대하여 군을 이룬다. 한편, Z_5의 모든 원소는 $\oplus$에 대하여 교환법칙이 성립하므로 가환군이 된다.

참고 (1) 일반적으로 m을 양의 정수라 할 때, 법 m에 관한 동치류의 집합

$$Z_m = \{\overline{0},\ \overline{1},\ \overline{2},\ \cdots,\ \overline{m-1}\}$$

은 $\oplus$에 대하여 $\overline{0}$을 단위원으로 갖는 가환군이다. 한편, 동치류의 집합 Z_m 위에 연산 $\otimes$을 $\overline{a} \otimes \overline{b} = \overline{a \times b} \pmod{m}$로 정의하면 $\overline{1}$을 단위원으로 갖지만 일반적으로 Z_m의 모든 원소가 역원을 갖는 것은 아니다. 따라서 Z_m은 $\otimes$에 대하여 군이 될 수 없다.

그러나 m이 소수(prime number)라면 군이 된다.

(2) 실수의 부분집합 중에서 가장 적은 원소를 가지면서 곱셈에 대하여 군을 형성하는 집합은 $\{1\}$이다.

2.1.2 치환

집합 A에서 그 자신으로의 전단사함수를 집합 A의 **변환**(transformation) 혹은 **치환**(permutation)이라 부른다. 일반적으로 A가 무한집합일 때 변환, 유한집합일 때 치환이라 부르는 경우가 많다. A가 유한집합의 경우에는, 모든 원소에 번호를 붙여 각 번호 k 밑에 치환 $\sigma(k)$을 써넣어서 표현할 수 있다. 예를 들면, 집합 $A=\{1,\ 2,\ 3\}$에서

$$\sigma_1 = \begin{pmatrix} 1 & 2 & 3 \\ 2 & 3 & 1 \end{pmatrix},\ \tau_1 = \begin{pmatrix} 1 & 2 & 3 \\ 1 & 3 & 2 \end{pmatrix}$$

이라 한다면 σ_1은 1을 2로, 2를 3으로, 3을 1로 옮기는 치환이고 τ_1은 1을 1로 2는 3으로 3은 2로 옮기는 치환이다. 이 경우 치환의 개수는 집합 $A=\{1,\ 2,\ 3\}$에서 자기 자신으로의 전단사함수의 개수와 같은 $3!=6$가지 존재한다. 이때, 어느 숫자가 어느 숫자로 옮겨지는가 하는 것만이 문제가 되므로, 상하의 쌍(pair)을 불변으로 하면 쓰는 순서는 바뀌어도 좋다. 또, 두 개의 치환 σ_1, τ_1의 결합 $\sigma_1 \circ \tau_1$은 순서대로 처음에 치환 σ_1을 행하고, 그 다음에 τ_1을 행한다. 예를 들면,

$$\sigma_1 \circ \tau_1 = \begin{pmatrix} 1 & 2 & 3 \\ 2 & 3 & 1 \end{pmatrix}\begin{pmatrix} 1 & 2 & 3 \\ 1 & 3 & 2 \end{pmatrix} = \begin{pmatrix} 1 & 2 & 3 \\ 3 & 2 & 1 \end{pmatrix}$$

로 된다. 이 사실로부터 치환의 집합은 곱셈 $\circ$에 대해서 닫혀 있고, 결합법칙이 성립한다는 것을 알 수 있다. 두 치환의 곱셈을 나타낼 때 곱셈 $\circ$을 생략하는 경우가 많다. 또 각 원소를 자기 자신에 사상하는 치환을 단위 치환이라 부르고, ε(혹은I)으로 나타낸다.

위 예의 경우에는,

$$\varepsilon = \begin{pmatrix} 1 & 2 & 3 \\ 1 & 2 & 3 \end{pmatrix}$$

이다. 모든 치환 σ에 대해서 $\sigma\varepsilon = \varepsilon\sigma = \sigma$가 성립한다.

치환 σ의 역치환은 $\sigma(a)$을 a로 옮긴다. 즉, σ의 치환을 부정하고 원래의 위치로 돌리는 치환이다. 이것을 σ^{-1}로 나타내면, 모든 치환 σ에 대해서 $\sigma^{-1}\sigma(a)=a$, 즉 $\sigma^{-1}\sigma = \sigma\sigma^{-1} = \varepsilon$이 된다.

이상의 사실로부터 치환 전체는 군을 형성하고 있음을 알 수 있다. A가 k개의 원소

로 이루어진 유한집합의 경우에는 그 치환 전체의 군을 k차 **대칭군**(symmetric group) S_k라 부른다.

예제 4 3차의 대칭군 S_3을 구하여라.

■ **풀이** 3개의 문자 1, 2, 3의 치환을 모두 쓰는 것과 같다. 즉, $\varepsilon = \begin{pmatrix} 1 & 2 & 3 \\ 1 & 2 & 3 \end{pmatrix}$, $\sigma_1 = \begin{pmatrix} 1 & 2 & 3 \\ 2 & 3 & 1 \end{pmatrix}$, $\tau_1 = \begin{pmatrix} 1 & 2 & 3 \\ 1 & 3 & 2 \end{pmatrix}$이라 하고

$$\tau_2 = \sigma_1 \circ \tau_1 = \begin{pmatrix} 1 & 2 & 3 \\ 2 & 3 & 1 \end{pmatrix}\begin{pmatrix} 1 & 2 & 3 \\ 1 & 3 & 2 \end{pmatrix} = \begin{pmatrix} 1 & 2 & 3 \\ 3 & 2 & 1 \end{pmatrix},$$

$$\sigma_2 = \sigma_1 \circ \sigma_1 = \begin{pmatrix} 1 & 2 & 3 \\ 2 & 3 & 1 \end{pmatrix}\begin{pmatrix} 1 & 2 & 3 \\ 2 & 3 & 1 \end{pmatrix} = \begin{pmatrix} 1 & 2 & 3 \\ 3 & 1 & 2 \end{pmatrix},$$

$$\tau_3 = \tau_1 \circ \sigma_1 = \begin{pmatrix} 1 & 2 & 3 \\ 1 & 3 & 2 \end{pmatrix}\begin{pmatrix} 1 & 2 & 3 \\ 2 & 3 & 1 \end{pmatrix} = \begin{pmatrix} 1 & 2 & 3 \\ 2 & 1 & 3 \end{pmatrix}$$

이므로 $S_3 = \{\epsilon, \tau_1, \tau_2, \tau_3, \sigma_1, \sigma_2\}$이다.

2.1.3 부분군

정의 2.4 부분군

군 $(G, \circ)$에서 G의 부분집합 $H(\neq \phi)$가 G의 연산자 $\circ$에 대하여 군을 이룰 때, 즉 $(H, \circ)$가 군일 때 H를 G의 **부분군**(subgroup)이라 하고 $H < G$로 나타낸다.

정리 2.5

군 G의 부분집합 H가 G에서 정의된 연산에 관해서 부분군을 이룰 필요충분조건은 임의의 $a, b \in H$에 대하여 $a \cdot b^{-1} \in H$이다.

증명 $\Leftarrow$) 임의의 $a, b \in H$에 대하여 $a \cdot b^{-1} \in H$라 하자.

i) 먼저, $a \in H$이면 $a \cdot a^{-1} = e \in H$로부터 단위원이 존재한다.

ii) 또, $e, b \in H$에 대하여 $e \cdot b^{-1} = b^{-1} \in H$이므로 역원이 존재한다.

iii) 한편, 임의의 a, $b \in H$에 대하여 a, $b^{-1} \in H$이므로 $a \cdot (b^{-1})^{-1} = a \cdot b \in H$가 되어 닫혀 있다. 따라서 H는 G의 부분집합으로서 자체적으로 군을 이루므로 부분군의 정의에 의하여 H는 G의 부분군이다.

$\Rightarrow$) 당연하다.

참고 어느 군도 자기 자신을 부분군으로서 포함하고 또 단위원으로만 구성된 군 $\{e\}$를 포함하고 있다. 이들을 **자명한 부분군**(trivial subgroup)이라 하며, 이외의 부분군을 **진부분군**(proper subgroup)이라 한다.

보기 5 정수의 집합을 Z, 유리수의 집합을 Q, 실수의 집합을 R, 그리고 복소수의 집합을 C라 하면 $(Z, +)$, $(Q, +)$, $(R, +)$는 군 $(C, +)$의 부분군이다. 또, $(Z, +)$는 $(Q, +)$과 $(R, +)$의 부분군이 된다.

보기 6 $Z_6 = \{\bar{0}, \bar{1}, \bar{2}, \bar{3}, \bar{4}, \bar{5}\}$ 위에 연산 $\oplus$을 예제 3에서처럼 정의하자. 그러면 $(Z_6, \oplus)$는 가환군이다. 이때, Z_6의 부분집합 $H = \{\bar{0}, \bar{2}, \bar{4}\}$는 $\oplus$에 대하여 Z_6의 부분군이 됨을 보여라.

$\oplus$	$\bar{0}$	$\bar{2}$	$\bar{4}$
$\bar{0}$	$\bar{0}$	$\bar{2}$	$\bar{4}$
$\bar{2}$	$\bar{2}$	$\bar{4}$	$\bar{0}$
$\bar{4}$	$\bar{4}$	$\bar{0}$	$\bar{2}$

■ **풀이** Z_6의 부분집합 $H = \{\bar{0}, \bar{2}, \bar{4}\}$의 덧셈표를 만들면 아래 표와 같다. 이는 군의 조건을 모두 만족하므로 $(H, \oplus)$는 $(Z_6, \oplus)$의 부분군이다.

예제 7 3차의 대칭군 S_3의 진부분군을 하나만 구하여라.

■ **풀이** 앞에서 예로든 3차의 대칭군의 치환 σ을 취해서 σ을 반복해서 연산하는 것을 생각해 보자.

예를 들어, $\sigma = \tau_3$이라 하면

$$\tau_3 = \begin{pmatrix} 1 & 2 & 3 \\ 2 & 1 & 3 \end{pmatrix}, \quad \tau_3^2 = \tau_3 \circ \tau_3 = \begin{pmatrix} 1 & 2 & 3 \\ 1 & 2 & 3 \end{pmatrix} = \varepsilon$$

이므로 $H = \{\varepsilon, \tau_3\}$는 S_3의 진부분군이 된다. 같은 방법으로 $\sigma = \sigma_1$이라 놓으면 $K = \{\varepsilon, \sigma_1, \sigma_1^2\}$도 S_3의 진부분군이다. 즉, σ의 거듭제곱의 집합은 대칭군의 진부분군이 된다.

2.1.4 순환군

정의 2.6 순환군, 순환 부분군

군 G에서, 각 원소 $a \in G$에 대하여

$$\langle a \rangle = \{a^n \mid n \in Z\} = \{ \cdots, a^{-2}, a^{-1}, e, a, a^2, \cdots \}$$

이라고 나타낼 때 집합 $\langle a \rangle$는 군 G의 부분군을 이룬다. 이를 a에 의해 **생성된 순환 부분군**(cyclic subgroup)이라 하고, 특히 어떤 $a \in G$에 대하여 $G = \langle a \rangle$이면 G를 **순환군**(syclic group)이라 하며, 이때 a를 G의 **생성원**(generator)이라고 한다.

순환 부분군 $\langle a \rangle$는 가환군이다. 또한, 덧셈군 A에서의 각 원소 $a \in A$에 대하여 $\langle a \rangle$의 의미는 다음과 같다. 즉,

$$\langle a \rangle = \{na \mid n \in Z\} = \{ \cdots, -2a, -a, 0, a, 2a, \cdots \}$$

정의 2.7 위수

군 G에서, 원소 $a \in G$에 대하여 $a^m = e$인 양의 정수 m이 존재할 때, a를 **유한 위수**를 가진 원소라 하고 또 가장 작은 양수 n에 대하여

$$a^n = e$$

인 n을 a의 **위수**(order)라고 한다. 한편, 모든 양의 정수 m에 대하여 $a^m \neq e$일 때, a는 무한 위수를 가진 원소라고 한다.

정리 2.8

군 G의 원소 a의 위수가 n일 때 다음이 성립한다.

(1) $\langle a \rangle = \{e, a, a^2, \cdots, a^{n-1}\}$, $a^n = e$이고 $|\langle a \rangle| = n$이다.

(2) 임의의 정수 m에 대하여 $a^m = e$라면 $n|m$이고 a^m의 위수는 $\dfrac{n}{(m, n)}$이다.

(3) $(m, n) = 1$일 때 그리고 이때에만 a^m의 위수는 n이다.

(4) $G = \langle a \rangle$이면 $G = \{e, a, a^2, \cdots, a^{n-1}\}$, $a^n = e$이고 $H < G$이면 H는 순환군이다.

(5) $G = \langle a^m \rangle$일 필요충분조건은 $(m, n) = 1$이다.

(6) n의 양의 약수 d에 대하여 $n = dm$이라고 하면 $H = \langle a^m \rangle$은 G의 위수가 d인 부분군이고 또 위수가 d인 G의 부분군은 H뿐이다.

예제 8 임의의 소수 p에 대하여

(1) 위수가 p인 순환군 $G = \{e, a, a^2, \cdots, a^{p-1}\}$, $a^p = e$의 부분군을 구하여라.

(2) 위수가 p^2인 순환군 $G = \langle x \rangle$의 부분군을 구하여라.

■ **풀이** (1) p가 소수이므로 부분군은 $\{e\}$와 G뿐이다.

(2) 위수가 p^2인 순환군 $G = \langle x \rangle$, $x^{p^2} = 1$의 부분군은

$$\langle e \rangle = \{e\},$$
$$\langle x \rangle = \{e, x, x^2, \cdots, x^p, x^{p+1}, x^{p+2}, \cdots, x^{2p}, x^{2p+1}, \cdots, x^{3p}, \cdots, x^{p(p-1)}\} = G$$
$$\langle x^p \rangle = \{e, x^p, x^{2p}, \cdots, x^{p(p-1)}\}$$

뿐이다.

예제 9 다음을 구하여라.

(1) 위수 6인 순환군 $G = \langle a \rangle$, $a^6 = e$의 부분군

(2) 위수 12인 순환군 $G = \langle x \rangle$, $x^{12} = e$의 부분군

(3) 위 예제 7에서 S_3의 부분군 H, K의 생성원과 위수

■ **풀이** (1) G의 부분군은 다음과 같다.

$$G = \langle a \rangle = \langle a^5 \rangle = \{e,\ a,\ a^2,\ a^3,\ a^4,\ a^5\},\ a^6 = e,$$
$$\langle a^2 \rangle = \{e,\ a^2,\ a^4\} = \langle a^4 \rangle,$$
$$\langle a^3 \rangle = \{e,\ a^3\},\ \langle a^6 \rangle = \{e\} = \langle e \rangle$$

(2) G의 부분군은 다음과 같다.

$$G = \langle x \rangle = \langle x^5 \rangle = \langle x^7 \rangle = \langle x^{11} \rangle,$$
$$\langle x^2 \rangle = \{e,\ x^2,\ x^4 x^6,\ x^8,\ x^{10}\} = \langle x^{10} \rangle,\ \langle x^4 \rangle = \{e,\ x^4,\ x^8\} = \langle x^8 \rangle,$$
$$\langle x^3 \rangle = \{e,\ x^3,\ x^6,\ x^9\} = \langle x^9 \rangle,\ \langle x^6 \rangle = \{e,\ x^6\},$$
$$\langle x^{12} \rangle = \{e\} = \langle e \rangle$$

(3) 부분군 $H = \langle \tau_3 \rangle = \{\varepsilon,\ \tau_3\}$, $\tau_3^2 = \epsilon$이므로 생성원은 τ_3, 위수는 2인 G의 순환 부분군이고, 부분군 $K = \langle \sigma_1 \rangle = \{\epsilon,\ \sigma_1,\ \sigma_1^2\}$, $\sigma_1^3 = \varepsilon$이므로 생성원은 σ_1, 위수는 3인 순환 부분군이다.

예제 10 보기 6의 가환군 $Z_6 = \{\overline{0},\ \overline{1},\ \overline{2},\ \overline{3},\ \overline{4},\ \overline{5}\}$에 대하여 다음 물음에 답하여라.

(1) Z_6가 순환군임을 밝히고 생성원과 위수를 구하여라.

(2) $\overline{2}$에 의하여 생성되어지는 Z_6의 순환부분군을 찾고 위수를 구하여라.

(3) Z_6을 생성하는 생성원은 어떤 원소들인가?

■ **풀이** (1) Z_6의 원소 $\overline{1}$에 대하여

$$1 \cdot \overline{1} = \overline{1},\quad 2 \cdot \overline{1} = \overline{2},\quad 3 \cdot \overline{1} = \overline{3},\ \cdots,\quad 6 \cdot \overline{1} = \overline{0}$$

이므로 Z_6는 $\overline{1}$에 의하여 생성되는 위수 6의 순환군이다. 즉, $Z_6 = \langle \overline{1} \rangle$. 같은 방법으로 하면 $\overline{5}$도 Z_6을 생성하는 생성원이 된다. 즉, $Z_6 = \langle \overline{5} \rangle$이고 위수는 역시 6이다. 결론적으로 Z_6는 $\overline{1}$과 $\overline{5}$에 의해 생성되는 순환군이고 위수는 6이다.

즉, $Z_6 = \langle \overline{1} \rangle = \langle \overline{5} \rangle$.

(2) $1 \cdot \overline{2} = \overline{2}$, $2 \cdot \overline{2} = \overline{2} \oplus \overline{2} = \overline{4}$, $3 \cdot \overline{2} = \overline{2} \oplus \overline{2} \oplus \overline{2} = \overline{0}$이므로 $\overline{2}$에 의해 생성되는 Z_6의 부분군은 $\langle \overline{2} \rangle = \{\overline{0},\ \overline{2},\ \overline{4}\}$이고 위수는 3이다.

(3) (1)에 의하면 Z_6의 생성원은 $\overline{1}$과 $\overline{5}$로서 6과 서로소임을 알 수 있다.

참고 일반적으로 m을 양의 정수라 할 때, 법 m에 관한 동치류의 집합

$$Z_m = \{\bar{0},\ \bar{1},\ \bar{2},\ \cdots,\ \overline{m-1}\}$$

은 $\oplus$에 대하여 m과 서로소인 원소 $\bar{k}$에 의하여 생성되는 순환군이 된다. 즉,

$$\langle \bar{k} \rangle = Z_m,\ (k,\ m) = 1.$$

한편, m과 서로소가 아닌 원소 $\bar{l}$에 대해서는 Z_m의 부분군이 생성된다. 즉,

$$\langle \bar{l} \rangle = H,\ H \subset Z_6,\ (l,\ m) \neq 1.$$

정리 2.9

군 G의 두 원소 a, b에 대하여 다음이 성립한다.

(1) a의 위수가 m이면 a^{-1}의 위수도 m이다.

(2) $ab = ba$이고 또 a, b의 위수가 각각 m, n일 때, $(m,\ n) = 1$이면 ab의 위수는 mn이다.

증명 (1) 양의 정수 m에 대하여

$$a^m = e \Leftrightarrow (a^m)^{-1} = e \Leftrightarrow (aa \cdots a)^{-1} = (a^{-1}a^{-1} \cdots a^{-1}) = (a^{-1})^m = e$$

따라서, a의 위수가 m이면 a^{-1}의 위수도 m이다.

(2) a, b의 위수가 각각 m, n이면 $a^m = e$, $b^n = e$이다. 또, 가정에서 $ab = ba$이라 했으므로 $(ab)^{mn} = (ab)(ab) \cdots (ab) = (aa \cdots a)(bb \cdots b) = a^{mn}b^{mn}$이 되어

$$(ab)^{mn} = a^{mn}b^{mn} = e^n e^m = e$$

이다. 따라서 r을 ab의 위수라 하면 $r | mn$이다(정리 2.8).

한편,

$$e = (ab)^{rm} = a^{rm}b^{rm} = b^{rm},$$
$$e = (ab)^{rn} = a^{rn}b^{rn} = a^{rn}$$

이므로 $m | rn$, $n | rm$이다. 그런데 $(m,\ n) = 1$이라 했으므로 $m | r$, $n | r$이다. 따라서 $mn | r$이다. 그러므로 $r = mn$이다. 이는 ab의 위수가 mn이라는 의미이다.

2.1.5 잉여류(residue class)

H를 군 G의 부분군이라 할 때, 이 H에 의해 G가 깨끗이 **분할**(partition)된다는 것을 나타낸다.

정의 2.10 좌잉여류, 우잉여류

군 G에서 $H < G$일 때, 각 원소 $a \in G$에 대하여

$$aH = \{ah | h \in H\},\ Ha = \{ha | h \in H\}$$

을 각각 G의 H에 의한 **좌잉여류**(left coset), **우잉여류**(right coset)라 한다.

$a = e$의 경우는 $eH = H$이므로, H 자신도 잉여류의 하나이다. 또, 다른 두 개의 잉여류는 원소를 공유하지 않는다. 왜냐하면, 어떤 원소 $h_1,\ h_2 \in H$가 존재하여 잉여류 aH와 bH가 하나의 원소를 공유하고 있다고 하면, 즉 $ah_1 = bh_2$라 하면, $h_1 h_2^{-1} = a^{-1} a h_1 h_2^{-1} = a^{-1} b h_2 h_2^{-1} = a^{-1} b$로부터 $h_1 h_2^{-1} = a^{-1} b \in H$가 된다. 이것으로부터 $bH = (a \cdot a^{-1}) bH = a \cdot (a^{-1} b) H = aH$로 되고, 두 개의 잉여류는 완전히 일치해 버리기 때문이다.

다시, $a = a \cdot e \in aH$이고, 어느 원소도 1개, 다만 1개의 잉여류에 속하므로 각 잉여의 임의의 원소를 **대표**(representative)로 취할 수 있다.

정의 2.11 정규부분군

좌잉여류와 우잉여류가 같을 때, 즉 모든 원소 $a \in G$에 관해서 $aH = Ha$가 될 때, 이 부분군 H를 G의 **정규부분군**(normal subgroup)이라 하고 $H \lhd G$로 나타낸다. 이때, 잉여류의 곱은 다시 잉여류가 된다. 즉, $aH \cdot bH = a \cdot bH \cdot H = a \cdot bH$로 된다.

예제 11 다음 주어진 군에 대하여 그의 부분군이 정규부분군인지 아닌지를 설명하여라(각 군에 대한 연산은 위에서 정의한 내용대로임).

(1) 3차의 대칭군 S_3의 부분군 $H=\{\epsilon,\ \tau_3\}$

(2) 가환군 Z_6에서 그의 부분군 $H=\{\overline{0},\ \overline{2},\ \overline{4}\}$

■ **풀이** (1) 먼저 H의 좌잉여류를 구해보자. 즉,

$$\epsilon H=H=\{\epsilon,\ \tau_3\}=\tau_3 H$$
$$\sigma_1 H=\{\sigma_1,\ \tau_1\}=\tau_1 H$$
$$\sigma_2 H=\{\sigma_2,\ \tau_2\}=\tau_2 H.$$

같은 방법으로 H의 우잉여류를 구해보면,

$$H\epsilon=H=\{\epsilon,\ \tau_3\}=H\tau_3$$
$$H\sigma_1=\{\sigma_1,\ \tau_2\}=H\tau_2$$
$$H\sigma_2=\{\sigma_2,\ \tau_1\}=H\tau_1.$$

따라서 3차 대칭군 S_3의 순환부분군 H는 좌잉여류와 우잉여류가 다르다는 것을 알 수 있다. 그러므로 $(H,\ \circ)$는 $(S_3,\ \circ)$의 정규부분군이 아니다.

(2) 먼저 좌잉여류를 생각해보면

$$\overline{0}+H=H=\{\overline{0},\ \overline{2},\ \overline{4}\}=\overline{2}+H=\overline{4}+H$$
$$\overline{1}+H=\{\overline{1},\ \overline{3},\ \overline{5}\}=\overline{3}+H=\overline{5}+H$$

이고 이것은 우잉여류와 같다. 따라서 $(H,\ \oplus)$는 $(Z_6,\ \oplus)$의 정규부분군이다.

주의 H을 군 G의 부분군이라 할 때, $a\in G$에 대하여 $aH=\{ah\mid h\in H\}$을 H의 a에 대한 좌잉여류라고 정의하였다. 여기에서 aH의 연산은 군 G 위에 주어진 연산자로 연산하여야 함을 주의해야 한다. 그래서 예제 11의 (2)에서는 좌잉여류를 aH 대신 $\overline{a}+H(\overline{a}\in Z_6)$형태로 나타내었다.

정의 2.12 지수

군 G의 부분군 H에 대하여 H에 의한 G의 좌잉여류가 꼭 m개 존재하면 H에 의한 G의 우잉여류가 꼭 m개 존재한다.
이 경우 m을 군 G에서의 부분군 H의 **지수**(index)라 하고 $|G:H|$로 나타낸다.

위의 정의에서 H에 의한 G의 좌잉여류 전체를 $a_1H, a_2H, \cdots, a_mH$라고 하면

$$G = a_1H \cup a_2H \cup \cdots \cup a_mH, \ a_iH \cap a_jH = \phi \quad (1 \le i \ne j \le m)$$

이고, 특히 G가 유한군이면 $|a_iH| = |H| \, (1 \le i \le m)$이므로 다음이 성립한다. 즉,

$$|G| = |a_1H| + |a_2H| + \cdots + |a_mH| = m|H|$$

유한군 G의 각 원소 a에 대하여 a의 위수와 순환 부분군 $\langle a \rangle$의 위수는 같다(정리 2.8). 따라서 유한군에 대해서는 다음 정리가 성립한다.

정리 2.13 라그랑주 정리

군 G가 유한군이고 $H < G$일 때,

$$|G| = |G:H|\,|H|, \ |H| \,\big|\, |G|$$

이 성립한다. 또, 임의의 원소 $a \in G$에 대하여 a의 위수는 $|G|$의 약수이고 따라서 $a^{|G|} = e$이다.

2.1.6 동형 · 자기동형

두 개의 군 G, G'에서 임의의 원소 $a \in G$, $a' \in G'$ 사이에 $f(a) = a'$로 정의할 때 $f: G \to G'$는 전단사로 되고,

$$f(a \cdot b) = f(a) \cdot f(b)$$

가 성립하면 G와 G'은 **동형**(isomorphic)이라 하고, $G \cong G'$로 나타낸다.

한편, 군 G에서 G 자신으로의 동형사상을 **자기동형**(automorphic)이라 한다. 또, 일반적으로 군 사이의 사상 $f: G \to G'$에서 임의의 **준동형**(homomorphism)이라 부르고, $G \approx G'$로 표시한다. 이것은 f가 단사 또는 전사이냐에 따라 각각 **단사 준동형**(injective homomorhism), **전사 준동형**(surjective homomorphism)이라 부른다.

예제 12 다음을 증명하여라.

(1) 실수 R의 덧셈군 $(R, +)$에서 양의 실수 전체의 곱셈군 $(R^+, \times)$으로의 사상 f를 임의의 $a \in R$에 대하여 $f(a) = 10^a$로 정의하면 f는 R에서 R^+으로의 동형사상이다. 즉, $R \cong R^+$이다.

(2) 실수의 곱셈군 $(R, \times)$에서 임의의 $a \in R$에 대하여 사상 f를 $f(a) = |a|$로 정의하면 f는 $(R, \times)$ 안으로의 준동형사상이 되고, 양의 실수 전체의 곱셈군 $(R^+, \times)$ 위로의 준동형사상이다.

증명 (1) 실수 $a \in R$에 양의 실수 10^a을 대응시키는 사상을 f라 하자. 즉, $f(a) = 10^a$라 하면 $10^a = 10^b \Leftrightarrow f(a) = f(b) \Rightarrow a = b$이므로 일대일 사상이다. 또, 임의의 $c \in R^+$에 대하여 $f(a) = 10^a = c$인 $a \in R$가 항상 존재하므로 f는 전사이다. 따라서 f는 R에서 R^+으로의 전단사함수이다.

또, $f(a) = 10^a$, $f(b) = 10^b$이면 $f(a+b) = 10^{a+b} = 10^a \times 10^b = f(a) \times f(b)$로 되고, f는 동형사상이 된다. 즉, $R \cong R^+$이다.

(2) $f(a \cdot b) = |a \cdot b| = |a| \cdot |b| = f(a) \cdot f(b)$에 의해 준동형사상이다. 또, $f(a) = f(-a) = |a|$이고, $(R, \times)$ 안으로의 준동형사상이 된다. 이것은 동시에 양의 실수 전체의 집합 $(R^+, \times)$ 위로의 준동형사상이 된다.

정리 2.14

군 G, G'의 사이에 준동형사상 f가 존재하면 단위원은 단위원에, 역원은 역원에 사상된다. 즉, 군의 성질이 보존된다.

증명 G의 단위원 e에 G'의 어느 원 e'가 대응한다고 하자. 즉, $f(e) = e'$라 한다. 또, 임의의 $a \in G$에 대하여 $f(a) = a'$이라고 하면 f는 준동형사상이므로

$$f(a) = f(a \cdot e) = f(a) \cdot f(e) = f(e \cdot a) = f(e) \cdot f(a)$$

즉, $a' = a'e' = e'a'$가 성립하여, e'는 단위원이어야 한다. 한편, a의 역원 a^{-1}에 대해서 $f(a^{-1}) = a''$라 하면,

$$f(e) = f(a \cdot a^{-1}) = f(a) \cdot f(a^{-1}) = a' \cdot a'' = e'$$

그러므로 a''는 a'의 역원이 될 수밖에 없다.

군 G의 분할에 대해서는 다음의 정리가 있다.

정리 2.15

G, G'을 군이라 하고 $f: G \to G'$를 준동형사상이라 하자. 그러면 단위원 $e' \in G'$에 대하여 $Kerf = K = \{a \in G \mid f(a) = e'\}$는 G의 정규부분군이고, 그 밖의 원소는 이 정규부분군의 잉여류의 원소가 된다.

증명 $f(e) = e'$이므로 $e \in K = Kerf \neq \phi$이다. 또 a, $b \in K$이면 $f(ab^{-1}) = f(a)f(b)^{-1} = ee' = e'$이므로 $ab^{-1} \in K$이다. 따라서 $K < G$이다. 또, 임의의 $x \in G$와 $a \in K$에 대하여

$$f(x^{-1}ax) = f(x)^{-1}f(a)f(x) = f(x)^{-1}e'f(x) = f(x)^{-1}f(x) = e'$$

이므로 $x^{-1}ax \in K$이다. 따라서 K는 G의 정규부분군이다.

연습문제 2.1

1. 다음 집합 위에 각각 주어진 연산자에 대하여 군이 되는 것을 찾고, 그 이유를 설명하여라.

(1) $A=\{1\}$일 때, $(A,\ \times)$

(2) $A=\{1\}$일 때, $(A,\ +)$

(3) $B=\{-1,1\}$일 때, $(B,\ \times)$

(4) 3차 대칭군 S_3의 부분집합이 $C=\{\epsilon,\ \sigma_1\}$일 때, $(C,\ \circ)$

2. 예제 4의 집합 K의 순환 부분군을 하나만 찾아보아라.

3. 덧셈군 Z_6에서 부분군을 모두 찾고, 이 중 정규부분군을 구해보아라.

4. m이 양의 정수일 때, Z_m이 연산 $\oplus$에 대하여 순환군임을 보이고, 생성원을 찾아보아라.

5. 다음 대응들은 어떤 사상인지를 말해보아라.

(1) $f:(R,\ +)\rightarrow(R^+,\ \times),\ f(a)=2^a,\ a\in R$

(2) $g:(R,\ +)\rightarrow(Z_5,\ \oplus),\ g(a)=\overline{a}\ (\text{mod}\ 5),\ a\in R$

(3) $h:(R^+,\ \times)\rightarrow(R,\ +),\ h(a)=\log a,\ a\in R^+$

6. 자기동형사상의 예를 하나 들어보아라.

2.2 환, 체와 벡터공간

2.2.1 환, 체

1) 환(ring)

집합 R에 속하는 임의의 두 원소 a, b에 대해서, 두 가지 이항연산 합 $a+b$ 및 곱 $a \cdot b$가 일의적으로 정의되어 다음의 연산 규칙 (1)과 (2)를 만족할 때, 집합 R와 연산 $+$, $\times$을 같이 생각하여 $(R, +, \times)$을 **환**(ring)이라 하고, 간단히 환 R로 나타내기도 한다.

(1) 덧셈에 관해서 $(R, +)$가 가환군을 이룬다. 즉,

- (a) **교환법칙**: $a+b=b+a$
- (b) **결합법칙**: $a+(b+c)=(a+b)+c$
- (c) **항등원 존재**: R의 한 원소 0이 존재하여 임의의 $a \in R$에 대하여 $a+0=0+a=a$가 성립.
- (d) **역원 존재**: 임의의 $a \in R$에 대하여 $a+(-a)=(-a)+a=0$인 $-a \in R$이 항상 존재.

(2) 곱셈에 관해서 결합법칙과 분배법칙이 성립한다. 즉,

- (e) **결합법칙**: $a \times (b \times c)=(a \times b) \times c$
- (f) **분배법칙**: $a(b+c)=ab+ac$, $(b+c) \times a=ba+ca$.

또, 다음을 만족하는 환 R을 **가환환**(commutative ring)이라 한다.

(g) **교환법칙**: 임의의 a, $b \in R$에 대하여 $a \times b=b \times a$

가환환이 아닌 환을 **비가환환**(noncommutative ring)이라 한다. 환 R의 덧셈에 관

한 항등원을 **영원**(zero element)이라 부르고, 0으로 나타낸다. 그리고

$$a \times 0 = 0 \times a = 0$$

가 성립한다. 또, 환 R이 다음 조건을 만족하면 이 환 R을 **단위원 1을 가진 환**(ring with identity)이라 한다.

(h) **단위원 존재**: 어떤 원소 $1 \in R$가 존재하여

$$a \times 1 = 1 \times a = a(a \in R)$$

또 단위원 1을 가진 환 R이 다음 조건을 만족하면 이 환을 **나눗셈환**(division ring)이라 한다.

(i) **역원 존재**: 각 $a \in R(a \neq 0)$에 대하여 $aa^{-1} = a^{-1}a = 1$인 $a^{-1} \in R$가 존재

예제 1 다음 집합들이 주어진 이항연산자에 대하여 가환환임을 보여라.

(1) $(Z, +, \times)$. 단, Z는 정수의 집합이고 $+$, $\times$는 실수에서의 연산자.

(2) $(Z_5, \oplus, \otimes)$. 단, $Z_5 = \{\bar{0}, \bar{1}, \bar{2}, \bar{3}, \bar{4}\}$이고 임의의 $\bar{a}$, $\bar{b} \in Z_5$에 대하여 $\bar{a} \oplus \bar{b} = \overline{a+b}\,(\mathrm{mod}\,5)$, $\bar{a} \otimes \bar{b} = \overline{a \times b}\,(\mathrm{mod}\,5)$임.

■ **풀이** (1) 정수의 집합 Z는 덧셈에 대하여 가환군임은 분명하다. 또, 곱셈에 관하여 결합법칙과 분배법칙이 성립되므로 $(Z, +, \times)$은 가환환이다.

(2) (a)와 (b)는 분명히 성립한다. 또, 위 집합의 영원은 $\bar{0}$이고 각 원소의 덧셈 $\oplus$에 대한 역원은 항상 존재한다. 예를 들어, $\bar{3} \oplus \bar{x} = \bar{0}$인 $\bar{x} = \bar{2}$이므로 $\bar{3}$의 역원은 $\bar{2}$로서 존재한다. 따라서 $Z_5 = \{\bar{0}, \bar{1}, \bar{2}, \bar{3}, \bar{4}\}$는 $\oplus$에 관하여 가환군을 이룬다.
(e)는 자명하다. (f)는, 예를 들면 $\bar{2} = \bar{2} \otimes (\bar{2} \oplus \bar{4}) = \bar{2} \otimes \bar{2} \oplus \bar{2} \otimes \bar{4} = \bar{4} \oplus \bar{3} = \bar{2}$.
또, 곱셈에 대하여 교환법칙이 성립하는 것은 자명하다.
따라서 $(Z_5, \oplus, \otimes)$는 가환환이다.

참고 (1) 5를 법으로 하는 동치류의 집합 Z_5에 대한 덧셈표와 곱셈표는 다음 표와 같다.

$\oplus$	$\bar{0}$	$\bar{1}$	$\bar{2}$	$\bar{3}$	$\bar{4}$
$\bar{0}$	$\bar{0}$	$\bar{1}$	$\bar{2}$	$\bar{3}$	$\bar{4}$
$\bar{1}$	$\bar{1}$	$\bar{2}$	$\bar{3}$	$\bar{4}$	$\bar{0}$
$\bar{2}$	$\bar{2}$	$\bar{3}$	$\bar{4}$	$\bar{0}$	$\bar{1}$
$\bar{3}$	$\bar{3}$	$\bar{4}$	$\bar{0}$	$\bar{1}$	$\bar{2}$
$\bar{4}$	$\bar{4}$	$\bar{0}$	$\bar{1}$	$\bar{2}$	$\bar{3}$

$\otimes$	$\bar{0}$	$\bar{1}$	$\bar{2}$	$\bar{3}$	$\bar{4}$
$\bar{0}$	$\bar{0}$	$\bar{0}$	$\bar{0}$	$\bar{0}$	$\bar{0}$
$\bar{1}$	$\bar{0}$	$\bar{1}$	$\bar{2}$	$\bar{3}$	$\bar{4}$
$\bar{2}$	$\bar{0}$	$\bar{2}$	$\bar{4}$	$\bar{1}$	$\bar{3}$
$\bar{3}$	$\bar{0}$	$\bar{3}$	$\bar{1}$	$\bar{4}$	$\bar{2}$
$\bar{4}$	$\bar{0}$	$\bar{4}$	$\bar{3}$	$\bar{2}$	$\bar{1}$

(2) 일반적으로 $m(\geq 2)$을 양의 정수라 할 때, m을 법으로 하는 동치류의 집합

$$Z_m = \{\bar{0},\ \bar{1},\ \bar{2},\ \cdots,\ \overline{m-1}\}$$

은 $\bar{1}$을 단위원으로 갖는 가환환이다.

2) 부분환(subring)

환 $(R,\ +,\ \times)$에서 H가 R의 부분집합이고 환 $(R,\ +,\ \times)$의 두 가지 이항연산 $+$, $\times$에 관하여 $(H,\ +,\ \times)$가 역시 환이 될 때, $(H,\ +,\ \times)$을 $(R,\ +,\ \times)$의 **부분환**(subring)이라 한다.

보기 2 위의 예제 1에서 정수환 $(Z,\ +,\ \times)$은 유리수환의 부분환이고, 유리수환은 실수환의 부분환임을 보여라.

■ **풀이** 자명하다.

예제 3 환 $(R,\ +,\ \times)$에서 임의의 $a \in R$에 대하여 $a \times 0 = 0 \times a = 0$임을 증명하여라.

■ **풀이** 0은 덧셈에 관한 항등원이므로 $0+0=0$이다. 따라서 $a\times(0+0)=a\times 0$이 된다. 분배법칙이 성립하므로 $a\times 0+a\times 0=a\times 0$이다. 그러므로 $a\times 0$은 덧셈에 관한 항등원이므로 $a\times 0=0$이다. $0\times a=0$도 마찬가지로 증명하면 된다.

환 $(R,\ +,\ \times)$에서 영원이 아닌 원소 $a \in R$에 대하여 $a\times b=0$이 되는 영원이 아닌 $b \in R$가 존재할 때, a를 **영인자**(zero divisor)라고 한다.

보기 4 예제 1의 (2)에서와 같이 $\oplus$와 $\otimes$을 정의하였을 때, 6을 법으로 하는 동치류의 집합 $Z_6 = \{\bar{0},\ \bar{1},\ \bar{2},\ \bar{3},\ \bar{4},\ \bar{5}\}$에서 환($Z_6$, $\oplus$, $\otimes$)의 영인자를 찾아보아라.

■ **풀이** $\bar{2} \otimes \bar{3} = \bar{0}$이므로 영원이 아닌 원소 $\bar{2} \in Z_6$에 대하여 영원이 아닌 $\bar{3} \in Z_6$이 존재하므로 $\bar{2}$는 환 (Z_6, $\oplus$, $\otimes$)의 영인자이다. 또, $\bar{3} \otimes \bar{4} = \bar{0}$이므로 $\bar{3}$도 영인자이다. 같은 방법으로 하면 환(Z_6, $\oplus$, $\otimes$)의 영인자는 $\{\bar{2},\ \bar{3},\ \bar{4}\}$이다.

3) 정역(integral domain)

환 (R, $+$, $\times$)이 영원이 아닌 단위원을 가지는 가환환이고 영인자를 가지지 않을 때 이 환을 정역(integral domain)이라 한다.

예제 5 정수, 유리수, 실수의 집합 위에 이항연산자가 덧셈과 곱셈으로 정의될 때, 모두 정역이 된다. 그러나 2×2 행렬의 집합 $M = \left\{ \begin{pmatrix} a & b \\ c & d \end{pmatrix} \middle|\ a,\ b,\ c,\ d \in R \right\}$ 위에 행렬상에서 정의되는 덧셈과 곱셈이 주어졌을 때 (M, $+$, $\times$)은 환은 되지만 정역이 될 수 없음을 보여라.

■ **풀이** 집합 $M = \left\{ \begin{pmatrix} a & b \\ c & d \end{pmatrix} \middle|\ a,\ b,\ c,\ d \in R \right\}$은 덧셈에 대하여 가환군을 이룬다(덧셈에 대하여 교환법칙, 폐포성, 결합법칙, 항등원 존재, 역원 존재).

또, 행렬의 곱셈에 대하여 결합법칙, 분배법칙도 성립함을 쉽게 알 수 있다. 그러나 행렬의 곱셈에서는 교환법칙이 성립하지 않으므로 M은 가환환은 아니다. 따라서 집합

$$M = \left\{ \begin{pmatrix} a & b \\ c & d \end{pmatrix} \middle|\ a,\ b,\ c,\ d \in R \right\}$$

은 정역이 아니다. 한편, 집합 M은 영인자를 갖기도 한다. 즉, 영행렬이 아닌 $\begin{pmatrix} 0 & 1 \\ 0 & 0 \end{pmatrix} \in M$에 대하여 $\begin{pmatrix} 0 & 1 \\ 0 & 0 \end{pmatrix} \times \begin{pmatrix} 1 & 0 \\ 0 & 0 \end{pmatrix} = \begin{pmatrix} 0 & 0 \\ 0 & 0 \end{pmatrix}$이 되므로 $\begin{pmatrix} 0 & 1 \\ 0 & 0 \end{pmatrix} \in M$은 영인자이다. 따라서 이 이유 때문에도 M은 정역이 될 수 없다.

참고 이 외에도 환에 대한 몇 가지 성질들을 요약해 보면 다음과 같은 것이 있음을 기억하자.

1. 환 (R, $+$, $\times$)의 임의의 원소 a, b에 대하여

$$(-a)\times b = a\times(-b) = -(a\times b)$$

이다.

2. 환 $(R, +, \times)$에서 H가 R의 공집합이 아닌 부분집합일 때 환 $(H, +, \times)$가 환 $(R, +, \times)$의 부분환이 되기 위한 필요충분조건은 임의의 $a, b\in H$에 대하여 $a-b\in H$이고 $a\times b\in H$이다.
3. 정역 $(R, +, \times)$에서 임의의 $a, b\in R$에 대하여 $a\times b=0$이면 $a=0$ 또는 $b=0$이다.
4. 영원과 같지 않은 단위원을 가지는 가환환 $(R, +, \times)$가 정역이 되기 위한 필요충분조건은 임의의 $a, b, c\in R$에 대하여

$$a\neq 0 \text{일 때 } a\times b = a\times c \text{이면 } b=c \text{(소거법칙)}$$

가 성립한다.

4) 체(field)

가환환인 나눗셈환 $(R, +, \times)$을 체(field)라 하고 비(非)가환환인 나눗셈환을 사체(skew field)라 한다. 유한개의 원소로 이루어진 체를 유한체(finite field)라 하고 $|R|=n$일 때 n을 R의 위수(order)라 한다.

참고 위 정의에 의하면 결국 $(R, +, \times)$가 체(field)라 함은 집합 R 위에 정의된 두 연산자 $+$, $\times$에 대하여 다음을 만족함을 뜻한다. 즉,

1. $(R, +)$이 가환군이 되고 $(R, \times)$도 가환군이 된다.
2. $\times$에 대하여 분배법칙이 성립한다. 즉, 임의의 $a, b, c\in R$에 대하여

$$a\times(b+c) = a\times b + a\times c,\ (a+b)\times c = a\times c + b\times c \text{(분배법칙)}$$

지금까지 언급한 환과 체의 관계를 도표로 나타내면 다음과 같다.

표 2.1 환과 체와의 관계

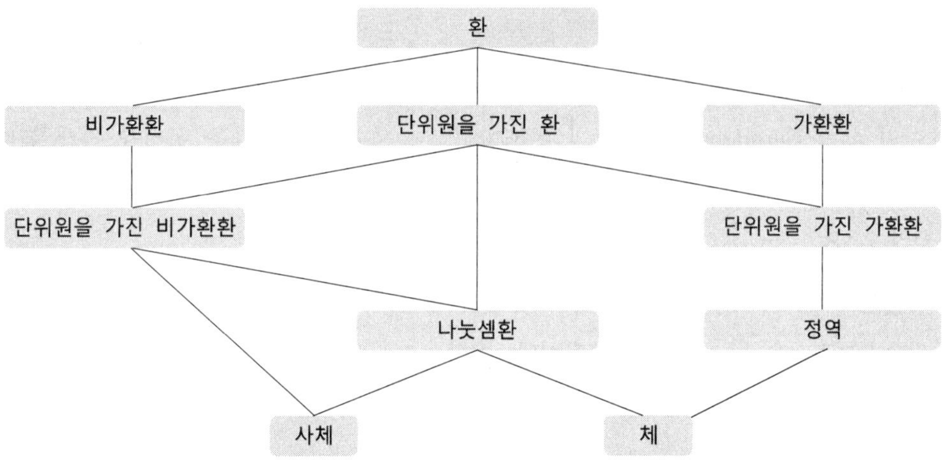

정리 2.16

단위원 1을 갖는 가환환 R이 체이기 위한 필요충분조건은 $R-\{0\}$이 곱셈에 관해 군을 이루는 것이다.

일반적으로 체 F에서 곱셈군 $F^* = F - \{0\}$을 F의 곱셈군이라고 한다.

정의 2.17 법 m에 관한 정수환

$m \geq 2$인 정수일 때 집합 $Z_m = \{0,\ 1,\ \cdots,\ m-1\}$에서 임의의 $a,\ b \in Z_m$에 대하여 $a+b=c$, $ab=d$을 다음과 같이 정의하자.

$$a+b=c \Leftrightarrow a+b \equiv c \bmod m,\quad 0 \leq c < m$$
$$ab=d \Leftrightarrow ab \equiv d \bmod m,\quad 0 \leq d < m$$

이때 $(Z_m,\ +,\ \times)$은 단위원 1을 가지는 가환환을 이룬다. 이 환을 법 m에 관한 정수환(ring of integers modulo m)이라고 한다.

가환환 $Z_m = \{0,\ 1,\ \cdots,\ m-1\}$에서 $a \in Z_m$에 대하여 $a \times b = b \times a = 1$인 원소 $b \in Z_m$가 존재할 때 b를 a의 곱셈에 대한 역원이라 하고 $b = a^{-1}$로 나타낸다.

한편, 가환환 Z_m에서의 등식 $a\times b=1$은 정수환 Z에서

$$ab\equiv 1 \bmod m,\quad 1\le b<m$$

임을 의미한다. 그런데 $ab\equiv 1 \bmod m$이면 $(a,\ m)=(b,\ m)=1$이고 또 역으로 $(a,\ m)=1$이면 $ab\equiv 1 \bmod m$인 정수 b가 존재한다. 이 사실로부터 다음 정리를 얻게 된다.

정리 2.18

가환환 $(Z_m,\ +,\ \times)$에서 $a\in Z_m$의 곱셈에 대한 역원 $a^{-1}\in Z_m$가 존재하기 위한 필요충분조건은 $(a,\ m)=1$인 것이다. 또한

$$Z_m^*=\{a\in Z_m\mid (a,\ m)=1\}$$

이라고 할 때 $(Z_m^*,\ \times)$은 곱셈군을 이루고 $|Z_m^*|=\varphi(m)$이다.

일반적으로 양의 정수 m이 합성수라면 Z_m은 체가 아니다. 그러나 m이 소수이면 $(Z_m,\ +,\ \times)$은 체이고 $Z_m^*=Z_m-\{0\}$이다.

예제 6 다음 주어진 가환환들이 체인지 아닌지를 보여라.

(1) $(Z_{15},\ +,\ \times)$ (2) $(Z_2,\ +,\ \times)$ (3) $(Z_3,\ +,\ \times)$

■ 풀이 (1) $Z_{15}=\{0,\ 1,\ 2,\ \cdots,\ 14\}$는 주어진 연산에 대하여 체가 될 수 없다.

$m=15$는 합성수이므로 체가 아니다. 예를 들어 3^{-1}은 존재하지 않는다.

(2) 가환환 Z_2의 덧셈표와 곱셈표는 다음과 같다.

+	0	1
0	0	1
1	1	0

×	0	1
0	0	0
1	0	1

이는 $1^{-1}=1$이고 단위원 1을 가지고 있으므로 $(Z_2,\ +,\ \times)$는 체가 된다.

(3) 가환환 Z_3의 덧셈표와 곱셈표는 다음과 같다.

+	0	1	2
0	0	1	2
1	1	2	0
2	2	0	1

×	0	1	2
0	0	0	0
1	0	1	2
2	0	2	1

이는 $1^{-1}=1$이고 $2^{-1}=2$이므로 $(Z_3,\ +,\ \times)$는 가환환인 나눗셈환이므로 체가 된다.

정의 2.19

체 K의 부분집합 $F(\neq \phi)$가 K에서의 연산과 동일한 연산에 대하여 체를 이룰 때 F를 K의 **부분체**(subfield)라고 한다.

2.2.2 벡터공간(vector space)

1) 벡터공간과 차원

정의 2.20 F 위의 벡터공간

집합 $V(\neq \phi)$가 체 F에 대하여 다음 두 조건을 만족시킬 때 $(V,\ +,\ \times)$을 체 F 위의 벡터공간이라고 한다. 즉,

(1) $(V,\ +)$는 가환군을 이룬다.

(2) 사상 $F\times V \to V,\ (a,\ v) \to a\times v$가 정의되고, 임의의 $a,\ b \in F$와 $v,\ w \in V$에 대하여 다음이 성립한다.

i) $a\times(v+w)=a\times v+a\times w$

ii) $(a+b)\times v=a\times v+b\times v$

iii) $(ab)\times v=a\times(b\times v)$

iv) $1\times v=v$

위 (2)의 사상을 **스칼라곱**(scalar multiplication)이라고 하고, 원소 $a,\ b$를 **스칼라**(scalar),

원소 v, w를 **벡터**(vector)라 한다. 또, $a \cdot v$을 a에 의한 벡터 v의 **스칼라 배**라 하고 간단히 av로 나타내기로 한다.

벡터공간 V에서의 뺄셈은 덧셈을 이용하여 다음과 같이 약속한다. 즉,

$$v - w = v + (-w)$$

정리 2.21

체 F에 대하여 집합

$$F^n = \{(x_1, x_2, \cdots, x_n) \mid x_1, x_2, \cdots, x_n \in F\}$$

은 $(a_1, a_2, \cdots, a_n), (b_1, b_2, \cdots, b_n) \in F^n$에 대하여 다음과 같이 덧셈과 곱셈 연산을 정의하면 $(F^n, +, \times)$은 단위원 $(1, 1, \cdots, 1)$을 갖는 가환환이고 또한 체 F 위의 벡터공간을 이룬다.

$$(a_1, a_2, \cdots, a_n) + (b_1, b_2, \cdots, b_n) = (a_1 + b_1, a_2 + b_2, \cdots, a_n + b_n)$$
$$(a_1, a_2, \cdots, a_n)(b_1, b_2, \cdots, b_n) = (a_1 b_1, a_2 b_2, \cdots, a_n b_n)$$
$$k(a_1, a_2, \cdots, a_n) = (ka_1, ka_2, \cdots, ka_n), \; k \in F$$

환 F^n에서 영원은 $(0, 0, \cdots, 0)$이고 $-(a_1, a_2, \cdots, a_n) = (-a_1, -a_2, \cdots, -a_n)$이다.

정의 2.22 부분공간

체 F 위의 벡터공간 V에서 V의 부분집합 $W(\neq \phi)$가 벡터공간 V의 덧셈과 스칼라 곱에 대하여 벡터공간을 이룰 때 W를 벡터공간 V의 **부분공간**(subspace)이라고 한다. 또 $v_1, v_2, \cdots, v_n \in V$이고 $a_1, a_2, \cdots, a_n \in F$에 대하여

$$v = a_1 v_1 + a_2 v_2 + \cdots + a_n v_n$$

의 형태로 나타나는 벡터 v를 $v_1, v_2, \cdots, v_n$의 **일차결합**(linear combination)이라 하고, 이러한 일차결합 전체의 집합을 $\langle v_1, v_2, \cdots, v_n \rangle$으로 나타낸다. 즉,

$$\langle v_1, v_2, \cdots, v_n \rangle = \{a_1 v_1 + a_2 v_2 + \cdots + a_n v_n \mid a_1, a_2, \cdots, a_n \in F\}$$

정리 2.23

체 F 위의 벡터공간 V에서 벡터 $v_1, v_2, \cdots, v_n \in V$의 일차결합 전체의 집합 $\langle v_1, v_2, \cdots, v_n \rangle$은 V의 부분공간을 이룬다. 즉, $k \in F$와 $v, w \in \langle v_1, v_2, \cdots, v_n \rangle$에 대하여

$$v + w \in \langle v_1, v_2, \cdots, v_n \rangle \text{이고 } kv \in \langle v_1, v_2, \cdots, v_n \rangle$$

이다. 이 부분공간을 벡터 $v_1, v_2, \cdots, v_n$에 의하여 생성된 부분공간이라고 한다.

정의 2.24 일차종속, 일차독립

체 F 위의 벡터공간 V에서 $v_1, v_2, \cdots, v_n \in V$라 하자. 적어도 0이 아닌 스칼라 $a_1, a_2, \cdots, a_n \in F$에 대하여

$$a_1 v_1 + a_2 v_2 + \cdots + a_n v_n = 0$$

으로 될 때 벡터 $v_1, v_2, \cdots, v_n$은 **일차종속**(linearly dependent)이라 하고 일차종속이 아니라면, 즉 $a_1 v_1 + a_2 v_2 + \cdots + a_n v_n = 0$이면 $a_1 = a_2 = \cdots = a_n = 0$일 때 벡터 $v_1, v_2, \cdots, v_n$은 **일차독립**(linearly independent)이라고 한다.

정의 2.25 기저

체 F 위의 벡터공간 V에서 다음 두 조건을 만족시키는 집합

$$B = \{v_1, v_2, \cdots, v_n\}$$

가 존재할 때 B를 V의 (유한)기저(finite basis)라고 한다.

(i) $V = \langle v_1, v_2, \cdots, v_n \rangle$

(ii) $v_1, v_2, \cdots, v_n$은 일차독립이다.

정의 2.26 벡터공간

체 F 위의 벡터공간 V가 유한기저를 가질 때 V를 **유한차원 벡터공간**이라 하고 V가 유한기저를 가지지 않을 때 V를 **무한차원 벡터공간**이라고 한다.
유한차원 벡터공간 V에서 V의 기저에 속해있는 벡터의 개수는 기저에 관계없이 일정하다. 이러한 의미에서 V가 n개의 벡터로 이루어진 기저를 가질 때 V를 F 위의 n**차원 벡터공간**이라 하고 n을 V의 차원(dimension)이라고 하며, 이를

$$n = \dim_F V \text{ 또는 } n = \dim V$$

로 나타낸다. 한편, $V = \{0\}$인 경우에는 $\dim_F V = 0$으로 약속한다.

보기 7 체 F 위의 벡터공간 F^n은 n차원 벡터공간이다. 실제로 임의의 벡터

$v = (a_1, a_2, \cdots, a_n) \in F^n$는

$e_1 = (1, 0, \cdots, 0),\ e_2 = (0, 1, 0, \cdots, 0),\ \cdots,\ e_n = (0, 0, \cdots, 0, 1)$

이라 할 때 다음과 같이 단 한 가지 방법으로 나타낸다. 즉,

$$v = (a_1, a_2, \cdots, a_n) = a_1e_1 + a_2e_2 + \cdots + a_ne_n$$

이고 따라서 $B = \{e_1, e_2, \cdots, e_n\}$은 F^n의 기저이고 $\dim_F F^n = n$이다. 참고적으로 B를 벡터공간 F^n의 **표준기저**(standard basis)라 한다.

정리 2.27

체 F 위의 벡터공간 V가 $n(n \geq 1)$차원 벡터공간일 때 다음이 성립한다.

(1) V의 m개의 벡터 $v_1, v_2, \cdots, v_m$이 일차독립이면 $m \leq n$이다.

(2) V의 n개의 벡터 $v_1, v_2, \cdots, v_n$이 일차독립이면 $B = \{v_1, v_2, \cdots, v_n\}$는 V의 기저이다.

(3) $V = \langle v_1, v_2, \cdots, v_n \rangle$이면 $B = \{v_1, v_2, \cdots, v_n\}$은 V의 기저이다.

(4) V의 m개의 벡터 $v_1, v_2, \cdots, v_m$이 일차독립일 때, $m < n$이면 m개의 벡터 $v_1, v_2, \cdots, v_m$에 적당한 $r(r = n - m)$개의 벡터 $u_1, u_2, \cdots, u_r$을 추가하여 V의 기저 $B = \{v_1, v_2, \cdots, v_m, u_1, u_2, \cdots, u_r\}$을 만들 수 있다.

정리 2.28

체 F 위의 벡터공간 V가 $n(n \geq 1)$차원 벡터공간일 때, V의 부분공간 W에 대하여

(1) $0 \leq \dim_F W \leq n$이다.

(2) $W = \{0\}$일 필요충분조건은 $\dim_F W = 0$이다.

(3) $V = W$일 필요충분조건은 $\dim_F W = n$이다.

정의 2.29 벡터공간 준동형사상

체 F 위의 벡터공간 V, W에 대하여 사상 $T: V \to W$가 두 조건

(i) 임의의 $v_1, v_2 \in V$에 대하여 $T(v_1 + v_2) = T(v_1) + T(v_2)$

(ii) $a \in F$, $v \in V$에 대하여 $T(av) = aT(v)$

을 만족시킬 때, T를 V에서 W로의 **선형사상(linear map)** 또는 **벡터공간 준동형사상(vector space homomorphism)** 또는 F-**준동형사상**이라고 한다.

특히, 벡터공간 V에서 V 자신으로의 선형사상 $T: V \to V$을 V 위의 **선형변환(linear transformation)** 또는 **선형작용소(linear operator)**라고 한다.
그리고 사상 $T: V \to W$가 선형사상인 동시에 일대일 대응일 때 T를 V에서 W로의 **(벡터공간)동형사상(vector space isomorphism)**이라 한다. 또한 이러한 동형사상 T가 존재할 때 V와 W는 서로 **동형(isomorphic)**인 **벡터공간**이라 하고 $V \cong W$로 나타낸다.

정리 2.30

체 F 위의 유한차원 벡터공간 V, W에 대하여 $V \cong W$일 필요충분조건은 $\dim_F V = \dim_F W$이다.

증명 $\Rightarrow$) $V \cong W$인 경우에 사상 $T: V \to W$을 동형사상이라고 하면 V의 임의의 기저 $B = \{v_1, v_2, \cdots, v_n\}$에 대하여 $\{T(v_1), T(v_2), \cdots, T(v_n)\}$은 W의 기저이기 때문에 $\dim_F V = \dim_F W$이다.

$\Leftarrow$) 역으로 $\dim_F V = \dim_F W = n$인 경우에 벡터공간 V, W의 기저를 각각

$B=\{v_1, v_2, \cdots, v_n\}$, $\mathfrak{I}=\{w_1, w_2, \cdots, w_n\}$라고 하면 사상

$$T: V \to W,\ T(a_1v_1+\cdots+a_nv_n)=a_1w_1+\cdots+a_nw_n$$

은 동형사상이기 때문에 $V \cong W$이다.

따름정리 2.31

체 F 위의 벡터공간 V에 대하여 $V \cong F^n$일 필요충분조건은 $\dim_F V = n$이고 $F^n \cong F^m$일 필요충분조건은 $n=m$이다.

실제로, $\dim_F V = n$일 때, V의 기저 $B=\{v_1, v_2, \cdots, v_n\}$에 대하여 사상

$$T_B: V \to F^n,\ T_B(a_1v_1+\cdots+a_nv_n)=(a_1, \cdots, a_n)$$

은 동형사상이다.

2) 동차 연립방정식의 해공간

일반적으로 n개의 미지수 $x_1, x_2, \cdots, x_n$을 갖는 다음과 같은 형태의 방정식을 체 F 위에서의 일차방정식(linear equation)이라 한다. 즉,

$$a_1x_1+a_2x_2+\cdots+a_nx_n=b.$$

단, $a_1, a_2, \cdots, a_n, b \in F$이고 $a_1, a_2, \cdots, a_n$ 중에서 적어도 하나는 0이 아니다.

다음과 같은 n개의 미지수를 갖는 $m(m \geq 1)$개의 일차방정식으로 이루어진 연립방정식을 체 F 위에서의 **연립일차방정식**(system of linear equation)이라 한다. 즉,

$$\begin{cases} a_{11}x_1+a_{12}x_2+\cdots+a_{1n}x_n=b_1 \\ a_{21}x_1+a_{22}x_2+\cdots+a_{2n}x_n=b_2 \\ \qquad\qquad\vdots \\ a_{m1}x_1+a_{m2}x_2+\cdots+a_{mn}x_n=b_m \end{cases} \tag{*}$$

이때 행렬 $A=[a_{ij}]_{m\times n}$을 이 연립일차방정식의 **계수행렬**(coefficient matrix)이라고 한다. 또 $a_{ij}(1 \leq i \leq m,\ 1 \leq j \leq n)$을 계수라 하고

(i) $b_1=b_2=\cdots=b_m=0$이면 동차 연립일차방정식(homogeneous linear equation)이라 하고

(ii) $b_1, b_2, \cdots, b_m$ 중 적어도 하나가 0이 아니면 비동차 연립일차방정식(non-homogeneous linear equation)이라 한다.

그리고 $c_1, c_2, \cdots, c_n \in F$에 대하여

$$x_1 = c_1,\ x_2 = c_2,\ \cdots,\ x_n = c_n$$

가 연립일차방정식의 모든 일차방정식을 만족시킬 때 $(c_1, c_2, \cdots, c_n) \in F^n$을 이 연립일차방정식의 해(solution)라 하고 $(x_1, x_2, \cdots, x_n) = (c_1, c_2, \cdots, c_n)$을

$$\begin{pmatrix} x_1 \\ x_2 \\ \vdots \\ x_n \end{pmatrix} = \begin{pmatrix} c_1 \\ c_2 \\ \vdots \\ c_n \end{pmatrix}$$

등으로 나타낸다. 위 동차 연립일차방정식 (*)의 해집합을

$$H = \{(c_1, c_2, \cdots, c_n) \mid (c_1, c_2, \cdots, c_n) \in F^n\}$$

라고 하면 H는 벡터공간 F^n의 부분공간을 이룬다. 이 부분공간을 동차 연립일차방정식 (*)의 **해공간**(solution space)이라 한다. 분명히 $(0, 0, \cdots, 0) \in H$이며 이를 **자명한 해**(trivial solution)라고 한다. 한편 동차 연립일차방정식 (*)의 해를 구할 때에는 다음과 같은 방법으로 기본 변형을 유한번 시행하여 동치인 연립일차방정식으로 변형한다. 즉,

(1) 서로 다른 두 방정식의 위치를 교환한다.
(2) 한 방정식을 $k(k \neq 0)$배 한다. $(k \in F)$
(3) 한 방정식에 다른 방정식을 $k(k \neq 0)$배하여 더한다. $(k \in F)$

이는 위 동차 연립일차방정식에서 계수행렬 $A = [a_{ij}]_{m \times n}$에 다음과 같은 **기본 행 연산**을 시행한다는 것과 같은 의미이다. 즉,

(I) 행렬 A의 제i행과 제j행을 서로 교환한다.
(II) 행렬 A의 제i행에 $k(k \neq 0)$배를 한다.$(k \in F)$
(III) 행렬 A의 제i행에 제j행을 $k(k \neq 0)$배하여 더한다.$(k \in F)$

따라서 행렬 A에 적당한 기본 행 연산을 유한번 시행하여 얻은 행렬을 B라 하면 다음 두 동차 연립일차방정식의 해공간은 일치한다. 즉,

$$A\begin{pmatrix}x_1\\x_2\\\vdots\\x_n\end{pmatrix}=\begin{pmatrix}0\\0\\\vdots\\0\end{pmatrix},\qquad B\begin{pmatrix}x_1\\x_2\\\vdots\\x_n\end{pmatrix}=\begin{pmatrix}0\\0\\\vdots\\0\end{pmatrix}$$

정의 2.32 기약 행 사다리꼴 행렬

체 F 위의 행렬이 다음 4가지 조건을 모두 만족시킬 때 이 행렬을 **기약 행 사다리꼴 행렬**(matrix in reduced row-echelon form)이라고 한다.

(i) 0으로만 이루어진 행은 다른 행보다 아래에 위치한다.

(ii) 모두가 0이 아닌 행의 처음 나타나는 성분은 1이 되도록 한다.(이것을 선두의 1(leading 1)이라고 한다.)

(iii) 모두가 0이 아닌 임의의 두 연속 행에 있어서 아래 행의 선두의 1은 위 행의 선두의 1보다 오른쪽에 있어야 한다.

(iv) 선두의 1을 포함하는 각 열의 다른 모든 성분은 0이다.

정의 2.33 계수

체 F 위의 $m\times n$ 행렬 $A=[a_{ij}]_{m\times n}$에 적당한 기본 행 연산을 유한번 시행하면 A는 기약 행 사다리꼴 행렬 A'으로 변형되며, 이와 같은 기약 행 사다리꼴 행렬 A'은 유일하게 결정된다. 아래 A'의 행벡터 중에서 처음 r개의 행벡터만이 영벡터가 아닐 때 r을 A의 **계수**(rank)라 하고, 이것을 $r(A)$로 나타낸다.

$$A'=\begin{pmatrix}1 & * & 0 & * & \cdots & * & 0 & * & \cdots & *\\ 0 & 0 & 1 & * & \cdots & * & 0 & * & \cdots & *\\ \vdots & \vdots & \vdots & \vdots & \cdots & \vdots & \vdots & \vdots & \cdots & \vdots\\ 0 & 0 & 0 & 0 & \cdots & 0 & 1 & * & \cdots & *\\ 0 & 0 & 0 & 0 & \cdots & 0 & 0 & 0 & \cdots & 0\\ \vdots & \vdots & \vdots & \vdots & \cdots & \vdots & \vdots & \vdots & \cdots & \vdots\\ 0 & 0 & 0 & 0 & \cdots & 0 & 0 & 0 & \cdots & 0\end{pmatrix}\to r\text{행}$$

동차 연립일차방정식

$$\begin{cases}a_{11}x_1+\cdots+a_{1n}x_n=0\\ a_{21}x_1+\cdots+a_{2n}x_n=0\\ \vdots\\ a_{m1}x_1+\cdots+a_{mn}x_n=0\end{cases}\qquad(**)$$

의 계수행렬 A에 적당한 기본 행 연산을 유한번 시행하여 기약 행 사다리꼴 행렬 A'으로 변형되었을 때, A'의 행벡터 중에서 처음 r개의 행벡터만이 영벡터가 아니라고 하면 $r(A)=r(A')=r$이고 $A \neq O$이므로 $1 \leq r \leq n$이다. 또 다음 두 연립일차방정식의 해공간 U는 일치한다.

$$A\begin{pmatrix} x_1 \\ x_2 \\ \vdots \\ x_n \end{pmatrix} = \begin{pmatrix} 0 \\ 0 \\ \vdots \\ 0 \end{pmatrix}, \quad A'\begin{pmatrix} x_1 \\ x_2 \\ \vdots \\ x_n \end{pmatrix} = \begin{pmatrix} 0 \\ 0 \\ \vdots \\ 0 \end{pmatrix}$$

먼저 $r=n$이면 A'은 n차의 항등행렬이고 따라서 위의 연립일차방정식의 해는 $(0, 0, \cdots, 0)$뿐이므로 $U=(0, 0, \cdots, 0)$, $\dim_F U = 0 = n-r$이다.

이번에는 $1 \leq r < n$이라고 하자. 필요하다면 미지수 $x_1, \cdots, x_n$의 순서를 적당히 바꾸어서 다음과 같은 형태의 행렬을 A'라고 놓아도 좋다.

$$A' = \begin{pmatrix} 1 & 0 & \cdots & 0 & c_1 & \cdots & d_1 \\ 0 & 1 & \cdots & 0 & c_2 & \cdots & d_2 \\ \vdots & \vdots & \ddots & \vdots & \vdots & & \vdots \\ 0 & 0 & \cdots & 1 & c_r & \cdots & d_r \\ 0 & 0 & \cdots & 0 & 0 & \cdots & 0 \\ \vdots & \vdots & & \vdots & \vdots & & \vdots \\ 0 & 0 & \cdots & 0 & 0 & \cdots & 0 \end{pmatrix} r$$

이때, 주어진 동차 연립일차방정식 (**)은 다음과 같은 동차 연립일차방정식과 동치이다.

$$\begin{cases} x_1 + c_1 x_{r+1} + \cdots + d_1 x_n = 0 \\ x_2 + c_2 x_{r+1} + \cdots + d_2 x_n = 0 \\ \vdots \\ x_r + c_r x_{r+1} + \cdots + d_r x_n = 0 \end{cases}$$

즉,

$$\begin{cases} x_1 = -c_1 x_{r+1} - \cdots - d_1 x_n \\ x_2 = -c_2 x_{r+1} - \cdots - d_2 x_n \\ \vdots \\ x_r = -c_r x_{r+1} - \cdots - d_r x_n \end{cases}$$

이제 매개변수 $t_1, \cdots, t_{n-r}$을 도입하여 $x_{r+1}=t_1, \cdots, x_n = t_{n-r}$라고 놓으면 주어

진 동차 연립일차방정식의 일반해는 다음과 같다.

$$\begin{cases} x_1 = -c_1t_1 - \cdots - d_1t_{n-r} \\ x_2 = -c_2t_1 - \cdots - d_2t_{n-r} \\ \vdots \\ x_r = -c_rt_1 - \cdots - d_rt_{n-r} \qquad (t_1, \cdots, t_{n-r} \in F) \\ x_{r+1} = t_1 \\ \vdots \\ x_n = \qquad\qquad t_{n-r} \end{cases}$$

즉,

$$\begin{pmatrix} x_1 \\ x_2 \\ \vdots \\ x_r \\ x_{r+1} \\ \vdots \\ x_n \end{pmatrix} = t_1\begin{pmatrix} -c_1 \\ -c_2 \\ \vdots \\ -c_r \\ 1 \\ \vdots \\ 0 \end{pmatrix} + \cdots + t_{n-r}\begin{pmatrix} -d_1 \\ -d_2 \\ \vdots \\ -d_r \\ 0 \\ \vdots \\ 1 \end{pmatrix} \quad (t_1, \cdots, t_{n-r} \in F)$$

그러므로

$$\begin{aligned} u_1 &= (-c_1, -c_2, \cdots, -c_r, 1, 0, \cdots, 0), \\ &\vdots \\ u_{n-r} &= (-d_1, -d_2, \cdots, -d_r, 0, 0, \cdots, 1) \end{aligned}$$

이라 놓으면, 위 연립방정식의 일반해는

$$(x_1, \cdots, x_n) = t_1u_1 + \cdots + t_{n-r}u_{n-r} \quad (t_1, \cdots, t_{n-r} \in F)$$

이므로 해공간 U는 다음과 같다.

$$U = \{t_1u_1 + \cdots + t_{n-r}u_{n-r} \mid t_1, \cdots, t_{n-r} \in F\}$$

따라서 $U = \langle u_1, \cdots, u_{n-r} \rangle$이고 또 벡터공간 F^n에서 $u_1, \cdots, u_{n-r}$은 분명히 일차독립이므로 $\{u_1, \cdots, u_{n-r}\}$은 U의 기저이다. 따라서 해공간 U는 벡터공간 F^n의 $n-r$차원 부분공간이다. 그러므로 다음 정리가 성립한다.

정리 2.34

체 F 위의 동차 연립일차방정식 (**)에서 $A=[a_{ij}]_{m\times n}$을 계수행렬이라고 할 때, A에 적당한 기본 행 연산을 유한번 시행하여 얻은 기약 행 사다리꼴 행렬을 A'라 하고 A'의 행벡터 중에서 처음 r개의 행벡터만이 영벡터가 아니라고 하자. 이때, $r(A)=r$, $1\le r\le n$이고 두 동차 연립일차방정식

$$A\begin{pmatrix}x_1\\x_2\\\vdots\\x_n\end{pmatrix}=\begin{pmatrix}0\\0\\\vdots\\0\end{pmatrix},\quad A'\begin{pmatrix}x_1\\x_2\\\vdots\\x_n\end{pmatrix}=\begin{pmatrix}0\\0\\\vdots\\0\end{pmatrix}$$

의 해공간 U는 일치한다. 또 이 해공간은 벡터공간 F^n의 $n-r$차원 부분공간이다.

참고 동차 연립일차방정식의 해 전체를 위와 같은 절차에 따라 구하는 방법을 가우스-조르단(Gauss-Jordan) 소거법이라고 한다.

예제 8 체 $Z_3=\{0,\ 1,\ 2\}$에서 다음 동차 연립일차방정식의 해를 구하여라.

$$\begin{cases} x_1+2x_2+x_3+x_6=0\\ 2x_1+x_2+2x_4+2x_6=0\\ x_1+2x_2+x_3+x_5=0\end{cases}$$

■ **풀이** 이 연립방정식의 계수행렬 A는

$$A=\begin{pmatrix}1&2&1&0&0&1\\2&1&0&2&0&2\\1&2&1&0&1&0\end{pmatrix}$$

이다. 이 행렬은 다음과 같이 가우스-조르단 소거법에 의해 기약 행 사다리꼴 행렬 A'로 변형된다. 즉,

$$A=\begin{pmatrix}1&2&1&0&0&1\\2&1&0&2&0&2\\1&2&1&0&1&0\end{pmatrix}\xrightarrow{(3\text{행})-(1\text{행})}\begin{pmatrix}1&2&1&0&0&1\\2&1&0&2&0&2\\0&0&0&0&1&2\end{pmatrix}$$

$$\xrightarrow{(2\text{행})-(1\text{행}\times 2)}\begin{pmatrix}1&2&1&0&0&1\\0&0&1&2&0&0\\0&0&0&0&1&2\end{pmatrix}$$

$$\xrightarrow{(1\text{행})-(2\text{행})} \begin{pmatrix} 1 & 2 & 0 & 1 & 0 & 1 \\ 0 & 0 & 1 & 2 & 0 & 0 \\ 0 & 0 & 0 & 0 & 1 & 2 \end{pmatrix} = A'$$

그러므로 주어진 동차 연립일차방정식은 다음 연립일차방정식과 동치이다.

$$\begin{cases} x_1 + 2x_2 + \quad\quad x_4 + \quad\quad x_6 = 0 \\ \quad\quad\quad x_3 + 2x_4 + \quad\quad\quad = 0 \\ \quad\quad\quad\quad\quad\quad x_5 + 2x_6 = 0 \end{cases}$$

즉,

$$\begin{cases} x_1 = -2x_2 - x_4 - x_6 = x_2 + 2x_4 + 2x_6 \\ x_3 = \quad -2x_4 \quad = \quad x_4 \\ x_5 = \quad\quad -2x_6 = \quad\quad x_6 \end{cases}$$

이제 $x_2 = t_1,\ x_4 = t_2,\ x_6 = t_3$라고 놓으면

$$\begin{cases} x_1 = t_1 + 2t_2 + 2t_3 \\ x_2 = t_1 \\ x_3 = \quad t_2 \\ x_4 = \quad t_2 \\ x_5 = \quad\quad t_3 \\ x_6 = \quad\quad t_3 \end{cases} \quad (t_1,\ t_2,\ t_3 \in Z_3)$$

이다. 즉,

$$\begin{pmatrix} x_1 \\ x_2 \\ x_3 \\ x_4 \\ x_5 \\ x_6 \end{pmatrix} = t_1 \begin{pmatrix} 1 \\ 1 \\ 0 \\ 0 \\ 0 \\ 0 \end{pmatrix} + t_2 \begin{pmatrix} 2 \\ 0 \\ 1 \\ 1 \\ 0 \\ 0 \end{pmatrix} + t_3 \begin{pmatrix} 2 \\ 0 \\ 0 \\ 0 \\ 1 \\ 1 \end{pmatrix} \quad (t_1,\ t_2,\ t_3 \in Z_3)$$

이다. 따라서 주어진 동차 연립일차방정식의 해공간을 U라고 하면

$$U = \{t_1(1,\ 1,\ 0,\ 0,\ 0,\ 0) + t_2(2,\ 0,\ 1,\ 1,\ 0,\ 0) \\ + t_3(2,\ 0,\ 0,\ 0,\ 1,\ 1) \mid t_1,\ t_2,\ t_3 \in Z_3\}$$

이고 U는 $\{(1,\ 1,\ 0,\ 0,\ 0,\ 0),\ (2,\ 0,\ 1,\ 1,\ 0,\ 0),\ (2,\ 0,\ 0,\ 0,\ 1,\ 1)\}$을 기저로 가지는 벡터공간 Z_3^6의 3차원 부분공간이다.

미지수의 개수와 일차방정식의 개수가 동일한 연립일차방정식에 대해서는 크래머(cramer)의 공식을 이용하면 된다.

정리 2.35 크래머의 공식

체 F 위의 n개의 미지수 $x_1, \cdots, x_n$에 관한 n개의 일차방정식으로 이루어진 연립일차방정식

$$\begin{cases} a_{11}x_1 + \cdots + a_{1n}x_n = b_1 \\ a_{21}x_1 + \cdots + a_{2n}x_n = b_2 \\ \vdots \\ a_{n1}x_1 + \cdots + a_{nn}x_n = b_n \end{cases}$$

에서 계수행렬 $A = [a_{ij}]_{n \times n}$가 정칙행렬일 때, 즉 $\det A \neq 0$일 때 이 연립방정식의 해는 단 하나 존재하며, 그 해 $(x_1, \cdots, x_n)$은

$$x_j = \frac{\begin{vmatrix} a_{11} & a_{12} & \cdots & b_1 & \cdots & a_{1n} \\ a_{21} & a_{22} & \cdots & b_2 & \cdots & a_{2n} \\ \vdots & \vdots & \cdots & \vdots & \cdots & \vdots \\ a_{n1} & a_{n2} & \cdots & b_n & \cdots & a_{nn} \end{vmatrix}}{\begin{vmatrix} a_{11} & a_{12} & \cdots & a_{1j} & \cdots & a_{1n} \\ a_{21} & a_{22} & \cdots & a_{2j} & \cdots & a_{2n} \\ \vdots & \vdots & \cdots & \vdots & \cdots & \vdots \\ a_{n1} & a_{n2} & \cdots & a_{nj} & \cdots & a_{nn} \end{vmatrix}} \quad (1 \leq j \leq n)$$

으로 정해진다.

3) 행렬의 행공간과 계수

우리는 1장 1.5절 행렬식과 역행렬에서 행렬의 정의와 행렬에 대한 여러 가지 성질들에 대하여 설명하였다. 기본 개념은 1장을 참조하고, 여기서는 행공간과 계수에 대한 설명을 이어가도록 하겠다.

정의 2.36 행(열)공간

체 F 위의 $m \times n$행렬 $A = [a_{ij}]_{m \times n}$을

$$A = \begin{pmatrix} a_{11} & a_{12} & \cdots & a_{1n} \\ a_{21} & a_{22} & \cdots & a_{2n} \\ \vdots & \vdots & \cdots & \vdots \\ a_{m1} & a_{m2} & \cdots & a_{mn} \end{pmatrix}$$

라 하자. 이때, 행렬 A의 각 행(열)의 원소로 이루어진 벡터공간 F^n에 속하는 벡터

$$v_1 = (a_{11},\ a_{12},\ \cdots,\ a_{1n})(w_1 = (a_{11},\ a_{21},\ \cdots,\ a_{m1}))$$
$$v_2 = (a_{21},\ a_{22},\ \cdots,\ a_{2n})(w_2 = (a_{12},\ a_{22},\ \cdots,\ a_{m2}))$$
$$\vdots$$
$$v_m = (a_{m1},\ a_{m2},\ \cdots,\ a_{mn})(w_n = (a_{1n},\ a_{2n},\ \cdots,\ a_{mn}))$$

을 A의 **행(열)벡터(row(column) vector)**라고 한다. 또, 벡터공간 $F^n(F^m)$에서 A의 $m(n)$개의 행(열)벡터 $v_1,\ v_2,\ \cdots,\ v_m(w_1,\ w_2,\ \cdots,\ w_n)$에 의하여 생성된 부분공간

$$\langle v_1,\ v_2,\ \cdots,\ v_m \rangle = \{a_1 v_1 + \cdots + a_m v_m \mid a_1,\ \cdots,\ a_m \in F\}$$
$$(\langle w_1,\ w_2,\ \cdots,\ w_n \rangle = \{a_1 w_1 + \cdots + a_n w_n \mid a_1,\ \cdots,\ a_n \in F\})$$

을 A의 **행(열)공간(row(column) space)**이라고 한다. 그리고 A의 행(열)공간의 차원을 A의 **계수(rank)** 또는 **행(열)계수(row(column) rank)**라 하고 $r(A)(c(A))$로 나타낸다(정의 2.33 참조). 즉,

$$r(A) = \dim_F \langle v_1,\ \cdots,\ v_m \rangle \quad (c(A) = \dim_F \langle w_1,\ \cdots,\ w_n \rangle)$$

이고 A의 행(열)공간은 $F^n(F^m)$의 부분공간이다.

참고 위에서 정의한 행렬 A에 대하여 다음이 성립한다.

1. $0 \le r(A) \le n,\ 0 \le c(A) \le m$
2. A의 열공간과 A의 전치행렬인 A^T의 행공간은 같다. 따라서

$$c(A) = r(A^T)$$

이다.

정리 2.37

체 F 위의 벡터공간 V에서 m개의 벡터 $v_1, v_2, \cdots, v_m$에 대하여 $W=\langle v_1, \cdots, v_m\rangle$이라고 할 때 다음이 성립한다.

(1) $W=\langle v_1, \cdots, v_j, \cdots, v_i, \cdots, v_m\rangle (1 \le i \ne j \le m)$

(2) $W=\langle v_1, \cdots, kv_i, \cdots, v_m\rangle (k \in F,\ k \ne 0)$

(3) $W=\langle v_1, \cdots, v_i+kv_j, \cdots, v_j, \cdots, v_m\rangle (1 \le i \ne j \le m,\ k \in F,\ k \ne 0)$

정의 2.36에서 정의한 체 F 위의 $m \times n$ 행렬 A의 행벡터를 $v_1, v_2, \cdots, v_m$이라고 할 때 행렬 A에 **기본 행 연산**

(Ⅰ) 행렬 A의 제i행과 제j행을 서로 교환한다.

(Ⅱ) 행렬 A의 제i행에 $k(k \ne 0)$배를 한다.$(k \in F)$

(Ⅲ) 행렬 A의 제i행에 제j행을 $k(k \ne 0)$배하여 더한다.$(k \in F)$

을 한 번 시행하여 얻은 행렬을 각각 B_1, B_2, B_3라고 하면 이들 세 행렬의 행벡터는 각각

$$B_1 = \begin{pmatrix} a_{11} & a_{12} & \cdots & a_{1n} \\ a_{21} & a_{22} & \cdots & a_{2n} \\ \vdots & \vdots & \vdots & \vdots \\ a_{j1} & a_{j2} & \cdots & a_{jn} \\ \vdots & \vdots & \vdots & \vdots \\ a_{i1} & a_{i2} & \cdots & a_{in} \\ \vdots & \vdots & \vdots & \vdots \\ a_{m1} & a_{m2} & \cdots & a_{mn} \end{pmatrix} \quad B_2 = \begin{pmatrix} a_{11} & a_{12} & \cdots & a_{1n} \\ a_{21} & a_{22} & \cdots & a_{2n} \\ \vdots & \vdots & \vdots & \vdots \\ ka_{i1} & ka_{i2} & \cdots & ka_{in} \\ \vdots & \vdots & \vdots & \vdots \\ a_{j1} & a_{j2} & \cdots & a_{jn} \\ \vdots & \vdots & \vdots & \vdots \\ a_{m1} & a_{m2} & \cdots & a_{mn} \end{pmatrix}$$

$$B_3 = \begin{pmatrix} a_{11} & a_{12} & \cdots & a_{1n} \\ a_{21} & a_{22} & \cdots & a_{2n} \\ \vdots & \vdots & \vdots & \vdots \\ a_{i1}+ka_{j1} & a_{i2}+ka_{j2} & \cdots & a_{in}+ka_{jn} \\ \vdots & \vdots & \vdots & \vdots \\ a_{j1} & a_{j2} & \cdots & a_{jn} \\ \vdots & \vdots & \vdots & \vdots \\ a_{m1} & a_{m2} & \cdots & a_{mn} \end{pmatrix}$$

이다. 따라서 정리 2.37에 의하여 행렬 A의 행공간 $W=\langle v_1, \cdots, v_m\rangle$과 B_1, B_2, B_3의 행공간은 모두 W로서 일치한다.

결론적으로, 행렬 A에 적당한 기본 행 연산을 유한번 시행하여 얻은 행렬을 B라고

하면 A의 행공간과 B의 행공간은 같고 $r(A)=r(B)$이다. 또, 임의의 정칙행렬은 유한개의 기본행렬의 곱으로 나타낸다. 이 사실로부터 다음 정리를 얻는다.

정리 2.38

체 F 위의 $m\times n$ 행렬 A에 대하여

(1) 행렬 A에 적당한 기본 행 연산을 유한번 시행하여 얻은 행렬을 B라고 하면 A의 행공간과 B의 행공간은 같고 $r(A)=r(B)$이다.

(2) 임의의 m차의 정칙행렬 P에 대하여 A의 행공간과 PA의 행공간은 같고 $r(PA)=r(A)$이다.

참고 n차의 단위행렬 I_n에 대하여 기본 행 연산 (Ⅰ), (Ⅱ), (Ⅲ)을 시행하여 얻는 n차의 행렬을 C_{ij}, $D_{ii}(k)$, $E_{ij}(k)$로 나타낼 때 이러한 행렬을 **기본행렬(elementary matrix)** 이라고 한다.

정의 2.33에서 체 F 위의 $m\times n$ 행렬 $A=[a_{ij}]_{m\times n}$에 적당한 기본 행 연산을 유한번 시행하면 A는 기약 행 사다리꼴 행렬 A'으로 변형되며 이와 같은 기약 행 사다리꼴 행렬 A'은 유일하게 결정된다. 이때, A'의 처음 r개의 행벡터 $v_1', \cdots, v_r'$만이 영벡터가 아니라고 하면

$$(A\text{의 행공간}) = (A'\text{의 행공간}) = \langle v_1', \cdots, v_r' \rangle$$

이고 n차원 벡터공간 F^n에서 $v_1', \cdots, v_r'$은 분명히 일차독립이므로 $\{v_1', \cdots, v_r'\}$은 (A의 행공간)의 기저이다. 따라서 다음 정리가 성립한다.

정리 2.39

체 F 위의 $m\times n$ 행렬 A에 적당한 기본 행 연산을 유한번 시행하여 얻은 기약 행 사다리꼴 행렬 A'의 처음 r개의 행벡터 $v_1', \cdots, v_r'$만이 영벡터가 아니라고 하면

$$(A\text{의 행공간}) = (A'\text{의 행공간}) = \langle v_1', \cdots, v_r' \rangle$$
$$r(A)=r(A')=r$$

이 성립한다.

예제 9 체 $Z_5=\{0,\ 1,\ 2,\ 3,\ 4\}$ 위에서 정의된 2차 기본행렬들의 역행렬을 구하여라.

(1) C_{12} (2) $D_{22}(2)$ (3) $E_{12}(4)$

■ **풀이** (1) C_{12}는 2차 단위행렬 $I_2=\begin{pmatrix}1&0\\0&1\end{pmatrix}$에서 기본 행 연산 (Ⅰ)에 의하여 1행과 2행을 교환한 2차 기본행렬이므로

$$C_{12}^{-1}=\begin{pmatrix}0&1\\1&0\end{pmatrix}^{-1}=(-1)^{-1}\begin{pmatrix}0&-1\\-1&0\end{pmatrix}=4^{-1}\begin{pmatrix}0&4\\4&0\end{pmatrix}=\begin{pmatrix}0&1\\1&0\end{pmatrix}=C_{12}$$

이다.

(2) $D_{22}(2)$는 2차 단위행렬 $I_2=\begin{pmatrix}1&0\\0&1\end{pmatrix}$에서 기본 행 연산 (Ⅱ)에 의하여 2행을 2배한 2차 기본행렬이므로

$$D_{22}(2)^{-1}=\begin{pmatrix}1&0\\0&2\end{pmatrix}^{-1}=2^{-1}\begin{pmatrix}2&0\\0&1\end{pmatrix}=\begin{pmatrix}1&0\\0&2^{-1}\end{pmatrix}=\begin{pmatrix}1&0\\0&3\end{pmatrix}=D_{22}(3)$$

(3) $E_{12}(4)$는 2차 단위행렬 $I_2=\begin{pmatrix}1&0\\0&1\end{pmatrix}$에서 기본 행 연산 (Ⅲ)에 의하여 1행에 2행을 4배하여 더한 2차 기본행렬이므로

$$E_{12}(4)^{-1}=\begin{pmatrix}1&4\\0&1\end{pmatrix}^{-1}=\begin{pmatrix}1&-4\\0&1\end{pmatrix}=\begin{pmatrix}1&1\\0&1\end{pmatrix}=E_{12}(1)$$

예제 10 체 $Z_2=\{0,\ 1\}$ 위에서 다음 행렬 A의 행공간과 기약 행 사다리꼴 행렬 A'을 구하고, 이 행렬 A의 기저와 계수 $r(A)$을 구하여라.

$$A=\begin{pmatrix}0&1&1&1\\1&0&1&0\\1&1&0&1\end{pmatrix}$$

■ **풀이** 행렬 A의 행공간 V은

$$V=\langle(0,\ 1,\ 1,\ 1),\ (1,\ 0,\ 1,\ 0),\ (1,\ 1,\ 0,\ 1)\rangle$$

이다. 기약 행 사다리꼴 행렬 A'은 행렬 A에 적당한 기본 행 연산을 세 번 시행하여 다음과 같이 얻을 수 있다. 즉,

$$A=\begin{pmatrix}0&1&1&1\\1&0&1&0\\1&1&0&1\end{pmatrix}\xrightarrow{(1\text{행과 }2\text{행 교환})}\begin{pmatrix}1&0&1&0\\0&1&1&1\\1&1&0&1\end{pmatrix}\xrightarrow{(3\text{행})-(1\text{행})}\begin{pmatrix}1&0&1&0\\0&1&1&1\\0&1&1&1\end{pmatrix}$$

$$\xrightarrow{(3\text{행})-(2\text{행})}\begin{pmatrix}1&0&1&0\\0&1&1&1\\0&0&0&0\end{pmatrix}=A'$$

따라서 행렬 A'의 행공간 $V=\langle(1,\ 0,\ 1,\ 0),\ (0,\ 1,\ 1,\ 1)\rangle$이다. 따라서 정리 2.39에 의해 행렬 A의 기저는 $\{(1,\ 0,\ 1,\ 0),\ (0,\ 1,\ 1,\ 1)\}$이고 $\dim_{Z_2}V=r(A)=2$이다. 참고적으로 V는 행벡터 $(1,\ 0,\ 1,\ 0)$과 $(0,\ 1,\ 1,\ 1)$에 의해 생성되는 벡터공간 Z_2^4의 부분공간이다. 즉,

$$\begin{aligned}V&=\{a_1(1,\ 0,\ 1,\ 0)+a_2(0,\ 1,\ 1,\ 1)\mid a_1,\ a_2\in Z_2\}\\&=\{(0,\ 0,\ 0,\ 0),\ (1,\ 0,\ 1,\ 0),\ (0,\ 1,\ 1,\ 1),\ (1,\ 1,\ 0,\ 1)\}\end{aligned}$$

이다. 결과적으로 체 Z_2^4에서 $V=\langle(0,\ 1,\ 1,\ 1),\ (1,\ 0,\ 1,\ 0),\ (1,\ 1,\ 0,\ 1)\rangle$는 행렬 A, 행렬 A', 그리고 행렬

$$G=\begin{pmatrix}1&0&1&0\\0&1&1&1\end{pmatrix}$$

와 같은 $Z_2=\{0,\ 1\}$ 위의 행렬의 행공간이다.

정리 2.40

체 F 위의 $m\times n$ 행렬 A에 대하여 A의 열계수는 A의 행계수와 같다. 즉, $c(A)=r(A)$이다.

연습문제 2.2

1. 다음 집합 위에 각각 주어진 연산자에 대하여 환과 체가 되는 것을 찾고, 그 이유를 설명하여라.

(1) $Q = \left\{ \dfrac{y}{x} \mid x,\ y \in R,\ x \neq 0 \right\}$일 때, $(Q,\ +,\ \times)$

(2) $Z_6 = \{\overline{0},\ \overline{1},\ \overline{2},\ \overline{3},\ \overline{4},\ \overline{5}\}$일 때, $(Z_6,\ \oplus,\ \otimes)$

(3) $B = \{-1,\ 1\}$일 때, $(B,\ +,\ \times)$

2. 환 A에서 임의의 $a,\ b \in A$에 대하여 $(-a) \cdot b = a \cdot (-b) = -(a \cdot b)$임을 증명하여라.

3. 체 F 위의 동차 연립일차방정식

$$\begin{cases} a_1x_1 + a_2x_2 + a_3x_3 = 0 \\ b_1x_1 + b_2x_2 + b_3x_3 = 0 \end{cases}$$

의 해를 크래머의 공식을 이용하여 구하여라.

4. 체 $Z_3 = \{0,\ 1,\ 2\}$에서 다음 동차 연립일차방정식에 대하여 다음을 구하여라.

$$\begin{cases} x_1 + 2x_2 + x_4 = 0 \\ 2x_1 + 2x_3 + x_5 = 0 \\ x_2 + x_6 = 0 \\ 2x_2 + x_7 = 0 \end{cases}$$

(1) 연립일차방정식의 계수행렬 H와 H의 행공간의 차원 $r(H)$

(2) 연립일차방정식의 해공간 U와 $r(U)$

(3) 연립일차방정식의 해공간 U의 기저와 일반해

2.3 갈루아 체와 원시다항식

2.3.1 다항식환

1) 다항식의 연산과 다항식환

체 F의 원소 $a_0, a_1, a_2, \cdots, a_n$과 부정원 x로 이루어진 식

$$f(x) = a_0 + a_1 x + a_2 x^2 + \cdots + a_n x^n \quad (n = 0,\ 1,\ 2,\ \cdots),\ a_n \neq 0$$

을 F 위의 x에 대한 n차 **다항식**(polynomial)이라 한다. 이때 $a_0, a_1, a_2, \cdots, a_n$을 이 다항식의 **계수**(cofficient), n을 **차수**(degree)라 하고 $\deg f(x) = n$으로 나타낸다. 이때 a_n을 이 다항식 $f(x)$의 **최고차항의 계수**(leading coefficient)라 한다. 특히 위 다항식에서 $a_1 = a_2 = \cdots = a_n = 0$일 때, 즉 $f(x) = a_0$인 다항식을 **상수다항식**이라 하고 모든 계수가 0인 다항식, 즉 $f(x) = 0$을 **영다항식**(zero polynomial)이라 한다. 그리고 영다항식의 차수는 $-\infty$로 정하고 음이 아닌 정수 n에 대하여 $n + (-\infty) = (-\infty) + n = -\infty$로 정한다. 영다항식이 아닌 상수다항식의 차수는 0이다.

이제 두 n차 다항식

$$f(x) = a_0 + a_1 x + a_2 x^2 + \cdots + a_n x^n,\ g(x) = b_0 + b_1 x + b_2 x^2 + \cdots + b_n x^n$$

에 대하여 상등관계와 합을 다음과 같이 정의한다.

(i) 두 다항식의 상등관계

$$f(x) = g(x) \iff a_0 = b_0,\ a_1 = b_1,\ a_2 = b_2,\ \cdots,\ a_n = b_n$$

(ii) 두 다항식의 합

$$f(x) + g(x) = (a_0 + b_0) + (a_1 + b_1)x + (a_2 + b_2)x^2 + \cdots + (a_n + b_n)x^n$$

또 n차 다항식 $f(x)$와 m차 다항식 $g(x)$가

$$f(x) = a_0 + a_1x + a_2x^2 + \cdots + a_nx^n,\ g(x) = b_0 + b_1x + b_2x^2 + \cdots + b_mx^m$$

로 주어졌을 때 $c \in F$에 대하여 두 다항식의 곱 $f(x)g(x)$와 스칼라곱 $cf(x)$을 다음과 같이 정의한다.

(iii) 두 다항식의 곱

$$f(x)g(x) = \sum_{k=0}^{n+m} c_kx^k,\quad c_k = a_0b_k + a_1b_{k-1} + \cdots + a_kb_0 = \sum_{i=0}^{k} a_ib_{k-i}$$

(iv) 스칼라곱

$$cf(x) = ca_0 + ca_1x + ca_2x^2 + \cdots + ca_nx^n$$

정리 2.41

체 F 위의 다항식 전체의 집합

$$F[x] = \{f(x) \mid f(x) = a_0 + a_1x + a_2x^2 + \cdots + a_rx^r,\ a_0,\ a_1,\ a_2,\ \cdots,\ a_r \in F\}$$

는 위에서 정의한 덧셈과 곱셈에 대하여 단위원 1을 갖는 가환환이다. 또한 체 F 위의 벡터공간을 이룬다.

증명 집합 $F[x](\neq \phi)$ 위에 임의의 $f(x),\ g(x) \in F[x]$에 대하여 위에서와 같이 덧셈 $+$ 와 곱셈 $\cdot$ 을 정의하면 $f(x)+g(x) \in F[x]$이고 $f(x)g(x) \in F[x]$이다.
또한 $f(x)+g(x) = g(x)+f(x)$이고

$$\begin{aligned} f(x)g(x) &= \sum_{k=0}^{n+m} (a_0b_k + a_1b_{k-1} + a_2b_{k-2} + \cdots + a_kb_0)x^k \\ &= \sum_{k=0}^{m+n} (b_0a_k + b_1a_{k-1} + b_2a_{k-2} + \cdots + b_ka_0)x^k \\ &= g(x)f(x),\ m+n \leq r \end{aligned}$$

이다. 또 같은 방법으로 하면 임의의 $f(x),\ g(x),\ h(x) \in F[x]$에 대하여

$$(f(x)+g(x))+h(x) = f(x)+(g(x)+h(x))$$

$$(f(x)g(x))h(x) = f(x)(g(x)h(x)),\ \deg\{f(x)(g(x)h(x))\} \le r$$

이 성립하고 분배법칙도 성립한다. 덧셈에 대하여 영다항식 $0 \in F[x]$인 영원이 존재하고 각 $f(x) \in F[x]$에 대하여 $-f(x) \in F[x]$가 존재한다. 마지막으로 단위원 $1 \in F[x]$이 존재한다. 따라서 $(F[x], +, \times)$는 단위원 1을 갖는 가환환이다. $(F[x], +, \times)$이 체 F 위의 벡터공간임은 각자 해보기 바란다.

정의 2.42 다항식환

가환환 $(F[x], +, \times)$을 체 F 위의 **다항식환**(polynomial ring)이라고 한다.

참고 $Z_2[x] = \{f(x) \mid f(x) = a_0 + a_1x + a_2x^2 + \cdots + a_nx^n,\ a_i \in Z_2\}$가 체 Z_2 위에서 각 $i(0 \le i \le n)$에 대하여

$$-f(x) = -a_0 - a_1x - \cdots - a_nx^n = a_0 + a_1x + \cdots + a_nx^n = f(x)$$

이고 또한 체 Z_2 위에서 예를 들어 다항식 $1+x,\ 1+x+x^2 \in Z_2[x]$일 때 덧셈과 곱셈의 계산은 다음과 같이 한다. 즉,

$$(1+x)(1+x) = (1+x)^2 = 1+(1+1)x+x^2 = 1+x^2 \in Z_2[x]$$
$$(1+x)(1+x+x^2) = (1-x)(1+x+x^2) = 1-x^3 = 1+x^3 \in Z_2[x]$$
$$(1+x+x^2)+0 = 1+x+x^2$$

이다.

정리 2.43

체 F 위의 다항식환 $F[x]$에서 임의의 다항식 $f(x),\ g(x) \in F[x]$ 대하여

(1) $\deg f(x)g(x) = \deg f(x) + \deg g(x)$

(2) (나눗셈 알고리즘) $g(x) \ne 0$에 대하여

$$g(x) = f(x)q(x) + r(x),\ r(x) = 0 \text{ 또는 } 0 \le \deg r(x) < \deg f(x)$$

인 다항식 $q(x),\ r(x) \in F[x]$가 존재한다.

(3) $f(x)$가 곱셈에 대하여 역원을 갖기 위한 필요충분조건은 $f(x) \ne 0$인 상수다항식이어야 한다.

정의 2.44 약수, 배수

체 F 위의 다항식 $f(x)$, $g(x) \in F[x]$에 대하여

$$g(x) = f(x)h(x)$$

인 다항식 $h(x) \in F[x]$가 존재할 때 $f(x)$을 $g(x)$의 약수 또는 인수라 하고 $g(x)$을 $f(x)$의 배수라고 한다. 이를 $f(x) \mid g(x)$로 나타내고 $f(x)$의 배수 전체의 집합을 $(f(x))$로 나타내기로 한다. 즉,

$$(f(x)) = \{f(x)h(x) \mid h(x) \in F[x]\}$$

이다.

보기 1 위 참고에서 $(1+x) \mid (1+x^2)$이므로 $1+x$는 $1+x^2$의 약수이고 $1+x^2$은 $1+x$의 배수이다.

정리 2.45

체 F 위의 두 다항식 $f(x)$, $g(x) \in F[x]$에 대하여

(1) $(f(x)) \supseteq (g(x))$일 필요충분조건은 $f(x) \mid g(x)$이다.

(2) $(f(x)) = (g(x))$일 필요충분조건은 $g(x) = af(x)(a \in F^*)$이다.

정의 2.46 이데알

단위원 1을 가진 환 R의 부분집합 I에서

(1) $(I, +)$가 $(R, +)$의 부분군이고

(2) $a \in I$, $r \in R$이면 $ra \in I$, $ar \in I$

일 때 $(I, +, \times)$을 $(R, +, \times)$의 이데알(ideal)이라고 한다.

보기 2 (1) 정수의 집합 Z는 환이다. 정수환 $(Z, +, \times)$의 이데알은 모두

$$nZ = \{nx \mid x \in Z\},\ n \geq 0$$

와 같은 형태로 나타낸다.

(2) 다항식환 $(F[x], +, \times)$에서 임의의 다항식 $f(x) \in F[x]$에 대하여 $((f(x)), +, \times)$는 환 $(F[x], +, \times)$의 이데알이다. 다항식환 $F[x]$의 이데알은 모두 $I = (f(x))$꼴이다. 특히 $\{0\} \subset I (\neq \{0\})$이면 $f(x)$의 최고차항의 계수를 1로 택할 수 있다.

정의 2.47 최대공약수, 최소공배수

체 F 위의 다항식 $f_1(x), f_2(x), \cdots, f_n(x) \in F[x]$에 대하여

(i) $d(x) \mid f_i(x)$ $(1 \leq i \leq n)$

(ii) $e(x) \mid f_i(x)$ $(1 \leq i \leq n)$이면 $e(x) \mid d(x)$

인 다항식 $d(x) \in F[x]$을 $f_1(x), f_2(x), \cdots, f_n(x)$의 **최대공약수**라 하고

$$d(x) = \gcd\{f_1(x), f_2(x), \cdots, f_n(x)\}$$

로 나타낸다. 또

(iii) $f_i(x) \mid l(x)$ $(1 \leq i \leq n)$

(iv) $f_i(x) \mid c(x)$ $(1 \leq i \leq n)$이면 $l(x) \mid c(x)$

인 다항식 $l(x) \in F[x]$을 $f_1(x), f_2(x), \cdots, f_n(x)$의 **최소공배수**라 하고

$$l(x) = lcm\{f_1(x), f_2(x), \cdots, f_n(x)\}$$

로 나타낸다.

정리 2.48

체 F 위의 두 다항식 $f(x), g(x) \in F[x]$에 대하여

$$d(x) = \gcd\{f(x), g(x)\}, \ l(x) = lcm\{f(x), g(x)\}$$

는 존재한다. 그리고 다음이 성립한다.

(1) $d(x) = f(x)s(x) + g(x)t(x)$인 다항식 $s(x), t(x) \in F[x]$가 존재한다. (제1장 정리 1.13 참조)

(2) $(l(x)) = (f(x)) \cap (g(x))$

앞으로 최대공약수와 최소공배수는 그 최고차항의 계수가 1인 다항식으로 간주하기로 한다. 이 절에서 다루는 다항식에 대한 용어의 정의나 정리들은 제1장 정수에서 설명한 내용들과 유사한 점이 많다는 점을 참고하기 바란다.

체 F 위의 두 다항식의 최대공약수를 구할 때에는 정수에서와 마찬가지로 다음 정리를 이용한다.(정리 1.11 참조)

정리 2.49 다항식에 관한 유클리드 알고리즘

체 F 위의 두 다항식 $f(x),\ g(x) \in F[x]\,(g(x) \neq 0)$에 대하여 $r_0(x) = f(x),\ r_1(x) = g(x)$라 하고

$$\begin{aligned}
r_0(x) &= a_0(x)r_1(x) + r_2(x), \quad 0 \le \deg r_2(x) \le \deg r_1(x) \\
r_1(x) &= a_1(x)r_2(x) + r_3(x), \quad 0 \le \deg r_3(x) \le \deg r_2(x) \\
r_2(x) &= a_2(x)r_3(x) + r_4(x), \quad 0 \le \deg r_4(x) \le \deg r_3(x) \\
&\vdots \\
r_{n-1}(x) &= a_{n-1}(x)r_n(x) + r_{n+1}(x), \quad 0 \le \deg r_{n+1}(x) \le \deg r_n(x) \\
r_n(x) &= a_n(x)r_{n+1}(x)
\end{aligned}$$

라 하자. 이때 $r_{n+1}(x)$의 최고차항의 계수가 a인 경우, $f(x)$와 $g(x)$의 최대공약수 $d(x) = a^{-1}r_{n+1}(x)$이다.

정의 2.50 서로소

체 F 위의 두 다항식 $f(x),\ g(x) \in F[x]$에 대하여 $d(x) = \gcd\{f(x),\ g(x)\} = 1$일 때 이 두 다항식은 서로소(relative prime)라 한다.

참고 1. 체 F 위의 두 다항식 $f(x),\ g(x) \in F[x]$에 대하여 다음 두 조건은 서로 동치이다. (정리 1.13 참조)

(1) $f(x)$와 $g(x)$는 서로소이다.

(2) $f(x)s(x) + g(x)t(x) = 1$인 다항식 $s(x),\ t(x) \in F[x]$가 존재한다.

2. 체 F 위의 두 다항식 $f(x),\ g(x) \in F[x]$가 서로소이고 $h(x) \in F[x]$일 때

(1) $f(x) \mid g(x)h(x)$이면 $f(x) \mid h(x)$이다.

(2) $f(x) \mid h(x)$, $g(x) \mid h(x)$이면 $f(x)g(x) \mid h(x)$이다.

정수의 경우와 마찬가지로 다항식에서도 합동식을 다음과 같이 정의한다.

정의 2.51 합동

체 F 위의 두 다항식 $g(x)$와 $h(x)$ 사이에 정해진 $f(x) \in F[x]\,(\deg f(x) \geq 1)$에 대하여 $f(x) \mid g(x) - h(x)$가 성립할 때 $g(x)$와 $h(x)$는 법 $f(x)$에 대하여 서로 합동이라 하고

$$g(x) \equiv h(x) \bmod f(x)$$

로 나타낸다.

위의 정의로부터

$$g(x) \equiv h(x) \bmod f(x) \;\Leftrightarrow\; f(x) \mid g(x) - h(x) \;\Leftrightarrow\; g(x) - h(x) \in (f(x))$$

임을 알 수 있다.

다음에 다항식환 $F[x]$위에서 정의되는 기약다항식과 가약다항식의 개념은 정수환 Z에서의 소수와 합성수의 개념과 유사하다.

정의 2.52 기약다항식, 가약다항식

체 F 위의 다항식 $p(x) \in F[x]\,(\deg p(x) \geq 1)$에 대하여

$$f(x) \mid p(x)\text{이면 어떤 } a \in F^{*}\text{에 대하여 } f(x) = a \text{ 또는 } f(x) = ap(x)$$

가 성립할 때 $p(x)$을 $F[x]$의 **기약다항식(irreducible polynomial)** 또는 **체 F 위에서 기약인 다항식**이라 한다. 한편, 다항식 $p(x)$가 기약다항식이 아닐 때, 즉

$$p(x) = f(x)g(x),\ (\deg f(x) \geq 1,\ \deg g(x) \geq 1)$$

인 다항식 $f(x)$, $g(x) \in F[x]$가 존재할 때 $p(x)$을 $F[x]$의 **가약다항식(reducible polynomial)** 또는 **체 F 위에서 가약인 다항식**이라 한다.

정리 2.53

체 F 위의 다항식 $p(x) \in F[x]\,(\deg p(x) \geq 1)$가 기약다항식일 때 두 다항식 $f(x),\ g(x) \in f[x]$에 대하여

$$p(x) \mid f(x)g(x) \text{이면 } p(x) \mid f(x) \text{ 또는 } p(x) \mid g(x)$$

이다.

정리 2.54 유일인수분해 정리

체 F 위의 다항식환 $F[x]$에서 임의의 다항식 $f(x) \in F[x]\,(\deg f(x) \geq 1)$에 대하여

$$f(x) = ap_1(x)^{e_1} p_2(x)^{e_2} \cdots p_k(x)^{e_k} (e_1 \geq 1,\ e_2 \geq 1,\ \cdots,\ e_k \geq 1)$$

의 형태로 유일하게 인수분해된다. 여기서 $a \in F^*$이고 각 $p_i(x)$는 서로 다른 최고차항의 계수가 1인 기약다항식이다.

정의 2.55 부분체

체 K의 부분집합 $F(\neq \phi)$가 K에서의 연산과 동일한 연산에 대하여 체를 이룰 때 F를 K의 **부분체**(subfield)라고 한다. 또한 체 F가 체 K의 부분체일 때 다항식

$$f(x) = a_0 + a_1 x + \cdots + a_n x^n \in F[x]$$

와 $\alpha \in K$에 대하여 $f(\alpha)$을

$$f(\alpha) = a_0 + a_1 \alpha + \cdots + a_n \alpha^n \in K$$

로 나타낸다. 특히, $f(\alpha) = 0$일 때 α을 K에서의 다항식 $f(x)$의 **근**(root) 또는 **영점**(zero)이라고 한다.

정리 2.56 나머지정리, 인수정리

체 F가 체 K의 부분체일 때 다항식 $f(x) \in F[x]$와 $\alpha \in K$에 대하여

$$f(x) = (x-\alpha)q(x) + f(\alpha)$$

인 다항식 $q(x) \in F[x]$가 존재한다. 그리고 $\alpha \in K$가 다항식 $f(x) \in F[x]$의 근이기 위한 필요충분조건은 $K[x]$에서

$$(x-\alpha) \mid f(x)$$

인 것이다.

참고 1. 체 F 위의 1차 다항식은 모두 기약다항식이다.

2. 체 F 위의 다항식 $p(x) \in F[x]$가 2차 또는 3차 다항식일 때 $p(x)$가 체 F 위에서 기약이기 위한 필요충분조건은 $p(x)$가 체 F에서 근을 갖지 않는 것이다.

예제 3 다음을 구하여라.

(1) 체 $Z_2 = \{0,\ 1\}$ 위에서 2차 기약다항식

(2) 체 $Z_3 = \{0,\ 1,\ 2\}$ 위에서 최고차항의 계수가 1인 2차 기약다항식

■ 풀이 (1) 체 $Z_2 = \{0,\ 1\}$위에서 2차 다항식은 4개가 있다. 즉,

$$x^2,\ x^2+1,\ x^2+x,\ x^2+x+1$$

이다. 이 중 $x^2 = xx,\ x^2+1 = (x+1)(x+1),\ x^2+x = x(x+1)$이므로 가약다항식이다. 한편, $p(x) = x^2+x+1$에 대하여

$$p(0) = 0^2+0+1 \neq 0,\ p(1) = 1^2+1+1 \neq 0$$

이므로 $p(x) = x^2+x+1$은 Z_2 위에서 기약이다.(정리 2.56 아래 참고 2)

(2) 체 $Z_3 = \{0,\ 1,\ 2\}$ 위에서 최고차항의 계수가 1인 2차 다항식은 모두 9개가 있다. 즉,

$$x^2,\ x^2+1,\ x^2+2,\ x^2+x,\ x^2+2x,\ x^2+x+1,\ x^2+x+2,$$
$$x^2+2x+1,\ x^2+2x+2$$

이다. 이 중

$$x^2 = xx, \quad x^2+2 = (x+1)(x+2),$$
$$x^2+x = x(x+1), \quad x^2+2x = x(x+2),$$

$$x^2+x+1=(x+2)^2, \qquad x^2+2x+1=(x+1)^2$$

이므로 위의 6개는 Z_3에서 가약다항식이다. 나머지 3개인 $p_1(x)=x^2+1$, $p_2(x)=x^2+x+2$, $p_3(x)=x^2+2x+2$에 대하여

$$p_1(0)=0^2+1\neq 0,\ p_1(1)=1^2+1\neq 0,\ p_1(2)=2^2+1\neq 0,$$

$$p_2(0)=0^2+0+2\neq 0,\ p_2(1)=1^2+1+2\neq 0,\ p_2(2)=2^2+2+2=2\neq 0,$$

$$p_3(0)=0^2+0+2\neq 0,\ p_3(1)=1^2+2+2=2\neq 0,\ p_3(2)=2^2+2\cdot 2+2=1\neq 0$$

이므로 $p_1(x)$, $p_2(x)$, $p_3(x)$는 Z_3에서 기약이다.(정리 2.56 아래 참고 2)

2) 잉여환

덧셈군 $(G, +)$에서 H가 G의 부분군일 때 각 원소 $g\in G$에 대하여 g를 포함하는 H에 의한 G의 잉여류를 $g+H$로 나타낸다. 즉,

$$g+H=\{g+h \mid h\in H\}=H+g$$

이때, 두 원소 $g, g'\in G$에 대하여 다음이 성립한다.

$$\begin{aligned} g+H=g'+H &\Leftrightarrow g-g'\in H \\ &\Leftrightarrow g'-g\in H \\ &\Leftrightarrow \text{적당한 } h\in H\text{에 대하여 } g'=g+h \end{aligned}$$

잉여류 $g+H$에 속하는 각 원소를 이 잉여류의 **대표원**이라고 한다.

정의 2.57 잉여군

덧셈군 $(G, +)$에서 H가 G의 부분군일 때 H에 의한 G의 잉여류 전체의 집합을 G/H로 나타내자. 즉,

$$G/H=\{g+H \mid g\in G\}$$

이때, $(G/H, +)$에서 임의의 $g+H,\ g'+H\in G/H$에 대하여

$$(g+H)+(g'+H)=(g+g')+H$$

와 같이 덧셈을 정의하면 $(G/H, +)$은 군을 이룬다. 이와 같은 군, 덧셈군 $(G/H, +)$을 G의 H에 의한 **잉여군** 또는 **인자군**(factor group)이라고 한다.

예제 4 위의 정의에 의하여 $(G/H, +)$가 군이 됨을 보여라.

■ 풀이 i) 임의의 $g+H$, $g'+H \in G/H$에 대하여

$$(g+H)+(g'+H)=(g+g')+H \in G/H$$

이므로 G/H 위에 정의된 덧셈에 대하여 닫혀 있다.

ii) 임의의 $g+H$, $g'+H$, $g''+H \in G/H$에 대하여

$$\begin{aligned}\{(g+H)+(g'+H)\}+(g''+H) &= \{(g+g')+H\}+(g''+H)\\ &= \{(g+g')+g''\}+H\\ &= \{g+(g'+g'')\}+H\\ &= (g+H)+\{(g'+g'')+H\}\\ &= (g+H)+\{(g'+H)+(g''+H)\}\end{aligned}$$

이 되어 결합법칙이 성립한다.

iii) 임의의 $g+H \in G/H$에 대하여

$$(g+H)+(0+H)=g+H=(0+H)+(g+H)$$

인 항등원 $0+H=H \in G/H$가 존재한다.

iv) 각 $g+H \in G/H$에 대하여

$$(g+H)+(-g+H)=0+H=(-g+H)+(g+H)$$

$g+H$의 역원인 $-(g+H)=-g+H \in G/H$가 존재한다.

따라서, $(G/H, +)$은 덧셈군을 이룬다.

정리 2.58

덧셈군 $(G, +)$가 유한군이고 H가 G의 부분군이면 G/H는 유한군이고 $|G/H|=\dfrac{|G|}{|H|}$이다.

체 F 위의 벡터공간 V에서 W가 V의 부분공간이면 $(W, +)$는 $(V, +)$의 부분군이다. 따라서 다음과 같은 잉여군 V/W을 생각할 수 있다.

정의 2.59 잉여공간

체 F 위의 벡터공간 V에서 W가 V의 부분공간이고

$$V/W = \{v + W \mid v \in V\}$$

에서 임의의 $v + W,\ v' + W \in V/W,\ k \in F$에 대하여

$$(v + W) + (v' + W) = (v + v') + W$$
$$k(v + W) = kv + W$$

와 같이 덧셈과 스칼라곱을 정의하면 $(V/W,\ +,\ \times)$은 체 F 위의 벡터공간을 이룬다. 이와 같은 체 F 위의 벡터공간 $(V/W,\ +,\ \times)$을 V의 W에 의한 **잉여공간** 또는 **인자공간**(factor space)이라 한다.

예제 5 다음 주어진 조건에 맞는 잉여군과 잉여공간을 구하여라.

(1) 군 $(Z_6,\ \oplus)$의 부분군 $H = \{0,\ 2,\ 4\}$에 의한 잉여군 $(Z_6/H,\ \oplus)$

(2) 체 $Z_2 = \{0,\ 1\}$ 위의 벡터공간 $(Z_2^4,\ \oplus,\ \otimes)$의 부분공간

$$W = \{(0,\ 0,\ 0,\ 0),\ (1,\ 0,\ 1,\ 1),\ (0,\ 1,\ 0,\ 1),\ (1,\ 1,\ 1,\ 0)\}$$

에 의한 잉여공간 $(Z_2^4/W,\ \oplus,\ \otimes)$

■ **풀이** (1) 군 $(Z_6,\ \oplus)$의 부분군 $H = \{0,\ 2,\ 4\}$에 대하여 잉여군의 정의에 의하여

$$0 \oplus H = \{0 \oplus h \mid h \in H\} = \{0,\ 2,\ 4\} = 2 \oplus H = 4 \oplus H$$

이므로

$$Z_6/H = \{a + H \mid a \in Z_6\} = \{0 + H,\ 1 + H\}$$

이 되어 $(Z_6/H,\ \oplus)$는 군이 된다. 즉, $a + H,\ b + H \in Z_6/H$에 대하여

$$(a + H) \oplus (b + H) = (a \oplus b) + H \in G/H$$

이고 $0 + H \in Z_6/H$는 항등원이며 $1 + H \in Z_6/H$의 역원은

$$(1 + H) \oplus (1 + H) = 2 + H = 0 + H$$

이므로 자기 자신이다. 따라서 $(Z_6/H, \oplus)$와 같은 군을 잉여군이라 한다.

(2) 체 $Z_2 = \{0, 1\}$ 위의 벡터공간 $(Z_2^4, \oplus, \otimes)$은 원소가 $2^4 = 16$개인

$$Z_2^4 = \{(0, 0, 0, 0), (0, 0, 0, 1), \cdots, (1, 1, 1, 1)\}$$

이다. 한편, Z_2^4의 부분집합 W을

$$W = \{(0, 0, 0, 0), (1, 0, 1, 1), (0, 1, 0, 1), (1, 1, 1, 0)\}$$

라 하면 W는 이 벡터공간 $(Z_2^4, \oplus, \otimes)$의 2차원 부분공간이다. 따라서 Z_2^4의 W에 의한 잉여류는 다음과 같다. 즉,

$$\begin{aligned}
(0, 0, 0, 0) + W &= \{(0, 0, 0, 0), (1, 0, 1, 1), (0, 1, 0, 1), (1, 1, 1, 0)\} \\
&= (0, 1, 0, 1) + W \\
&= (1, 0, 1, 1) + W = (1, 1, 1, 0) + W \\
(0, 0, 0, 1) + W &= \{(0, 0, 0, 1), (1, 0, 1, 0), (0, 1, 0, 0), (1, 1, 1, 1)\} \\
&= (1, 1, 1, 1) + W \\
&= (0, 1, 0, 0) + W = (1, 0, 1, 0) + W \\
(0, 0, 1, 0) + W &= \{(0, 0, 1, 0), (1, 0, 0, 1), (0, 1, 1, 1), (1, 1, 0, 0)\} \\
&= (0, 1, 1, 1) + W \\
&= (1, 0, 0, 1) + W = (1, 1, 0, 0) + W \\
(1, 0, 0, 0) + W &= \{(1, 0, 0, 0), (0, 0, 1, 1), (1, 1, 0, 1), (0, 1, 1, 0)\} \\
&= (0, 0, 1, 1) + W \\
&= (0, 1, 1, 0) + W = (1, 1, 0, 1) + W
\end{aligned}$$

이다. 따라서 Z_2^4의 W에 의한 잉여류

$$\begin{aligned}
Z_2^4/W = \{&(0, 0, 0, 0) + W, (0, 0, 0, 1) + W, (0, 0, 1, 0) \\
&+ W, (1, 0, 0, 0) + W\}
\end{aligned}$$

이고 이는 덧셈군인 동시에 Z_2 위의 벡터공간이다. 따라서 정의 2.59에 의해 Z_2^4/W는 Z_2^4의 W에 의한 잉여공간이다.

정의 2.60 잉여환

$(R, +, \times)$을 단위원 1을 가진 가환환이라 하고 $I(\neq R)$는 R의 이데알이라 하자. 이때 집합 $R/I=\{r+I \mid r\in R\}$ 위에 임의의 $r_1+I,\ r_2+I\in R/I$에 대하여 덧셈과 곱셈을

$$(r_1+I)+(r_2+I)=(r_1+r_2)+I$$
$$(r_1+I)\times(r_2+I)=(r_1\times r_2)+I$$

과 같이 정의하면 $(R/I, +, \times)$는 단위원 $1+I$을 가진 가환환을 이룬다. 이와 같이 정의된 가환환 R/I을 R의 I에 의한 **잉여환** 또는 **인자환**(factor ring)이라 한다.

예제 6 정수환 $(Z, +, \times)$에서 Z의 이데알은 모두

$$nZ=\{nx \mid x\in Z\},\ n\geq 0$$

형태로 나타난다. 이때 다음에 주어진 환은 잉여환임을 보여라.

(1) $(Z/2Z, +, \times)$ (2) $(Z/3Z, +, \times)$

■ **풀이** (1) 정의에 의하면 $Z/2Z=\{a+2Z \mid a\in Z\}=\{2Z,\ 1+2Z\}$이고 영원은 $2Z$, 단위원은 $1+2Z$이다. 또 $(Z/2Z, +)$는 가환군을 이룬다. 또한 $1\not\in 2Z$이므로 $2Z\neq 1+2Z$이다. 한편,

$$2Z\times(1+2Z)=0\times 1+2Z=1\times 0+2Z=(1+2Z)\times 2Z$$

이므로 $Z/2Z$는 가환환이므로 Z의 $2Z$에 의한 잉여환이다.

(2) 정의에 의하면 $Z/3Z=\{a+3Z \mid a\in Z\}=\{3Z,\ 1+3Z,\ 2+3Z\}$이고 영원은 $3Z$, 단위원은 $1+3Z$이다. 또 $(Z/3Z, +)$는 가환군을 이룬다. 또한 $1\not\in 3Z$이므로 $3Z\neq 1+3Z$이다. 한편,

$$(1+3Z)\times(2+3Z)=1\times 2+3Z=2\times 1+3Z=(2+3Z)\times(1+3Z)$$

이므로 $Z/3Z$는 가환환이다. 따라서 $Z/3Z$는 Z의 $3Z$에 의한 잉여환이다.

예제 7 체 F 위의 다항식 전체의 집합을 $F[x]$는 체 F 위의 벡터공간인 동시에 단위원을 갖는 가환환이다. 그리고 다항식 $f(x)\in F[x]$에 대하여

$$(f(x)) = \{f(x)h(x) \mid h(x) \in F[x]\}$$

는 벡터공간 $F[x]$의 부분공간이면서 가환환 $F[x]$의 이데알이다. 이때 $F[x]/(f(x))$는 벡터공간 $F[x]$의 잉여공간인 동시에 가환환 $F[x]$의 잉여환임을 보여라.

■ **풀이** $F[x]/(f(x)) = \{g(x)+(f(x)) \mid g(x) \in F[x]\}$라 놓자. 여기서 임의의 다항식 $g(x) \in F[x]$에 대하여

$$\overline{g(x)} = g(x)+(f(x))$$

라고 할 때 $g(x),\ h(x) \in F[x]$와 $a \in F$에 대하여 다음이 성립한다.

$$\begin{aligned}
&F[x]/(f(x)) = \left\{\overline{g(x)} \mid g(x) \in F[x]\right\}\\
&\overline{g(x)} = \overline{h(x)} \Leftrightarrow g(x)-h(x) \in (f(x))\\
&\overline{g(x)}+\overline{h(x)} = g(x)+(f(x))+h(x)+(f(x)) = g(x)+h(x)+(f(x))\\
&\qquad\qquad\quad = \overline{g(x)+h(x)}\\
&a\overline{g(x)} = a\{g(x)+(f(x))\} = ag(x)+a(f(x)) = \overline{ag(x)}\\
&\overline{g(x)}\,\overline{h(x)} = \{g(x)+(f(x))\}\{h(x)+(f(x))\} = g(x)h(x)+(f(x))\\
&\qquad\qquad\ = \overline{g(x)h(x)}.
\end{aligned}$$

따라서 정의에 의하여 $F[x]/(f(x))$는 벡터공간 $F[x]$의 잉여공간인 동시에 가환환 $F[x]$의 잉여환이다.

정리 2.61

체 F 위의 n차 다항식

$$f(x) = c_0 + c_1x + \cdots + c_{n-1}x^{n-1} + x^n \in F[x],\ n \geq 1$$

에 대하여 다음이 성립한다.

(1) 체 F 위의 벡터공간 $F[x]/(f(x))$는 $\left\{\overline{1},\ \overline{x},\ \cdots,\ \overline{x}^{n-1}\right\}$을 기저로 갖는 n차원 벡터공간이다. 여기서 $\overline{x}^{\,i} = x^i + (f(x))$이다. 실제로 벡터공간 $F[x]/(f(x))$의 각 원소 $\overline{g(x)} = g(x)+(f(x))$는 $a_0,\ a_1,\ \cdots,\ a_{n-1} \in F$에 대하여

$$\begin{aligned}
\overline{g(x)} &= a_0 + a_1x + \cdots + a_{n-1}x^{n-1} + (f(x))\\
&= a_0\overline{1} + a_1\overline{x} + \cdots + a_{n-1}\overline{x}^{n-1}
\end{aligned}$$

의 꼴로 유일하게 나타낸다.

(2) 가환환 $F[x]/(f(x))$의 각 원소 $\overline{g(x)}$는 $a_0,\ a_1,\ \cdots,\ a_{n-1} \in F$에 대하여

$$\overline{g(x)} = \overline{a_0}\,\overline{1} + \overline{a_1}\,\overline{x} + \cdots + \overline{a_{n-1}}\,\overline{x}^{n-1}$$

의 꼴로 유일하게 나타내고 다음이 성립한다. 즉,

$$F[x]/(f(x)) = \left\{ \overline{a_0} + \overline{a_1}\,\overline{x} + \cdots + \overline{a_{n-1}}\,\overline{x}^{n-1} \mid a_0,\ a_1,\ \cdots,\ a_{n-1} \in F \right\}$$

$$\overline{c_0} + \overline{c_1}\,\overline{x} + \cdots + \overline{c_{n-1}}\,\overline{x}^{n-1} + \overline{x}^{n} = \overline{0}$$

이다.

(3) $f(x)$가 기약다항식이면 가환환 $F[x]/(f(x))$는 체이다.

증명 (1) 임의의 다항식 $g(x) \in F[x]$에 대하여

$$g(x) = f(x)q(x) + r(x), \quad r(x) = a_0 + a_1 x + \cdots + a_{n-1}x^{n-1}$$

인 $q(x),\ r(x) \in F[x]$가 존재하고, 이때 $g(x) - r(x) = f(x)q(x) \in (f(x))$이므로 다음이 성립한다.

$$\begin{aligned}\overline{g(x)} = \overline{r(x)} &= a_0 1 + a_1 x + \cdots + a_{n-1}x^{n-1} + (f(x)) \\ &= \overline{a_0 1 + a_1 x + \cdots + a_{n-1}x^{n-1}} \\ &= a_0 \overline{1} + a_1 \overline{x} + \cdots + a_{n-1}\overline{x}^{n-1}\end{aligned}$$

이다. 이제 $\overline{g(x)}$의 유일성을 증명하기 위해

$$a_0 \overline{1} + a_1 \overline{x} + \cdots + a_{n-1}\overline{x}^{n-1} = b_0 \overline{1} + b_1 \overline{x} + \cdots + b_{n-1}\overline{x}^{n-1}$$

이라고 가정하면

$$\overline{a_0 1 + a_1 x + \cdots + a_{n-1}x^{n-1}} = \overline{b_0 1 + b_1 x + \cdots + b_{n-1}x^{n-1}}$$

이므로

$$\overline{(a_0 - b_0) + (a_1 - b_1)x + \cdots + (a_{n-1} - b_{n-1})x^{n-1}} = \overline{0}$$

이 되어

$$(a_0-b_0)+(a_1-b_1)x+\cdots+(a_{n-1}-b_{n-1})x^{n-1}\in(f(x))$$

이다. 이는 $\deg f(x)=n$이므로 $(a_0-b_0)+(a_1-b_1)x+\cdots+(a_{n-1}-b_{n-1})x^{n-1}$은 영다항식이어야 한다. 따라서 $a_0=b_0$, $a_1=b_1$, $\cdots$, $a_{n-1}=b_{n-1}$이다.

(2) 가환환 $F[x]/(f(x))$에서 각 원소 a_0, $a_i\in F$에 대하여

$$a_0\overline{1}=\overline{a_0},\quad a_i\overline{x_i}=\overline{a_ix_i}=\overline{a_i}\,\overline{x_i}$$

이므로

$$\begin{aligned}\overline{g(x)}&=\overline{a_01+a_1x+\cdots+a_{n-1}x^{n-1}}\\&=\overline{a_01}+\overline{a_1x}+\cdots+\overline{a_{n-1}x^{n-1}}\\&=a_0\overline{1}+a_1\overline{x}+\cdots+a_{n-1}\overline{x^{n-1}}\\&=\overline{a_0}+\overline{a_1}\,\overline{x}+\cdots+\overline{a_{n-1}}\,\overline{x}^{n-1}\end{aligned}$$

이고 다음 등식이 성립한다.

$$\begin{aligned}\overline{c_0}+\overline{c_1}\,\overline{x}+\cdots+\overline{c_{n-1}}\,\overline{x_{n-1}}+\overline{x}^n&=\overline{c_0+c_1x+\cdots+c_{n-1}x^{n-1}+x^n}\\&=\overline{f(x)}=\overline{0}\end{aligned}$$

따라서 (1)에 의하여 (2)을 얻는다.

(3) 가환환 $F[x]/(f(x))$는 단위원 $\overline{1}=1+(f(x))$를 가진 가환환이다. 이제 가환환 $F[x]/(f(x))$에서 $\overline{g(x)}\neq\overline{0}$이라 하자. 이때 $g(x)\not\in(f(x))$이므로 $f(x)\nmid g(x)$이고 또 가정에 의하여 $f(x)$는 기약다항식이므로 $f(x)$와 $g(x)$는 서로소이다. 따라서 $f(x)s(x)+g(x)t(x)=1$인 두 다항식 $s(x)$, $t(x)\in F[x]$가 존재한다 (정의 2.50 참고 2).
그런데 이 등식은 가환환 $F[x]/(f(x))$에서

$$\overline{f(x)}\,\overline{s(x)}+\overline{g(x)}\,\overline{t(x)}=\overline{1}$$

이므로 $\overline{g(x)}\,\overline{t(x)}=\overline{1}$이다. 즉, $\overline{g(x)}$는 곱셈에 관한 역원 $\overline{t(x)}$을 가진다. 따라서 $F[x]/(f(x))$는 체이다.

체 F 위의 n차 다항식

$$p(x)=c_0+c_1x+\cdots+c_{n-1}x^{n-1}+x^n\in F[x]$$

가 기약다항식이라 하자. 이때 $K=F[x]/(p(x))$라고 하면 정리 2.61에 의해 K는 체이고 또 다음이 성립한다.

$$K=\left\{\overline{a_0}+\overline{a_1}\,\overline{x}+\cdots+\overline{a_{n-1}}\,\overline{x}^{n-1} \mid a_0,\ a_1,\ \cdots,\ a_{n-1}\in F\right\},\ \dim_F K=n$$

$$\overline{c_0}+\overline{c_1}\,\overline{x}+\cdots+\overline{c_{n-1}}\,\overline{x}^{n-1}+\overline{x}^n=\overline{0}$$

여기서 각 원소 $a\in F$을 원소 $\overline{a}$와 동일시하고 $\alpha=\overline{x}$라 놓으면 체 F는 체 K의 부분체이고 또 다음이 성립한다.

$$K=\left\{a_0+a_1\alpha+\cdots+a_{n-1}\alpha^{n-1} \mid a_0,\ a_1,\ \cdots,\ a_{n-1}\in F\right\}$$

$$c_0+c_1\alpha+\cdots+c_{n-1}\alpha^{n-1}+\alpha^n=0 \qquad (*)$$

그리고 체 K에서의 덧셈은

$$(a_0+a_1\alpha+\cdots+a_{n-1}\alpha^{n-1})+(b_0+b_1\alpha+\cdots+b_{n-1}\alpha^{n-1})$$
$$=(a_0+b_0)+(a_1+b_1)\alpha+\cdots+(a_{n-1}+b_{n-1})\alpha^{n-1}$$

과 같이 정해지고 K에서의 곱셈은 등식 (*)에 의하여 결정된다.

예제 8 체 $Z_2=\{0,\ 1\}$ 위에서 다항식 $p(x)=x^2+x+1$로 주어졌을 때 $K=Z_2[x]/(p(x))$을 구하고 체임을 보여라.

■ **풀이** 예제 3에 의하여 $p(x)=x^2+x+1$은 기약다항식이다. 또 체 $Z_2=\{0,\ 1\}$ 위의 다항식 전체의 집합 $Z_2[x]$은 단위원 1을 가진 가환환이다. 따라서 정리 2.61의 (3)에 의하여 $K=Z_2[x]/(p(x))$는 체이고 다음이 성립한다.

$$K=\{a_0+a_1\alpha \mid a_0,\ a_1\in Z_2\}=\{0,\ 1,\ \alpha,\ 1+\alpha\},\ \alpha^2+\alpha+1=0$$

이므로 $\alpha^2=-1-\alpha=1+\alpha$이다. 이 사실을 이용하면 K에서의 덧셈과 곱셈을 다음과 같이 할 수 있다.

$$\alpha+\alpha=(1+1)\alpha=0,\ (1+\alpha)+\alpha=1+(1+1)\alpha=1,$$
$$(1+\alpha)+(1+\alpha)=(1+1)+(1+1)\alpha=0,$$
$$\alpha\times\alpha=\alpha^2,\ \alpha^3=\alpha^2\times\alpha=(1+\alpha)\alpha=\alpha+\alpha^2=1,\ \alpha(1+\alpha)=\alpha+\alpha^2=1,$$
$$(1+\alpha)(1+\alpha)=1+\alpha+\alpha+\alpha^2=1+\alpha^2=\alpha$$

특히 $K^*=K-\{0\}=\{1,\ \alpha,\ \alpha^2\}$, $\alpha^3=1$이다.

2.3.2 갈루아 체

1) 갈루아 체

이 절에서는 모든 유한체의 구조를 살펴보는 것이 목적이다. 모든 소수(Prime number) p와 양의 정수 n에 대하여 위수가 p^n인 정확하게 하나의 유한체가 존재한다. 이러한 체 $GF(p^n)$을 보통 **위수가 p^n인 갈루아 체**(Galois field)라고 한다. 이러한 갈루아 체는 암호학에서 다루는 각종 열쇠설계를 하는데 중요한 소재로 사용되고 있다. 모든 유한체는 소수의 지수 제곱을 위수로 가져야만 한다.

정의 2.62 확대체

체 F가 체 K의 부분체일 때 K를 F의 **확대체**(Extension, Extension field)라 하고 $F \propto K$로 나타낸다. 또 K가 체 F 위의 유한차원 벡터공간일 때 K을 체 F의 **유한확대체**(Finite extension)라 한다. 특히 $\dim_F K = n$일 때 n을 K의 F 위에서의 **차수**(degree)라 하고 $[K : F] = n$으로 나타낸다.

참고 1. 체 K가 체 F의 확대체일 때 임의의 $\alpha,\ \beta \in K$와 $a \in F$에 대하여

$$\alpha + \beta \in K, \quad a\alpha \in K$$

이므로 K를 체 F 위의 벡터공간으로 볼 수 있다.

2. 위의 정의에서 $\beta = \{\alpha_1,\ \alpha_2,\ \cdots,\ \alpha_n\}$가 체 F 위에서의 K의 기저일 때 각 원소 $\kappa \in K$는 $a_1,\ a_2,\ \cdots,\ a_n \in F$에 대하여

$$\kappa = a_1\alpha_1 + a_2\alpha_2 + \cdots + a_n\alpha_n$$

와 같은 단 한 가지 방법의 형태로 나타낸다.

정의 2.63 대수적 원소

체 K를 체 F의 확대체라 하고 $\alpha \in K$라 하자. 영다항식이 아닌 적당한 다항식 $f(x) \in F[x]$에 대하여 $f(x) = a_0 + a_1 x + \cdots + a_n x^n$라 하면

$$f(\alpha) = a_0 + a_1 \alpha + \cdots + a_n \alpha^n = 0$$

일 때 α을 체 F 위에서 **대수적 원소**(Algebraic element)라고 한다. 또 체 K의 원소가 모두 F 위에서 대수적일 때 K를 F의 **대수적 확대체**(Algebraic extension)라고 한다.

정리 2.64

체 K가 체 F의 확대체일 때 $\alpha \in K$가 체 F 위에서 대수적이면 다음 세 조건을 만족하는 다항식 $p(x) = b_0 + b_1 x + \cdots + b_m x^m \in F[x]$가 단 하나 존재한다.

(i) $\deg p(x) = m \geq 1$이고 $b_m = 1$이다.

(ii) $p(\alpha) = b_0 + b_1 \alpha + \cdots + b_m \alpha^m = 0$이다.

(iii) 다항식 $f(x) \in F[x]$에 대하여 $f(\alpha) = 0$일 필요충분조건은 $F[x]$에서 $p(x) \mid f(x)$이다.

정의 2.65 기약다항식

위 정리 2.64를 만족하는 다항식 $p(x)$을 체 F 위에서의 α의 **최소다항식**(Minimum polynomial) 또는 체 F 위에서의 α의 **기약다항식**이라 하고 이것을

$$p(x) = \min.poly._F \alpha \quad \text{또는} \quad p(x) = irr(\alpha,\ F)$$

로 나타낸다.

예제 9 유리수체 Q 위의 두 다항식 $p(x) = x^2 - 3$과 $q(x) = x^2 + 2$가 대수적 원소를 가지려면 Q의 확대체를 어떤 집합으로 선택하여야 하며, 이때 대수적 원소를 구하여라.

■ **풀이** $p(\alpha) = \alpha^2 - 3 = 0$인 $\alpha = \pm\sqrt{3}$이고 $q(\beta) = \beta^2 + 2 = 0$인 $\beta = \pm\sqrt{-2}$이므로 α와 β가 Q 위에서 대수적 원소가 되려면 Q의 확대체를 복소수체 C로 선택하여야

α와 β가 대수적 원소가 된다. 또한 두 다항식 $p(x)$와 $q(x)$는 정의 2.65에 의해 Q 위에서 기약다항식이다.

정의 2.66 단순확대체

체 K가 체 F의 확대체이고 $\alpha \in K$일 때

$$F[\alpha] = \{f(\alpha) \mid f(x) \in F[x]\}$$
$$F(\alpha) = \left\{\frac{f(\alpha)}{g(\alpha)} \mid f(x),\ g(x) \in F[x],\ g(\alpha) \neq 0\right\}$$

로 정의하면 $F[\alpha] \subseteq F(\alpha)$이며 $F(\alpha)$는 체 F와 α를 포함하는 K의 부분체이고 이와 같은 부분체 중에서 가장 작은 부분체이다. 특히 $K = F(\alpha)$일 때 K를 체 F의 **단순확대체**(simple extension field)라고 한다.

예제 10 $Q[x] = \{ax + b \mid a,\ b \in Q\}$, $\alpha = \sqrt{2} \in R$, $f(x) = ax + b$, $g(x) = cx + d$

$$f(x),\ g(x) \in Q[x],\ \ Q[\alpha] = Q[\sqrt{2}] = \{a\sqrt{2} + b \mid a,\ b \in Q\},$$
$$Q(\alpha) = Q(\sqrt{2}) = \left\{\frac{a\sqrt{2}+b}{c\sqrt{2}+d} \,\middle|\, a,\ b,\ c,\ d \in Q\right\}$$

$Q[\sqrt{2}] \subseteq Q(\sqrt{2})$ $Q(\sqrt{2})$는 유리수 Q와 $\sqrt{2}$를 포함하는 R의 부분체이고 이와 같은 부분체 중에서 가장 작은 부분체이다. 한편, $Q(\sqrt{2})$는 $Q[\sqrt{2}]$의 단순확대체이다.

정의 2.67 분해체

체 F의 다항식 $f(x) \in F[x]$ $(\deg f(x) = n \geq 1)$에 대하여 다음 두 조건을 만족하는 F의 확대체 K를 다항식 $f(x)$의 **분해체**(splitting field)라 한다.

(1) $f(x)$는 K 안에서 중복을 허락하여 n개의 근 $\alpha_1, \cdots, \alpha_n$을 가지며 $f(x)$는 K에서 다음과 같이 일차식의 곱으로 인수분해된다.

$$f(x) = a(x - \alpha_1) \cdots (x - \alpha_n),\ a \in F$$

(2) K는 이와 같은 F의 확대체 중에서 가장 작다.

정의 2.68 표수

체 F의 단위원 1에 대하여

$$n1 = 1 + 1 + \cdots + 1 = 0 \quad (1\text{이 } n\text{개})$$

인 양의 정수 n이 존재하는 경우 이와 같은 양의 정수 중에서 가장 작은 n을 체 F의 **표수**(characteristic)라 한다. 이와 같은 양의 정수가 존재하지 않는 경우에 F를 표수 0인 체라고 한다.

예제 11 다음 체들에 대한 표수를 구하여라.

(1) 유리수체 Q, 실수체 R, 복소수체 C

(2) 임의의 소수 p에 대하여 체 $Z_p = \{0,\ 1,\ \cdots,\ p-1\}$

■ 풀이 (1) $n1 = 1 + 1 + \cdots + 1 = 0$(1이 n개)인 양의 정수 n이 유리수, 실수 그리고 복소수의 집합 내에 존재하지 않으므로 표수 0이다.

(2) $p1 = 1 + 1 + \cdots + 1 = 0$(1이 p개)이므로 표수는 p이다.

정의 2.69 소체

체 F의 부분체 중에서 가장 작은 부분체를 체 F의 **소체**(prime field)라 한다.

참고 (1) 체 F의 표수가 소수 p라면 F의 소체는 체 $Z_p = \{0,\ 1,\ \cdots,\ p-1\}$와 동일하다.

(2) 체 F의 표수가 0이라면 F의 소체는 유리수체 Q와 동일하다.

정리 2.70

체 F가 유한체일 때 다음이 성립한다.

(1) F의 곱셈군 $F^* = F - \{0\}$은 순환군이다.

(2) F의 표수는 적당한 소수 p이고 그 소체는 $Z_p = \{0,\ 1,\ \cdots,\ p-1\}$이다.

(3) $[F : Z_p] = n$이면 $|F| = p^n$이다.

(4) $|F| = p^n$(p는 소수, $n \geq 1$)이면 F의 소체는 Z_p이고 $[F : Z_p] = n$이다.

(5) 체 F는 체 Z_p 위에서의 다항식 $f(x) = x^{p^n} - x$의 분해체이다.

정리 2.71

체 F의 표수가 p(p는 소수)일 때 임의의 α, $\beta \in F$와 $r \in Z^+$일 때 다음이 성립한다.

(1) $(\alpha+\beta)^p = \alpha^p + \beta^p$, $(\alpha-\beta)^p = \alpha^p - \beta^p$, $(\alpha\beta)^p = \alpha^p\beta^p$,

$(\alpha+\beta)^{p^r} = \alpha^{p^r} + \beta^{p^r}$, $(\alpha-\beta)^{p^r} = \alpha^{p^r} - \beta^{p^r}$, $(\alpha\beta)^{p^r} = \alpha^{p^r}\beta^{p^r}$

(2) 모든 $a \in Z_p$에 대하여 $a^p = a$이다.

증명 (1) 체 K의 소체가 Z_p이면 K의 표수는 p이고 또 이항정리에 의하여

$$(\alpha+\beta)^p = \sum_{i=0}^{p} \binom{p}{i} \alpha^{p-i}\beta^i$$

이고 여기서 K의 표수는 p이고 또 $1 \le i \le p-1$일 때 $\binom{p}{i}$는 p의 배수이므로 $\binom{p}{i}\alpha^{p-i}\beta^i = 0$이다. 따라서 $(\alpha+\beta)^p = \alpha^p + \beta^p$이다. 다음에 $r > 1$일 때 $(\alpha+\beta)^{p^{r-1}} = \alpha^{p^{r-1}} + \beta^{p^{r-1}}$이라고 가정하면 $(\alpha+\beta)^{p^r} = ((\alpha+\beta)^{p^{r-1}})^p = (\alpha^{p^{r-1}} + \beta^{p^{r-1}})^p = (\alpha^{p^{r-1}})^p + (\beta^{p^{r-1}})^p = \alpha^{p^r} + \beta^{p^r}$이므로 모든 양의 정수 r에 대하여 $(\alpha+\beta)^{p^r} = \alpha^{p^r} + \beta^{p^r}$이다. 또한 이 결과를 $\alpha = (\alpha-\beta)+\beta$에 적용하면 $\alpha^{p^r} = ((\alpha-\beta)+\beta)^{p^r} = (\alpha-\beta)^{p^r} + \beta^{p^r}$, 즉 $\alpha^{p^r} - \beta^{p^r} = (\alpha-\beta)^{p^r}$이다. 또

$$(\alpha\beta)^{p^r} = \alpha^{p^r}\beta^{p^r}, \quad (\alpha^{-1})^{p^r} = (\alpha^{p^r})^{-1} \ (\text{단 } \alpha \neq 0)$$

(2) 양의 정수 r에 대하여 분명히 $1^{p^r} = 1$이다. 따라서 (1)에 의하여 모든 $a \in Z_p$와 양의 정수 r에 대하여 $a^{p^r} = a$이다.($a^{p^r-1} = 1$) 즉, 위수가 $p^r - 1$이다.

정리 2.72

임의의 소수 p와 $n \in Z^+$에 대하여 다음이 성립한다.

(1) 체 F를 체 Z_p 위에서의 다항식 $f(x) = x^{p^n} - x \in Z_p[x]$의 분해체라고 하면 $|F| = p^n$인 유한체이고 F는 $f(x)$의 서로 다른 p^n개의 근 전체로 이루어져 있다.

(2) $f(x)$는 $f(x) = \prod_{\alpha \in F}(x-\alpha)$와 같이 F 위에서 일차 인수의 곱으로 인수분해된다.

(3) p^n개의 원소를 가진 유한체는 본질적으로 단 하나 존재한다.

정의 2.73 갈루아 체

임의의 소수 p와 $n \in Z^+$에 대하여 p^n개의 원소를 가진 유한체는 본질적으로 단 하나 존재한다. 이 유한체를 위수 p^n인 **갈루아 체(Galois field)**라 하고

$$F_{p^n} \text{ 또는 } GF(p^n)$$

으로 나타낸다. 특히, $F_p = GF(p) = Z_p = \{0,\ 1,\ \cdots,\ p-1\}$이다.
갈루아 체 F_{p^n}의 표수는 p이고 F_p는 그의 소체이다. 그리고 $[F_{p^n} : F_p] = n$이고 F_{p^n}은 체 F_p 위에서의 다항식 $f(x) = x^{p^n} - x$의 분해체이다. 따라서 모든 $\alpha \in F_{p^n}$에 대하여 $\alpha^{p^n} = \alpha$이다.

예제 12 다음 조건을 만족하는 갈루아 체 F_{p^n}은 F_p위에서 주어진 다항식 $f(x) = x^{p^n} - x$들의 분해체임을 보여라.

(1) $p = 2,\ n = 2$　　　　(2) $p = 2,\ n = 3$

■ **풀이** (1) 갈루아 체 F_{2^2}은 $F_2 = \{0,\ 1\}$ 위에서 다항식 $f(x) = x^4 - x$는 다음과 같이 인수분해된다. 즉,

$$f(x) = x^4 - x = x(x^3 - 1) = x(x-1)(x^2 + x + 1)$$

여기서 $p(x) = x^2 + x + 1$은 F_2 위에서 기약이므로 $p(x)$의 F_{2^2}안에서의 한 근을 α라 하면 다음이 성립한다.

$$p(\alpha) = \alpha^2 + \alpha + 1 = 0,\ \alpha^2 = 1 + \alpha,\ \alpha = 1 + \alpha^2$$
$$F_{2^2} = \{0,\ 1,\ \alpha,\ 1+\alpha\}$$
$$F_{2^2}^* = F_{2^2} - \{0\} = \langle \alpha \rangle = \{1,\ \alpha,\ \alpha^2\},\ \alpha^3 = 1$$

그리고 갈루아 체 F_{2^2}의 덧셈표와 곱셈표는 다음과 같다.

$+$	0	1	α	$1+\alpha$
0	0	1	α	$1+\alpha$
1	1	0	$1+\alpha$	α
α	α	$1+\alpha$	0	1
$1+\alpha$	$1+\alpha$	α	1	0

$\times$	0	1	α	$1+\alpha$
0	0	0	0	0
1	0	1	α	$1+\alpha$
α	0	α	$1+\alpha$	1
$1+\alpha$	0	$1+\alpha$	1	α

여기서

$$1+1=0,\ \alpha+\alpha=0,\ \alpha\times\alpha=\alpha^2=1+\alpha$$
$$\alpha(1+\alpha)=\alpha+\alpha^2=1,\ (1+\alpha)(1+\alpha)=1^2+\alpha^2=\alpha$$

이다. 한편,

$$(\alpha^2)^2+\alpha^2+1=\alpha^4+\alpha^2+1=\alpha^2+\alpha+1=0$$

이므로 두 원소 α, α^2은 최소(기약)다항식 $p(x)=x^2+x+1$의 근이다. 따라서

$$p(x)=x^2+x+1=(x-\alpha)(x-\alpha^2)$$

이고 다항식 $p(x)$는 F_2 위에서의 α와 α^2의 최소(기약)다항식이다. 따라서 다항식 $f(x)$는 체 F_{2^2} 위에서

$$f(x)=x^4-x=x(x-1)(x-\alpha)(x-\alpha^2)$$

와 같이 4개의 근을 가지며 일차 인수의 곱으로 인수분해되므로 정의 2.67에 의해 F_{2^2}는 $f(x)$의 분해체이다.

(2) 갈루아 체 F_{2^3}은 $F_2=\{0,\ 1\}$ 위에서 다항식 $f(x)=x^8-x$는 다음과 같이 인수분해된다. 즉,

$$\begin{aligned}f(x)&=x^8-x=x(x^7-1)=x(x-1)(x^6+x^5+x^4+x^3+x^2+x+1)\\&=x(x-1)(x^3+x+1)(x^3+x^2+1)\end{aligned}$$

여기서 $p(x)=x^3+x+1$, $q(x)=x^3+x^2+1$은 F_2 위에서 기약이므로 $p(x)$의 F_{2^3} 안에서의 한 근을 α라 하면 다음이 성립한다.

$$\begin{aligned}&p(\alpha)=\alpha^3+\alpha+1=0,\ \alpha^3=1+\alpha,\ \alpha^4=\alpha+\alpha^2,\\&\alpha^5=\alpha^2+\alpha^3=1+\alpha+\alpha^2,\ \alpha^6=\alpha+\alpha^2+\alpha^3=1+\alpha^2,\\&\alpha^7=\alpha+\alpha^3=1\\&F_{2^3}=F_2(\alpha)=\{a_0+a_1\alpha+a_2\alpha^2\mid a_0,\ a_1,\ a_2\in F_2\}\\&\quad=\{0,\ 1,\ \alpha,\ 1+\alpha,\ \alpha^2,\ 1+\alpha^2,\ \alpha+\alpha^2,\ 1+\alpha+\alpha^2\}\\&F_{2^3}^*=F_{2^3}-\{0\}=\langle\alpha\rangle=\{1,\ \alpha,\ \alpha^2,\ \alpha^3,\ \alpha^4,\ \alpha^5,\ \alpha^6\},\ \alpha^7=1\end{aligned}$$

여기서 α, α^2, α^4은 최소(기약)다항식 $p(x)=x^3+x+1$의 근이고

$$\alpha^3,\ \alpha^6=(\alpha^3)^2,\ \alpha^5=(\alpha^3)^4$$

은 최소(기약)다항식 $q(x)=x^3+x^2+1$의 근이다.
따라서

$$\begin{aligned} p(x) &= x^3+x+1=(x-\alpha)(x-\alpha^2)(a-\alpha^4) \\ &= \min.poly._{F_2}\alpha^{2^i}(i=0,\ 1,\ 2) \\ q(x) &= x^3+x^2+1=(x-\alpha^3)(x-\alpha^5)(a-\alpha^6) \\ &= \min.poly._{F_2}(\alpha^3)^{2^i}(i=0,\ 1,\ 2) \end{aligned}$$

이고 다항식 $p(x)$, $q(x)$는 각각 체 F_2 위에서의 α^{2^i}와 $(\alpha^3)^{2^i}$의 최소(기약)다항식이다. 따라서 다항식 $f(x)$는 체 F_{2^3} 위에서

$$\begin{aligned} f(x) &= x^8-x \\ &= x(x-1)(x-\alpha)(x-\alpha^2)(x-\alpha^4)(x-\alpha^3)(x-\alpha^5)(x-\alpha^6) \end{aligned}$$

와 같이 8개의 근을 가지며 일차 인수의 곱으로 인수분해되므로 정의 2.67에 의해 F_{2^3}는 $f(x)$의 분해체이다.

2) 갈루아 체의 원시원소와 원시다항식

임의의 소수 p와 $n\in Z^+$에 대하여 갈루아 체 F_{p^n}은 존재하고, 또 그 곱셈군 $(F_{p^n}^*, \times)$은 위수 p^n-1인 순환군이다. 즉,

$$F_{p^n}^*=F_{p^n}-\{0\}=\langle\alpha\rangle=\{1,\ \alpha,\ \alpha^2,\ \cdots,\ \alpha^{p^n-2}\},\ \alpha^{p^n-1}=1$$

이다.

정의 2.74 원시다항식

갈루아 체 F_{p^n}에서

$$F_{p^n}^*=F_{p^n}-\{0\}=\langle\alpha\rangle=\{1,\ \alpha,\ \alpha^2,\ \cdots,\ \alpha^{p^n-2}\},\quad \alpha^{p^n-1}=1$$

인 원소 $\alpha\in F_{p^n}$을 체 F_{p^n}의 **원시원소(primitive element)**라 한다. 그리고 F_{p^n}의 원시원소 α의 체 F_p에서의 최소다항식 $\min.poly._{F_p}\alpha$을 체 F_p 위에서의 n차 **원시다항식(primitive polynomial)**이라고 한다.

참고적으로 체 F_{p^n}에는 $\varphi(p^n-1)$개의 원시원소가 존재한다. 다음 정리를 살펴보자.

정리 2.75

갈루아 체 F_{p^n}에서 α가 체 F_{p^n}의 한 원시원소일 때

$$p(x) = \min.poly._{F_p}\alpha = c_0 + c_1x + \cdots + c_{n-1}x^{n-1} + x^n$$

이라고 하면 원시다항식 $p(x)$는 체 F_p 위의 n차의 기약다항식이고, 또 $p(0) \neq 0$ 이며 다음이 성립한다.

$$c_0 + c_1\alpha + \cdots + c_{n-1}\alpha^{n-1} + \alpha^n = 0$$

$$F_{p^n} = F_p(\alpha) = \left\{a_0 + a_1\alpha + \cdots + a_{n-1}\alpha^{n-1} \mid a_0,\ a_1,\ \cdots,\ a_{n-1} \in F_p\right\}$$

$$F_{p^n}^* = F_{p^n} - \{0\} = \langle \alpha \rangle = \left\{1,\ \alpha,\ \alpha^2,\ \cdots,\ \alpha^{p^n-2}\right\},\quad \alpha^{p^n-1} = 1$$

예제 13 (1) 다항식 $p(x) = x^2 + x + 1$은 체 F_2 위에서 기약이고, 체 F_{2^2}안에서 $p(x)$의 한 근을 α라고 하면 다음이 성립한다.(예제 12 참조)

$$F_{2^2} = F_2(\alpha) = \{0,\ 1,\ \alpha,\ 1+\alpha\},\ \alpha^2 = 1 + \alpha$$

$$F_{2^2}^* = \langle \alpha \rangle = \left\{1,\ \alpha,\ \alpha^2\right\} = \langle \alpha^2 \rangle,\ \alpha^3 = 1$$

따라서 체 F_{2^2}의 원시원소는 α, α^2뿐이고

$$\min.poly._{F_2}\alpha = \min.poly._{F_2}\alpha^2 = x^2 + x + 1$$

이므로 $p(x)$는 F_2 위에서 원시다항식이다.

(2) 예제 12의 (2)에서 $p(x) = x^3 + x + 1$와 $q(x) = x^3 + x^2 + 1$도 F_2 위에서 원시다항식의 좋은 예이다.

정리 2.76

임의의 소수 p와 양의 정수 n에 대하여 $d \mid n(d>0)$이면 적당한 $s \in Z^+$에 대하여 갈루아 체 F_p 위에서 다음이 성립한다.

(1) $p^n - 1 = (p^d - 1)s$이다.

(2) $x^{p^n} - x = (x^{p^d} - x)\{(x^{p^d-1})^{s-1} + (x^{p^d-1})^{s-2} + \cdots + x^{p^d-1} + 1\}$

(3) 갈루아 체 F_{p^n}의 부분체는 F_{p^d} 꼴이다.

(4) 다항식 $f(x) = x^{p^n} - x$의 모든 기약인수의 차수는 n의 약수이다.

(5) d차의 기약다항식은 모두 $f(x) = x^{p^n} - x$의 인수이다. 특히 F_p 위에서의 n차 기약다항식은 모두 $f(x) = x^{p^n} - x$의 인수이다.

예제 14 갈루아 체 F_{p^n}에서 다음을 구하여라.

(1) $p=2,\ n=2$일 때 그의 부분체와 2차 원시다항식

(2) $p=2,\ n=3$일 때 그의 부분체와 3차 원시다항식

■ **풀이** (1) 갈루아 체 F_{2^2}의 부분체는 $F_2 = \{0,\ 1\}$과 F_{2^2} 자신뿐이다. 그리고 체 F_2 위에서 2차 기약다항식은 $p(x) = x^2 + x + 1$뿐이고, 이 다항식은 원시다항식이다.

(2) 갈루아 체 F_{2^3}의 부분체는 $F_2 = \{0,\ 1\}$과 F_{2^3} 자신뿐이다. 그리고 체 F_2 위에서 3차 기약다항식은 $p(x) = x^3 + x + 1,\ q(x) = x^3 + x^2 + 1$뿐이고, 이 두 다항식은 원시다항식이다.

정리 2.77

체 F_p 위의 다항식 $p(x) = a_0 + a_1 x + \cdots + a_m x^m$에 대하여 $\alpha \in F_{p^n}$가 $p(x)$의 근이면 α^p도 $p(x)$의 근이다.

증명 $p(\alpha) = a_0 + a_1\alpha + \cdots + a_m\alpha^m = 0$이면 정리 2.71의 (2)에 의하여 다음이 성립하므로 α^p도 $p(x)$의 근이다.

$$\begin{aligned} 0 &= (a_0 + a_1\alpha + \cdots + a_m\alpha^m)^p \\ &= a_0^p + a_1^p\alpha^p + \cdots + a_m^p\alpha^{mp} \\ &= a_0 + a_1(\alpha^p) + \cdots + a_m(\alpha^p)^m \\ &= p(\alpha^p) \end{aligned}$$

정리 2.78

체 F_p 위의 n차 다항식 $p(x)$가 기약다항식이면 $p(x)$는 체 F_{p^n}에서 서로 다른 n개의 근을 가진다. 실제로 $\alpha \in F_{p^n}$을 $p(x)$의 한 근이라 하면

$$\alpha,\ \alpha^p,\ \alpha^{p^2},\ \cdots,\ \alpha^{p^{n-1}},\ (\alpha^{p^n}=\alpha)$$

는 $p(x)$의 서로 다른 n개의 근이고 $p(x)$는 체 F_{p^n}에서

$$p(x)=\prod_{i=0}^{n-1}(x-\alpha^{p^i})$$

와 같이 일차 인수의 곱으로 인수분해된다. 그리고 각 정수 $i(0 \le i \le n-1)$에 대하여 $\min.poly._{F_p}\alpha^{p^i}=p(x)$이고 또 곱셈군 $F_{p^n}^*$에서 $\alpha,\ \alpha^p,\ \alpha^{p^2},\ \cdots,\ \alpha^{p^{n-1}}$의 위수는 같다.

정리 2.79

임의의 소수 p와 양의 정수 n에 대하여 갈루아 체 F_{p^n}에는 $\varphi(p^n-1)$개의 원시원소가 존재하고 또한 체 F_p 위의 n차의 원시다항식은 $\dfrac{\varphi(p^n-1)}{n}$개 존재한다.

증명 α을 갈루아 체 F_{p^n}의 한 원시원소라 하자. 이때

$$F_{p^n}^*=F_{p^n}-\{0\}=\langle\alpha\rangle=\{1,\ \alpha,\ \alpha^2,\ \cdots,\ \alpha^{p^n-2}\},\quad \alpha^{p^n-1}=1$$

이고 원소 α^i가 F_{p^n}의 원시원소이기 위한 필요충분조건은 $(i,\ p^n-1)=1$인 것이므로 F_{p^n}에는 $\varphi(p^n-1)$개의 원시원소가 존재한다.

한편, $p(x)$을 체 F_p 위의 n차의 원시다항식이라고 하면 F_{p^n}의 적당한 원시원소 $\beta=\alpha^i$에 대하여 $p(x)=\min.poly._{F_p}\beta$이다. 그런데 정리 2.78에 의하여 $p(x)$는 체 F_{p^n} 안에서 서로 다른 n개의 근

$$\beta,\ \beta^p,\ \beta^{p^2},\ \cdots,\ \beta^{p^{n-1}}\quad (\beta^{p^n}=\beta)$$

을 가지며 각 $i(0 \le i \le n-1)$에 대하여 $(p^i,\ p^n-1)=1$이므로 이들 n개의 근의

위수는 p^n-1이고 따라서 이들 원소는 모두 F_{p^n}의 원시원소이다.

그러므로 체 F_p 위의 n차의 원시다항식은 꼭 $\dfrac{\varphi(p^n-1)}{n}$개 존재한다.

예제 15 체 F_2 위에서 $f(x)=x^{16}-x$의 분해체 F_{2^4}을 구하고, 그의 원시원소와 4차 원시다항식을 구하여라.

■ **풀이**

$$f(x)=x^{16}-x=(x^4-x)(x^{12}+x^9+x^6+x^3+1)$$
$$=x(x-1)(x^2+x+1)(x^{12}+x^9+x^6+x^3+1)$$

한편, 다항식 $p(x)=x^4+x+1$은 체 F_2 위의 기약다항식이고 $p(x)$의 체 F_{2^4} 안에서의 한 근을 α라고 하면 $\alpha^4+\alpha+1=0$이므로 다음이 성립한다.

$$\alpha=\alpha,\ \alpha^2=\alpha^2,\ \alpha^3=\alpha^3,\ \alpha^4=1+\alpha,\ \alpha^5=\alpha+\alpha^2,\ \alpha^6=\alpha^2+\alpha^3,$$
$$\alpha^7=\alpha^3+\alpha^4=1+\alpha+\alpha^3,\ \alpha^8=\alpha+\alpha^2+\alpha^4=1+\alpha^2,\ \alpha^9=\alpha+\alpha^3,$$
$$\alpha^{10}=1+\alpha+\alpha^2,\ \alpha^{11}=\alpha+\alpha^2+\alpha^3,\ \alpha^{12}=1+\alpha+\alpha^2+\alpha^3,$$
$$\alpha^{13}=1+\alpha^2+\alpha^3,\ \alpha^{14}=1+\alpha^3,\ \alpha^{15}=\alpha+\alpha^4=1$$
$$F_{2^4}=\{a_0+a_1\alpha+a_2\alpha^2+a_3\alpha^3 \mid a_0,\ a_1,\ a_2,\ a_3\in F_2\}$$
$$F_{2^4}{}^*=\langle\alpha\rangle=\{1,\ \alpha,\ \alpha^2,\ \cdots,\ \alpha^{14}\},\ \alpha^{15}=1$$

따라서 α는 체 F_{2^4}의 원시원소이고 또 F_{2^4}에는 $\varphi(15)=8$개의 원시원소 $\alpha,\ \alpha^2,\ \alpha^4,\ \alpha^7,\ \alpha^8,\ \alpha^{11},\ \alpha^{13},\ \alpha^{14}$가 존재한다. 먼저 원시원소 $\alpha,\ \alpha^2,\ \alpha^4,\ \alpha^8$은 기약다항식 $p(x)=x^4+x+1$의 근이므로 다음이 성립한다.

$$p(x)=(x-\alpha)(x-\alpha^2)(x-\alpha^4)(x-\alpha^8),$$
$$\text{min.}poly._{F_2}\alpha^{2^i}=p(x),\ (i=0,\ 1,\ 2,\ 3)$$

그리고 나머지 4개의 원소

$$\alpha^7,\ (\alpha^7)^2=\alpha^{14},\ (\alpha^7)^4=\alpha^{13},\ (\alpha^7)^8=\alpha^{11}$$

에 대하여 다음이 성립한다.

(i) $\alpha^7+\alpha^{14}+\alpha^{13}+\alpha^{11}=1$

(ii) $\alpha^7\alpha^{14}+\alpha^7\alpha^{13}+\alpha^7\alpha^{11}+\alpha^{14}\alpha^{13}+\alpha^{14}\alpha^{11}+\alpha^{13}\alpha^{11}$
$=\alpha^6+\alpha^5+\alpha^3+\alpha^{12}+\alpha^{10}+\alpha^9=0$

(iii) $\alpha^7\alpha^{14}\alpha^{13}+\alpha^7\alpha^{14}\alpha^{11}+\alpha^7\alpha^{13}\alpha^{11}+\alpha^{14}\alpha^{13}\alpha^{11}=\alpha^4+\alpha^2+\alpha+\alpha^8=0$

(iv) $\alpha^7\alpha^{14}\alpha^{13}\alpha^{11}=\alpha^{15}=1$

따라서

$$q(x)=(x-\alpha^7)(x-\alpha^{14})(x-\alpha^{13})(x-\alpha^{11})$$

이라 하면 다음이 성립한다.

$$q(x)=x^4+x^3+1,\ \min.poly._{F_2}(\alpha^7)^{2^i}=q(x)\ (i=0,\ 1,\ 2,\ 3)$$

그러므로 $p(x)$, $q(x)$는 체 F_2 위에서 4차의 원시다항식이다.

한편 α^3, $(\alpha^3)^2=\alpha^6$, $(\alpha^3)^4=\alpha^{12}$, $(\alpha^3)^8=\alpha^9$에 대하여 다음이 성립한다.

(i)′ $\alpha^3+\alpha^6+\alpha^{12}+\alpha^9=1$

(ii)′ $\alpha^3\alpha^6+\alpha^3\alpha^{12}+\alpha^3\alpha^9+\alpha^6\alpha^{12}+\alpha^6\alpha^9+\alpha^{12}\alpha^9$

$=\alpha^9+\alpha^{15}+\alpha^{12}+\alpha^3+\alpha^{15}+\alpha^6=1$

(iii)′ $\alpha^3\alpha^6\alpha^{12}+\alpha^3\alpha^6\alpha^9+\alpha^3\alpha^{12}\alpha^9+\alpha^6\alpha^{12}\alpha^9=\alpha^6+\alpha^3+\alpha^9+\alpha^{12}=1$

(iv)′ $\alpha^3\alpha^6\alpha^{12}\alpha^9=\alpha^{30}=1$

따라서 $r(x)=(x-\alpha^3)(x-\alpha^6)(x-\alpha^{12})(x-\alpha^9)$이라고 하면

$$r(x)=x^4+x^3+x^2+x+1,$$
$$\min.poly._{F_2}(\alpha^3)^{2^i}=r(x)\quad(i=0,\ 1,\ 2,\ 3)$$

이지만 $r(x)$는 F_2 위에서 원시다항식이 아니다.(α^3은 원시원소가 아니기 때문이다.) 그리고 원시원소가 아닌 α^5에 대하여 $(\alpha^5)^2=\alpha^{10}$, $(\alpha^5)^4=\alpha^5$, $(\alpha^5)^8=\alpha^{10}$이므로 $\langle\alpha^5\rangle=\langle\alpha^{10}\rangle=\{1,\ \alpha^5,\ \alpha^{10}\}\neq\langle\alpha\rangle$, $\{0,\ 1,\ \alpha^5,\ \alpha^{10}\}=F_{2^2}$이고, 또 $\alpha^5+\alpha^{10}=1$, $\alpha^5\alpha^{10}=\alpha^{15}=1$이므로 다음 등식이 성립한다.

$$(x-\alpha^5)(x-\alpha^{10})=x^2+x+1$$

결론적으로 체 F_2 위에서 4차의 기약다항식은

$$p(x)=x^4+x+1,\ q(x)=x^4+x^3+1,\ r(x)=x^4+x^3+x^2+x+1$$

뿐이고, 체 F_2 위에서 4차의 원시다항식은 $p(x)$, $q(x)$뿐이다.

체 F_2에서 2차의 기약다항식은 x^2+x+1뿐이고 일차다항식은 x, $x-1$뿐이다. 이들 다항식은 모두 $f(x)=x^{16}-x$의 기약 약수이며, $f(x)$는 체 F_2 위에서 다음과 같이 기약다항식의 곱으로 인수분해된다.

$$\begin{aligned} f(x) &= x^{16}-x = x(x-1)(x^2+x+1)(x^{12}+x^9+x^6+x^3+1) \\ &= x(x-1)(x^2+x+1)p(x)q(x)r(x) \end{aligned}$$

예제 16 체 $F_3=\{0,\ 1,\ 2\}$ 위에서 체 F_{3^3}의 원시원소와 3차 원시다항식을 구하여라.

■ **풀이** 다항식 $p(x)=x^3-x+1$은 체 $F_3=\{0,\ 1,\ 2\}$ 위에서 기약다항식이다. 이제 $\alpha\in F_{3^3}$을 $p(x)$의 한 근이라고 하면

$$p(\alpha)=\alpha^3-\alpha+1=0, \quad \alpha^3=\alpha-1=\alpha+2$$

이고 다음이 성립한다.

$$F_{3^3}=\left\{a_0+a_1\alpha+a_2\alpha^2 \mid a_0,\ a_1,\ a_2\in Z_3\right\}, \quad F_{3^3}^*=\langle\alpha\rangle$$

$$\begin{aligned} &\alpha^1=\alpha,\ \alpha^2=\alpha^2,\ \alpha^3=2+\alpha,\ \alpha^4=2\alpha+\alpha^2,\ \alpha^5=2+\alpha+2\alpha^2, \\ &\alpha^6=1+\alpha+\alpha^2,\ \alpha^7=2+2\alpha+\alpha^2,\ \alpha^8=2+2\alpha^2,\ \alpha^9=1+\alpha,\ \alpha^{10}=\alpha+\alpha^2, \\ &\alpha^{11}=2+\alpha+\alpha^2,\ \alpha^{12}=2+\alpha^2,\ \alpha^{13}=2,\ \alpha^{14}=2\alpha,\ \alpha^{15}=2\alpha^2, \\ &\alpha^{16}=1+2\alpha,\ \alpha^{17}=\alpha+2\alpha^2,\ \alpha^{18}=1+2\alpha+\alpha^2,\ \alpha^{19}=2+2\alpha+2\alpha^2, \\ &\alpha^{20}=1+\alpha+2\alpha^2,\ \alpha^{21}=1+\alpha^2,\ \alpha^{22}=2+2\alpha,\ \alpha^{23}=2\alpha+2\alpha^2, \\ &\alpha^{24}=1+2\alpha+2\alpha^2,\ \alpha^{25}=1+2\alpha^2,\ \alpha^{26}=1 \end{aligned}$$

따라서 α는 체 F_{3^3}의 원시원소이고 또 F_{3^3}에는 $\varphi(26)=12$개의 원시원소 α, α^3, α^5, α^7, α^9, α^{11}, α^{15}, α^{17}, α^{19}, α^{21}, α^{23}, α^{25}가 존재하며, 예제 15와 마찬가지 방법으로 하면 다음이 성립함을 알 수 있다.

$$\begin{aligned} p_1(x) &= (x-\alpha)(x-\alpha^3)(x-\alpha^9)=x^3-x+1=p(x), \\ p_2(x) &= (x-\alpha^5)(x-\alpha^{15})(x-\alpha^{19})=x^3+2x^2+x+1, \\ p_3(x) &= (x-\alpha^7)(x-\alpha^{21})(x-\alpha^{11})=x^3+x^2+2x+1, \\ p_4(x) &= (x-\alpha^{17})(x-\alpha^{25})(x-\alpha^{23})=x^3+2x^2+1, \\ q_1(x) &= (x-\alpha^2)(x-\alpha^6)(x-\alpha^{18})=x^3+2x^2+x+2, \\ q_2(x) &= (x-\alpha^4)(x-\alpha^{12})(x-\alpha^{10})=x^3+x^2+2, \end{aligned}$$

$$q_3(x) = (x-\alpha^8)(x-\alpha^{24})(x-\alpha^{20}) = x^3+2x^2+2x+2,$$
$$q_4(x) = (x-\alpha^{16})(x-\alpha^{22})(x-\alpha^{14}) = x^3+2x+2$$

따라서 체 F_3 위의 3차 원시다항식은 $p_1(x)$, $p_2(x)$, $p_3(x)$, $p_4(x)$뿐이고 또 다항식 $x^{27}-x$는 체 F_3 위에서 다음과 같이 인수분해된다.(정리 2.76의 (1), (2))

$$x^{27}-x = x(x-1)(x-2)p_1(x)p_2(x)p_3(x)p_4(x)q_1(x)q_2(x)q_3(x)q_4(x)$$

연습문제 2.3

1. 유클리드 알고리즘을 이용하여 다음 두 다항식 $f(x),\ g(x) \in Q[x]$의 최대공약수 $d(x)$를 구하고, 또

$$d(x) = f(x)s(x) + g(x)t(x)$$

인 다항식 $s(x),\ t(x) \in Q[x]$를 구하여라.

(1) $f(x) = x^4 - x^3 - x^2 + 1,\ g(x) = x^3 - 1$

(2) $f(x) = x^4 + x + 1,\ g(x) = x^2 + x + 1$

2. 유클리드 알고리즘을 이용하여 다음 두 다항식 $f(x),\ g(x) \in Z_2[x]$의 최대공약수 $d(x)$를 구하고, 또

$$d(x) = f(x)s(x) + g(x)t(x)$$

인 다항식 $s(x),\ t(x) \in Z_2[x]$를 구하여라.

(1) $f(x) = x^4 - x^3 - x^2 + 1,\ g(x) = x^3 - 1$

(2) $f(x) = x^4 + x + 1,\ g(x) = x^2 + x + 1$

3. 다음을 구하여라.

(1) 다항식환 $Z_5[x]$에서 기약인 2차 다항식

(2) 다항식환 $Z_2[x]$에서 기약인 3차 다항식

(3) 다항식환 $Z_7[x]$에서 기약인 2차 다항식

4. 다항식 $f(x) = x^3 + x + 1 \in Z_2[x]$에 대하여 다음이 성립함을 증명하여라.

(1) $Z_2[x]/(f(x))$은 체이다.

(2) $Z_2[x]/(f(x))$은 $f(x)$의 세 근을 모두 포함한다.

5. 다항식 x^4+x^3+1의 갈루아 체 F_{2^4} 내의 한 근을 β라고 할 때, $\beta^i(0 \le i \le 15)$를 $a_0+a_1\beta+a_2\beta^2+a_3\beta^3$ $(a_0,\ a_1,\ a_2,\ a_3 \in F_2)$의 꼴로 나타내고 $F_{2^4}^* = F_{2^4} - \{0\} = \langle \beta \rangle$임을 밝혀라.

6. 체 Z_p 위의 다항식환 $Z_p[x]$에 대하여 다음을 증명하여라.

(1) 최고차항의 계수가 1인 일차다항식은 꼭 p개 있다.

(2) 최고차항의 계수가 1인 이차다항식은 꼭 p^2개 있으며, 이 중에서 기약인 다항식은 꼭 $\dfrac{p(p-1)}{2}$개 있다.

7. 다항식 x^4+x+1의 F_{2^4} 내의 한 근을 α라고 할 때 다음이 성립함을 확인하여라.

(1) $\alpha^4=1+\alpha,\ \alpha^5=\alpha+\alpha^2,\ \alpha^6=\alpha^2+\alpha^3,\ \alpha^7=1+\alpha+\alpha^3,$
$\alpha^8=1+\alpha^2,\ \alpha^9=\alpha+\alpha^3,\ \alpha^{10}=1+\alpha+\alpha^2,\ \alpha^{11}=\alpha+\alpha^2+\alpha^3,$
$\alpha^{12}=1+\alpha+\alpha^2+\alpha^3,\ \alpha^{13}=1+\alpha^2+\alpha^3,\ \alpha^{14}=1\alpha^3,\ \alpha^{15}=1$

(2) $\alpha,\ \alpha^2,\ \alpha^4,\ \alpha^8$은 x^4+x+1의 근이고 $\alpha^7,\ \alpha^{11},\ \alpha^{13},\ \alpha^{14}$은 x^4+x^3+1의 근이며 $\alpha^3,\ \alpha^6,\ \alpha^{12},\ \alpha^9$은 $x^4+x^3+x^2+x+1$의 근이다.

(3) $\alpha^5,\ \alpha^{10}$은 x^2+x+1의 근이다.

제 3 장 무한수열과 정수의 인수분해

제 3 장에서는 암호학에서 스트림 암호시스템의 열쇠생성과 관련된 무한수열에 대하여 먼저 논하고 이어서 공개열쇠암호 시스템과 관련된 정수의 소인수분해에 대하여 논하기로 한다.

3.1 무한수열과 순환수열

환 R가 단위원 1을 가진 가환환일 때 R의 원소들로 이루어진 무한수열(infinite sequence)

$$a_0,\ a_1,\ a_2,\ \cdots,\ a_t,\ \cdots$$

을 간단히 $\{a_t\}$로 나타내고 각 a_t을 이 무한수열의 항(term)이라고 한다. 또 모든 항이 c인 무한수열을 $\{c\}$로 나타내고 이것을 상수수열(constant sequence)이라고 하며 특히 $\{0\}$을 영수열(zero sequence)이라고 한다. 한편, 체 $Z_2 = \{0,\ 1\}$에서의 수열을 이진수열(binary sequence)이라고 한다.

정의 3.1 d만큼 평행이동 시킨 수열

가환환 R에서의 무한수열 $\{s_t\}$과 $d \in Z(d \geq 0)$에 대하여

$$u_t = s_{t+d}\quad (t = 0,\ 1,\ 2,\ \cdots)$$

로 정의된 무한수열 $\{u_t\}$을 ${}_d\{s_t\}$로 나타내고 이 수열을 $\{s_t\}$을 d만큼 평행이동 시킨 수열(translate by d)이라고 한다. 즉,

$$\{u_t\} = {}_d\{s_t\} : s_d,\ s_{d+1},\ s_{d+2},\ s_{d+3},\ s_{4+4},\ s_{d+5},\ s_{d+6},\ \cdots$$

이다. 특히, ${}_0\{s_t\} = \{s_t\}$이고 또 무한수열 ${}_d\{s_t\}$는 무한수열 $\{s_t\}$의 처음 d개의 항 $s_0,\ s_1,\ \cdots,\ s_{d-1}$을 제외시키고 그 밖의 항은 순서를 유지한 채 오른쪽에서 왼쪽으로 d만큼 평행이동시켜 놓은 시프트(shift)수열이다.

예제 1 가환환 $Z_4 = \{0,\ 1,\ 2,\ 3\}$에서의 무한수열

$$\{s_t\} : 0,\ 2,\ 3,\ 1,\ 0,\ 2,\ 3,\ 1,\ 0,\ 2,\ 3,\ 1,\ \cdots$$

에 대하여 $_1\{s_t\}$와 $_2\{s_t\}$을 구하여라.

■ **풀이** $_1\{s_t\}$는 무한수열 $\{s_t\}$의 처음 1개의 항 $s_0 = 0$을 제외시키고 두 번째 항부터 순서를 유지한 채 오른쪽에서 왼쪽으로 1만큼 평행이동 시키면 된다. 즉,

$$_1\{s_t\} : 2,\ 3,\ 1,\ 0,\ 2,\ 3,\ 1,\ 0,\ 2,\ 3,\ 1,\ 0,\ \cdots$$

이다. 같은 방법으로 무한수열 $_2\{s_t\}$는 $s_0 = 0$과 $s_1 = 2$을 제외시키고 세 번째 항부터 순서를 유지한 채 오른쪽에서 왼쪽으로 2만큼 평행이동 시키면

$$_2\{s_t\} : 3,\ 1,\ 0,\ 2,\ 3,\ 1,\ 0,\ 2,\ 3,\ 1,\ 0,\ 2,\ \cdots$$

이다.

정의 3.2 순환수열

가환환 R에서의 무한수열 $\{s_t\}$과 $k \in Z^+$에 대하여

$$s_{t+k} = s_t \quad (t = 0,\ 1,\ 2,\ \cdots)$$

일 때 $\{s_t\}$을 **순환수열**(periodic sequence)이라 하고

$$s_{t+r} = s_t \quad (t = 0,\ 1,\ 2,\ \cdots)$$

인 가장 작은 $r \in Z^+$을 이 순환수열의 **주기**(period)라고 한다.
그리고 적당한 $i \in Z(i \geq 0)$와 $k \in Z^+$에 대하여

$$s_{i+t+k} = s_{i+t} \quad (t = 0,\ 1,\ 2,\ \cdots)$$

일 때 $\{s_t\}$을 **궁극적 순환수열**(ultimately periodic sequence)이라 하고 또,

$$s_{i+t+r} = s_{i+t} \quad (t = 0,\ 1,\ 2,\ \cdots)$$

인 가장 작은 $r \in Z^+$을 이 수열의 주기라고 한다.

예제 2 다음 주어진 수열들은 어떤 수열이며 주기는 각각 얼마인가?

(1) 가환환 $Z_2=\{0,\ 1\}$에서

$$\{s_t\}:\ 0, 1, 0, 1, 1, 0, 1, 1, 1, 0, 1, 1, 1, 1, 0, 1, 1, 1, 1, 1, 0, 1, 1, 1, 1, 1, 1, 0 \cdots$$

(2) 가환환 $Z_4=\{0,\ 1,\ 2,\ 3\}$에서

$$\{u_t\}:\ 2,\ 3,\ 0,\ 1,\ 2,\ 0,\ 1,\ 2,\ 0,\ 1,\ 2,\ 0,\ 1,\ 2,\ \cdots$$

$$\{v_t\}:\ 0,\ 1,\ 2,\ 0,\ 1,\ 2,\ 0,\ 1,\ 2,\ 0,\ 1,\ 2,\ \cdots$$

■ 풀이 (1) 연이어 나타나는 1의 개수가 차례대로 1개, 2개, 3개, …이므로 이 수열은 순환수열도 아니고 궁극적인 순환수열도 아니다.

(2) 무한수열 $\{u_t\}$에서 처음 두 항은 $s_0=2,\ s_1=3$이고 나머지 항은 다음 두 조건에 의해 결정되므로 $\{u_t\}$는 궁극적 순환수열이고 그 주기는 3이다.

(i) $s_2=0,\ s_3=1,\ s_4=2$ (ii) $s_{2+t+3}=s_{2+t}\ \ (t=0,\ 1,\ 2,\ \cdots)$

한편, $\{v_t\}={}_2\{u_t\}$이고 무한수열 $\{v_t\}$의 모든 항은 다음 두 조건에 의해 결정되므로 $\{v_t\}$는 주기 3인 순환수열이다.

(iii) $v_0=0,\ v_1=1,\ v_2=2$ (iv) $v_{t+3}=v_t\ \ (t=0,\ 1,\ 2,\ \cdots)$

위의 예제에서 보는 바와 같이 $\{u_t\}$가 주기 r인 궁극적 순환수열이면 적당한 정수 $i(i\geq 0)$에 대하여

$$s_{i+t+r}=s_{i+t}\ \ (t=0,\ 1,\ 2,\ \cdots)$$

이고 이때 무한수열 ${}_i\{s_t\}$는 주기 r인 순환수열이다. 한편, $\{s_t\}$가 주기 r인 순환수열이면 이 무한수열은

$$s_0,\ s_1,\ s_2,\ \cdots,\ s_{r-1},\ s_0,\ s_1,\ s_2,\ \cdots,\ s_{r-1},\ \cdots$$

와 같이 처음 r개의 항 $s_0,\ s_1,\ s_2,\ \cdots,\ s_{r-1}$이 되풀이해서 나타나는 무한수열이다. 이러한 의미에서 주기 r인 순환수열 $\{s_t\}$의 처음 r개의 항

$$s_0,\ s_1,\ s_2,\ \cdots,\ s_{r-1}$$

을 $\{s_t\}$의 생성순환마디(generating cycle)라고 한다.

정리 3.3

가환환 R에서의 무한수열 $\{s_t\}$가 주기 r인 순환수열이면 다음이 성립한다.

(1) 모든 음이 아닌 정수 $j(j \geq 0)$에 대하여

$$s_{t+rj} = s_t \quad (t=0,\ 1,\ 2,\ \cdots)$$

(2) $k \in Z^+$에 대하여 $s_{t+k} = s_t (t=0,\ 1,\ 2,\ \cdots)$이면 $r \mid k$이다.

■ **증명** (1) 정의에 따라 $s_{t+r} = s_t (t=0,\ 1,\ 2,\ \cdots)$이므로 다음이 성립한다.

$$s_{t+2r} = s_{(t+r)+r} = s_{t+r} \quad (t=0,\ 1,\ 2,\ \cdots)$$
$$s_{t+rj} = s_{t+r(j-1)} = \cdots = s_{t+2r} = s_{t+r} = s_t \quad (t=0,\ 1,\ 2,\ \cdots)$$

(2) $k \in Z^+$에 대하여 $s_{t+k} = s_t (t=0,\ 1,\ 2,\ \cdots)$라고 하자.
이때, $k = rj + h,\ 0 \leq h < r$라고 하면

$$s_t = s_{t+k} = s_{(t+h)+rj} \quad (t=0,\ 1,\ 2,\ \cdots)$$

이고 (1)에 의하여 $s_{(t+h)+rj} = s_{t+h} (t=0,\ 1,\ 2,\ \cdots)$이므로 다음이 성립한다.

$$s_t = s_{t+k} = s_{(t+h)+rj} = s_{t+h} \quad (t=0,\ 1,\ 2,\ \cdots)$$

그러므로 r의 최소성에 의하여 $h=0$이고 $r \mid k$이다.

우리는 1장 정수론에서 $Z_m = \{0,\ 1,\ 2,\ \cdots,\ m-1\} (m \geq 2,\ m \in Z^+)$은 단위원 1을 가진 가환환임을 언급하였다. $a_0,\ a_1,\ a_2,\ \cdots,\ a_n \in Z_m (n=0,\ 1,\ 2,\ \cdots)$에 대하여 다항식

$$f(x) = a_0 + a_1 x + a_2 x^2 + \cdots + a_n x^n$$

에서 $a \in Z_m$에 대하여 $f(a) = a_0 + a_1 a + a_2 a^2 + \cdots + a_n a^n$으로 나타내고 가환환의 정의에 의하여 $f(a) \in Z_m$이다.

정리 3.4

가환환 Z_m에서의 무한수열 $\{x_t\}$가 적당한 다항식 $f(x)$에 대하여

$$x_{t+1} = f(x_t)(t = 0,\ 1,\ 2,\ \cdots) \qquad (*)$$

을 만족시키는 무한수열이면 $\{x_t\}$는 x_0에 의해 완전히 결정되는 궁극적 순환수열이다. 즉, 적당한 $i \in Z(i \geq 0)$와 $k \in Z^+$에 대하여 $_i\{x_t\}$는 주기 k인 순환수열이고

$$x_{i+t+k} = x_{i+t} \quad (t = 0,\ 1,\ 2,\ \cdots)$$

이 성립한다.

증명 무한수열 $\{x_t\}$의 항은 $x_1 = f(x_0)$, $x_2 = f(x_1)$, $x_3 = f(x_2)$, $\cdots$와 같이 귀납적으로 결정되므로 $\{x_t\}$은 x_0에 의해 완전히 결정된다. 모든 정수 $t(t \geq 0)$에 대하여 $0 \leq x_t < m$이므로 적당한 정수 $i,\ j(j > i \geq 0)$에 대하여 $x_i = x_j$이다. 이때 $l = j - i \geq 1$이라 하면 가환환 Z_m에서

$$x_{i+l} = x_j = x_i, \quad x_{i+l+1} = f(x_{i+l}) = f(x_i) = x_{i+1}$$

이고 수학적 귀납법에 의해 $x_{i+t+l} = x_{i+t}(t = 0,\ 1,\ 2,\ \cdots)$임을 알 수 있다. 한편 양의 정수 l 중에서 가장 작은 양의 정수를 k라 하면 $_i\{x_t\}$는 주기 k인 순환수열이고 정리 3.3에 의하여 $x_{i+t+k} = x_{i+t}$ $(t = 0,\ 1,\ 2,\ \cdots)$이다.

참고 정리 3.4에서 관계식 (*)는 정수환 Z에서 다음이 성립함을 의미한다.

$$x_{t+1} \equiv f(x_t) \bmod m, \quad 0 \leq x_t < m \quad (t = 0,\ 1,\ 2,\ \cdots)$$

연습문제 3.1

1. 가환환 $Z_2 = \{0,\ 1\}$에서 다음 조건을 만족하는 무한수열 $\{x_t\}$을 구하고 주기를 말하여라.

$$f(x) = 1 + x^2 + x^5,\ x_{t+1} = f(x_t)\ \ (t = 0,\ 1,\ 2,\ \cdots),\quad x_0 = 1$$

2. 가환환 $Z_3 = \{0,\ 1,\ 2\}$에서 다음 조건을 만족하는 무한수열 $\{x_t\}$을 구하고 주기를 말하여라.

$$g(x) = 1 + 2x + x^2,\ x_{t+1} = g(x_t)\ \ (t = 0,\ 1,\ 2,\ \cdots),\quad x_0 = 2$$

3.2 유리수의 소수표현과 순환수열

우리는 제1장 정수론에서 임의의 $\alpha \in R^+$와 $b \in Z^+ (b \geq 2)$에 대하여

$$\alpha = [\alpha] + \{\alpha\}, \quad 0 \leq \{\alpha\} < 1$$

로 나타낼 수 있고 정수 $[\alpha]$는 b진법으로 나타낼 수 있다고 하였다. 이 절에서는 유리수의 소수표현과 순환수열에 대하여 살펴보도록 한다.

$0 \leq \beta < 1$인 실수 β에 대하여

$$\begin{aligned}
&\beta_1 = \beta, && s_1 = [b\beta_1] \\
&\beta_2 = b\beta_1 - s_1, && s_2 = [b\beta_2] \\
&\beta_3 = b\beta_2 - s_2, && s_3 = [b\beta_3] \\
&&\cdots& \\
&\beta_{i+1} = b\beta_i - s_i, && s_{i+1} = [b\beta_{i+1}] \\
&&\cdots&
\end{aligned}$$

라고 하면

$$\beta = \sum_{i=1}^{\infty} \frac{s_i}{b^i} = \frac{s_1}{b} + \frac{s_2}{b^2} + \cdots + \frac{s_t}{b^t} + \cdots \quad (0 \leq s_t \leq b-1)$$

이고 이 식을 β의 b진법에 관한 전개식이라고 한다. 그리고 이 전개식을

$$\beta = 0.s_1 s_2 \cdots s_t \cdots_{(b)}$$

로 나타내고 $0.s_1 s_2 \cdots s_t \cdots_{(b)}$을 b진법에 관한 소수라고 한다. $b = 10$인 10진법인 경우에는 밑수 b를 생략한다. 또 $\beta = 0.s_1 s_2 \cdots s_t \cdots_{(b)}$에서 적당한 정수 n에 대하여 $s_i = 0 (i \geq n+1)$이면 $\beta = 0.s_1 s_2 \cdots s_{n_{(b)}}$로 나타낸다.

정의 3.5 b진법에 관한 순환소수

$\beta = 0.s_1 s_2 \cdots s_t \cdots_{(b)}$에서 적당한 정수 i와 $k \in Z^+$에 대하여

$$s_{i+k+t} = s_{i+t} \quad (t = 1,\ 2,\ 3,\ \cdots)$$

일 때 $\beta = 0.s_1 s_2 \cdots s_i \overline{s_{i+1} s_{i+2} \cdots s_{i+k}}_{(b)}$로 나타내고 이를 b진법에 관한 순환소수라고 한다.

일반적으로 $\beta = 0.s_1 s_2 \cdots s_i \overline{s_{i+1} s_{i+2} \cdots s_{i+r}}_{(b)}$일 때 가장 작은 양의 정수 r을 이 순환소수의 주기라고 하고 특히, $\beta = 0.\overline{s_1 s_2 \cdots s_r}_{(b)}$일 때 이를 b진법에 관한 순수순환소수라 하고 r개의 순환하는 항 $s_1,\ s_2,\ \cdots,\ s_r$을 생성순환마디라고 한다(정의 3.2 참조). 이 절에서는 순수순환소수만을 순환소수로 취급하기로 한다.

정리 3.6

(a) 정수 $b \in Z^+(b \geq 2)$와 $(b,\ q) = 1$인 $q \in Z^+(q \geq 2)$에 대하여 b의 위수가 $\bmod q$에 대하여 r일 때 즉, $\text{ord}_q b = r (\Leftrightarrow b^r \equiv 1 \bmod q)$인 경우

$$\frac{b^r - 1}{q} = s_1 b^{r-1} + s_2 b^{r-2} + \cdots + s_{r-1} b^1 + s_r = s_1 s_2 \cdots s_{r_{(b)}}$$

로 나타낼 수 있고(앞부분에 0 허용)

(b) $\dfrac{1}{q} = 0.\overline{s_1 s_2 \cdots s_{r-1} s_r}_{(b)}$

와 같이 b진법에 관하여 주기가 r인 순환소수로 표현되어진다.

(c) 여기서 $b^n < q < b^{n+1} (\Leftrightarrow [\log_b q] = n)$인 경우

$$0 \leq n \leq r-1 \text{이고 } s_1 = s_2 = \cdots = s_n = 0,\ s_{n+1} \neq 0$$

이 성립한다.

(d) 또 각 $i(0 \leq i \leq r-1)$에 대하여 $b^i \equiv b_i \bmod q,\ (1 \leq b_i \leq q)$라고 하면

$$\frac{b_i}{q} = 0.\overline{s_{i+1} s_{i+2} \cdots s_r s_1 s_2 \cdots s_i}_{(b)} (0 \leq i \leq r-1)$$

이 성립한다.

증명 (a) $\mathrm{ord}_q b = r\,(r \in Z^+)$이므로 $b^r \equiv 1 \bmod q$이다. 따라서 $q \mid (b^r - 1)$(정의 1.37). 이것은 $\dfrac{b^r-1}{q}$이 정수라는 의미이고 $b^r > b^r - 1 = qk\,(k \ge 1)$이고 $q \ge 2$이므로 $b^r > \dfrac{b^r-1}{q} = k \ge 1$이다. 따라서

$$\frac{b^r-1}{q} = s_1 b^{r-1} + s_2 b^{r-2} + \cdots + s_{r-1} b^1 + s_r = s_1 s_2 \cdots s_{r-1} s_{r_{(b)}}$$

와 같은 형태로 나타낼 수 있다. 또한

(b) $$\frac{1}{q} = \frac{b^r-1}{q} \times \frac{1}{b^r-1} = \frac{b^r-1}{q} \times \frac{1}{b^r} \times \frac{1}{1-\dfrac{1}{b^r}}$$

$$= \left\{ s_1 b^{r-1} + s_2 b^{r-2} + \cdots + s_{r-1} b + s_r \right\} \times \frac{1}{b^r} \times \left\{ 1 + \frac{1}{b^r} + \frac{1}{b^{2r}} + \cdots \right\}$$

(왜냐하면 $\dfrac{1}{1-\dfrac{1}{b^r}}$은 공비가 $\dfrac{1}{b^r}$이고 초항이 1인 무한등비수열의 합이므로 $\dfrac{1}{1-\dfrac{1}{b^r}} = 1 + \dfrac{1}{b^r} + \dfrac{1}{b^{2r}} + \cdots$이다.)

$$= \left\{ \frac{s_1}{b} + \frac{s_2}{b^2} + \cdots + \frac{s_{r-1}}{b^{r-1}} + \frac{s_r}{b^r} \right\} \times \left\{ 1 + \frac{1}{b^r} + \frac{1}{b^{2r}} + \cdots \right\}$$

$$= \left\{ \frac{s_1}{b} + \frac{s_2}{b^2} + \cdots + \frac{s_{r-1}}{b^{r-1}} + \frac{s_r}{b^r} \right\} + \left\{ \frac{s_1}{b} + \frac{s_2}{b^2} + \cdots + \frac{s_{r-1}}{b^{r-1}} + \frac{s_r}{b^r} \right\} \times \frac{1}{b^r}$$
$$+ \left\{ \frac{s_1}{b} + \frac{s_2}{b^2} + \cdots + \frac{s_{r-1}}{b^{r-1}} + \frac{s_r}{b^r} \right\} \times \frac{1}{b^{2r}} + \cdots$$
$$= 0.\overline{s_1 s_2 \cdots s_{r-1} s_r}_{\,(b)}$$

이제 $\dfrac{1}{q} = 0.\overline{s_1 s_2 \cdots s_{r-1} s_r}_{\,(b)}$의 주기가 r임을 밝혀보자.

우선 $\dfrac{1}{q} = 0.\overline{s_1 s_2 \cdots s_{k-1} s_k}_{\,(b)}$라 가정하면

$$\frac{1}{q} = \left\{ \frac{s_1}{b} + \frac{s_2}{b^2} + \cdots + \frac{s_{k-1}}{b^{k-1}} + \frac{s_k}{b^k} \right\} \times \left\{ 1 + \frac{1}{b^k} + \frac{1}{b^{2k}} + \cdots \right\}$$
$$= \left\{ \frac{s_1}{b} + \frac{s_2}{b^2} + \cdots + \frac{s_k}{b^k} \right\} \times \frac{b^k}{b^k - 1}$$

$$= \frac{s_1 b^{k-1} + s_2 b^{k-2} + \cdots + s_{k-1} b + s_k}{b^k - 1}$$

이므로 $q(s_1 b^{k-1} + s_2 b^{k-2} + \cdots + s_{k-1} b + s_k) = b^k - 1$이다. 따라서 $q \mid (b^k - 1)$이고 이는 $b^k \equiv 1 \bmod q$이다. 그런데 $\mathrm{ord}_q b = r$이므로 $r \mid k$이다(정의 1.37). 그러므로 $\frac{1}{q} = 0.\overline{s_1 s_2 \cdots s_{r-1} s_r}_{(b)}$의 주기는 r이다.

(c) 이제 $b^n < q < b^{n+1}$라고 가정하자. 이때 $1 \le \frac{b^r - 1}{q}$이므로 $q \le b^r - 1 < b^r$이므로 $1 \le n+1 \le r$, 즉 $0 \le n \le r-1$이다. 그리고 $b^n < q < b^{n+1}$에서

$$\frac{b^r - 1}{b^{n+1}} < \frac{b^r - 1}{q} < \frac{b^r - 1}{b^n} < \frac{b^r}{b^n}$$

이므로 정리하면 $b^{r-n-1} - \frac{1}{b^{n+1}} < \frac{b^r - 1}{q} < b^{r-n}$ 이다. 한편, $0 \le n \le r-1$이므로 b^{r-n-1}은 정수이고 $\frac{1}{b^{n+1}}$은 소수이므로 $b^{r-n-1} \le \frac{b^r - 1}{q} < b^{r-n}$ $\left(\frac{b^r - 1}{q} \in Z^+\right)$이다. 따라서

$$\frac{b^r - 1}{q} = s_1 b^{r-1} + s_2 b^{r-2} + \cdots + s_n b^{r-n} + s_{n+1} b^{r-n-1} + \cdots + s_{r-1} b^1 + s^r$$

이다. 그러므로

$$s_1 = s_2 = \cdots = s_n = 0, \ s_{n+1} \ne 0$$

이다.

(d) 또 각 $i(0 \le i \le r-1)$에 대하여 $b^i \equiv b_i \bmod q$, $(1 \le b_i \le q)$라고 하면 $b^i = qm + b_i$, $m \ge 0$인 $m \in Z$이 존재하고 이때 (b)에 의해

$$\frac{1}{q} = 0.\overline{s_1 s_2 \cdots s_{r-1} s_r}_{(b)}$$

이므로

$$m + \frac{b_i}{q} = b^i \times \frac{1}{q} = b^i \times \left(0.\overline{s_1 s_2 \cdots s_{r-1} s_r}_{(b)}\right)$$
$$= s_1 s_2 \cdots s_{i_{(b)}} + 0.\overline{s_{i+1} s_{i+2} \cdots s_r s_1 s_2 \cdots s_i}_{(b)}$$

이다. 그러므로 정수 $m = s_1 s_2 \cdots s_{i_{(b)}}$ 이고 따라서

$$\frac{b_i}{q} = 0.\overline{s_{i+1}s_{i+2}\cdots s_{r-1}s_r s_1 s_2 \cdots s_{i(b)}} \quad (0 \le i \le r-1)$$

이다.

예제 1 다음 유리수들을 괄호 속의 b진법으로 나타내어라.

(1) $\frac{1}{13}, \frac{3}{13}, \frac{4}{13}, \frac{9}{13}, \frac{10}{13}; (b=10)$ (2) $\frac{1}{7}, \frac{2}{7}, \frac{4}{7}; (b=2)$

■ **풀이** (1) 위 정리에 의거하여 $q=13$이고 $b=10$인 경우이다. 오일러 정리에 의해 $(b, q)=1$이므로 $10^{\varphi(13)} = 10^{12} \equiv 1 \bmod 13$이다. 따라서 법 13에 대한 10의 위수는 12의 약수이어야 한다. 실제로 계산해 보면 $10^6 \equiv 1 \bmod 13$이기 때문에 $\mathrm{ord}_{13}10 = 6$이다. 따라서 $r=6$이다. 정리 3.6에 의하여 계산해 보면

$$\frac{10^6-1}{13} = 0\times10^5 + 7\times10^4 + 6\times10^3 + 9\times10^2 + 2\times10^1 + 3 = 076923$$

으로 나타낼 수 있다. 또 유리수 $\frac{1}{13} = 0.\overline{076923}$으로 나타낼 수 있고 주기는 6인 순환소수로 나타내어진다. 여기서 $10^1 < 13 < 10^2$이고 따라서 $[\log_{10}13]=1$이다.

이 경우 $0 \le 1 \le 6-1=5$이고 실제로 $s_1=0,\ s_2=7 \ne 0$이다. 그리고 또 각 $i(0 \le i \le 5)$에 대하여 $10^0 \equiv 1 \bmod 13,\ 10^1 \equiv 10 \bmod 13,\ 10^2 \equiv 9 \bmod 13,\ 10^3 \equiv 12 \bmod 13,\ 10^4 \equiv 3 \bmod 13,\ 10^5 \equiv 4 \bmod 13$가 되어 $b_0=1,\ b_1=10,\ b_2=9,\ b_3=12,\ b_4=3,\ b_5=4$이다. 따라서 정리하면

$$\frac{1}{13} = 0.\overline{076923},\ \frac{10}{13} = 0.\overline{769230},\ \frac{9}{13} = 0.\overline{692307},$$
$$\frac{12}{13} = 0.\overline{923076},\ \frac{3}{13} = 0.\overline{230769},\ \frac{4}{13} = 0.\overline{307692}$$

(2) $\varphi(7)=6,\ \mathrm{ord}_7 2 = 3 = r$, 그리고 $2^2 < 7 < 2^3$이다. 따라서 $[\log_2 7] = 2 = n$이고 위 정리에 의하여 $s_1 = s_2 = 0,\ s_3 = 1 \ne 0$이다. 실제로

$$\frac{2^3-1}{7} = s_1 b^{r-1} + s_2 b^{r-2} + s_3 = s_1 b^2 + s_2 b + s_3$$
$$= 0 \times 2^2 + 0 \times 2^1 + 1 \times 2^0 = 001_{(2)}$$

이고 이때 유리수 $\frac{1}{7}$은

$$\frac{1}{7} = 0.\overline{s_1 s_2 s_3}_{\,(2)} = 0.\overline{001}_{\,(2)}$$

이다. 각 $i(0 \le i \le 3-1)$에 대하여

$$2^0 \equiv 1 = b_0 \bmod 7,\ 2^1 \equiv 2 = b_1 \bmod 7,\ 2^2 \equiv 4 = b_2 \bmod 7$$

이므로

$$\frac{b_0}{q} = \frac{1}{7} = 0.\overline{001}_{\,(2)},$$
$$\frac{b_1}{q} = \frac{2}{7} = 0.\overline{s_2 s_3 s_1}_{\,(2)} = 0.\overline{010}_{\,(2)},$$
$$\frac{b_2}{q} = \frac{4}{7} = 0.\overline{s_3 s_1 s_2}_{\,(2)} = 0.\overline{100}_{\,(2)}$$

인 모두 주기 3인 순환소수로 나타내어진다.

위의 정리 3.6에서 $\mathrm{ord}_q b = r$일 때 $r \mid \varphi(q)$이다(정리 1.38). 특히 법 q에 관하여 원시근이 존재할 때, b가 법 q에 관한 원시근이면 $\mathrm{ord}_q b = \varphi(q)$이므로 유리수 $\frac{1}{q}$은

$$\frac{1}{q} = 0.\overline{s_1 s_2 \cdots s_{\varphi(q)}}_{\,(b)}$$

와 같이 b진법에 관해 주기가 $\varphi(q)$인 순환소수로 표현된다(정의 1.39). 특히 p가 홀수인 소수이면 $\varphi(p) = p-1$이고 법 p에 관한 원시근은 존재한다(정리 1.40). 따라서 정리 3.6에 의해 다음 정리가 성립한다(정리 3.6에서 $q = p$로 대치하고 법 p에 관한 원시근을 b라 하면 $\mathrm{ord}_p b = \varphi(p) = p-1 = r$이다. 즉, $b^{\varphi(p)} \equiv 1 \bmod p$이다.).

정리 3.7

(a) $p > 2$인 소수라 하자. 법 p에 관한 원시근을 b라 하면 앞부분에 0을 허용하여 정수 $\dfrac{b^{p-1}-1}{p}$은

$$\frac{b^{p-1}-1}{p} = s_1 s_2 \cdots s_{p-2} s_{p-1_{(b)}}$$

와 같이 나타낼 수 있고

(b) 이때 유리수 $\dfrac{1}{p}$은

$$\frac{1}{p} = 0.\overline{s_1 s_2 \cdots s_{p-2} s_{p-1}}_{(b)}$$

와 같이 b진법에 대하여 주기가 $p-1$인 순환소수로 표현된다.

(c) 여기서 $b^n < p < b^{n+1} (\Leftrightarrow [\log_b p] = n)$인 경우

$$0 \le n \le p-2 \text{이고 } s_1 = s_2 = \cdots = s_n = 0,\ s_{n+1} \ne 0$$

이 성립한다.

(d) 또 각 $i(0 \le i \le p-2)$에 대하여 $b^i \equiv b_i \bmod p$, $(1 \le b_i \le p)$라고 하면

$$\frac{b_i}{p} = 0.\overline{s_{i+1} s_{i+2} \cdots s_{p-1} s_1 s_2 \cdots s_i}_{(b)} (0 \le i \le p-2)$$

이 성립한다.

위의 정리 3.7의 (d)로부터 얻을 수 있는 $p-1$개의 아래와 같은 무한수열은 모두 환 $Z_b = \{0, 1, \cdots, b-1\}$에서의 순환수열로서 주기는 모두 $p-1$이다. 즉, 가환환 Z_b에서의 무한수열 $\{s_t\}$는 홀수인 소수 p에 대하여

$$s_{t+p-1} = s_t \quad (t = 1, 2, \cdots, p-1, \cdots)$$

을 만족하며 다음과 같다.

$$s_1,\ s_2,\ \cdots,\ s_{p-1},\ s_1,\ s_2,\ \cdots,\ s_{p-1},\ \cdots$$
$$s_2,\ s_3,\ \cdots,\ s_{p-1},\ s_1,\ s_2,\ \cdots,\ s_{p-1},\ s_1,\ \cdots$$
$$\cdots$$
$$s_{p-1},\ s_1,\ \cdots,\ s_{p-2},\ s_{p-1},\ s_1,\ \cdots,\ s_{p-2},\ \cdots$$

소수 p가

$$p = 3,\ 5,\ 11,\ 13,\ 19,\ 29,\ 37,\ \cdots,\ 9851,\ 9949,\ \cdots$$

일 때 2는 법 p의 원시근이고

$$p = 7,\ 17,\ 19,\ 23,\ 29,\ 47,\ 59,\ 61,\ 97,\ \cdots,\ 503,\ \cdots$$

일 때 10은 법 p에 관한 원시근 이다.

참고 1. 양의 정수 $m(m \ge 2)$에 대하여 $(b,\ m) = 1$이고 $\mathrm{ord}_m b = \varphi(m)$인 b가 존재할 때 b를 법 m에 관한 원시근이라고 한다(정리 1.39).
2. $\mathrm{ord}_m b = \varphi(m) \ \Leftrightarrow\ b^{\varphi(m)} \equiv 1 \bmod m$.

예제 2 다음 각각 주어진 p와 b값에 대하여 정리 3.7의 (a), (b), (c), (d)을 구하고 (d)로부터 얻을 수 있는 주기가 $p-1$인 $p-1$개의 무한수열을 구하여라.

(1) $p = 13,\ b = 2$　　(2) $p = 37,\ b = 2$　　(3) $p = 17,\ b = 10$

■ 풀이 (1) $p = 13,\ b = 2$;

(a) $p = 13$은 $p > 2$인 소수이고 $b = 2$는 법 13에 관한 원시근이다. 그리고 정리 3.3에 의해 $2^3 < 13 < 2^4$이기 때문에 $n = 3$이다. 따라서 $0 \le n \le p-1$가 성립하고 $s_1 = s_2 = s_3 = 0,\ s_4 \ne 0$이다. 따라서 정수 $\dfrac{b^{p-1}-1}{p}$은 (앞부분에 0을 허용하여)

$$\frac{2^{12}-1}{13} = \frac{4095}{13} = 315 = s_1 s_2 \cdots s_{11} s_{12_{(2)}} = 000100111011_{(2)}$$

와 같이 나타낼 수 있고

(b) 유리수 $\dfrac{1}{13}$은

$$\frac{1}{13} = 0.\overline{000100111011}_{(2)}$$

와 같이 2진법에 대하여 주기가 12인 순환소수로 표현된다.

(c) 여기서 $2^3 < 13 < 2^4 (\Leftrightarrow [\log_2 13] = 3)$인 경우이므로

$$0 \leq 3 \leq 11 \text{이고 } s_1 = s_2 = s_3 = 0,\ s_4 \neq 0$$

이 성립한다.

(d) 또 각 $i(0 \leq i \leq 11)$에 대하여 $2^0 \equiv 1 = b_0 \bmod 13$이므로 (b)에 의해

$$\frac{1}{13} = 0.\overline{000100111011}_{(2)}$$

이 성립한다. i값을 차례대로 대입하여 구하면

$$b_1 = 2^1 \equiv 2 \bmod 13; \quad \frac{2}{13} = 0.\overline{001001110110}_{(2)}$$

$$b_2 = 2^2 \equiv 4 \bmod 13; \quad \frac{4}{13} = 0.\overline{010011101100}_{(2)}$$

$$b_3 = 2^3 \equiv 8 \bmod 13; \quad \frac{8}{13} = 0.\overline{100111011000}_{(2)}$$

$$b_4 = 2^4 \equiv 3 \bmod 13; \quad \frac{3}{13} = 0.\overline{001110110001}_{(2)}$$

$$b_5 = 2^5 \equiv 6 \bmod 13; \quad \frac{6}{13} = 0.\overline{011101100010}_{(2)}$$

$$b_6 = 2^6 \equiv 12 \bmod 13; \quad \frac{12}{13} = 0.\overline{111011000100}_{(2)}$$

$$b_7 = 2^7 \equiv 11 \bmod 13; \quad \frac{11}{13} = 0.\overline{110110001001}_{(2)}$$

$$b_8 = 2^8 \equiv 9 \bmod 13; \quad \frac{9}{13} = 0.\overline{101100010011}_{(2)}$$

$$b_9 = 2^9 \equiv 5 \bmod 13; \quad \frac{5}{13} = 0.\overline{011000100111}_{(2)}$$

$$b_{10} = 2^{10} \equiv 10 \bmod 13; \quad \frac{10}{13} = 0.\overline{110001001110}_{(2)}$$

$$b_{11} = 2^{11} \equiv 7 \bmod 13; \quad \frac{7}{13} = 0.\overline{100010011101}_{(2)}$$

이로부터 주기가 12인 12개의 무한 이진수열은 다음과 같다.

$$0,\ 0,\ 0,\ 1,\ 0,\ 0,\ 1,\ 1,\ 1,\ 0,\ 1,\ 1,\ 0,\ 0,\ 0,\ 1,\ 0,\ 0,\ 1,\ 1,\ 1,\ 0,\ 1,\ 1,\ \cdots$$
$$0,\ 0,\ 1,\ 0,\ 0,\ 1,\ 1,\ 1,\ 0,\ 1,\ 1,\ 0,\ 0,\ 0,\ 1,\ 0,\ 0,\ 1,\ 1,\ 1,\ 0,\ 1,\ 1,\ 0,\ \cdots$$
$$0,\ 1,\ 0,\ 0,\ 1,\ 1,\ 1,\ 0,\ 1,\ 1,\ 0,\ 0,\ 0,\ 1,\ 0,\ 0,\ 1,\ 1,\ 1,\ 0,\ 1,\ 1,\ 0,\ 0,\ \cdots$$
$$\vdots$$
$$1,\ 0,\ 0,\ 0,\ 1,\ 0,\ 0,\ 1,\ 1,\ 1,\ 0,\ 1,\ 1,\ 0,\ 0,\ 0,\ 1,\ 0,\ 0,\ 1,\ 1,\ 1,\ 0,\ 1,\ \cdots$$

(2) $p=37,\ b=2$;

$p=37$은 $p>2$인 소수이고 $b=2$는 법 37에 관한 원시근이다. 그리고 정리 3.7에 의해 $2^5<37<2^6$이기 때문에 $n=5$이다. 따라서 $0\le n\le p-1$가 성립하고 $s_1=s_2=s_3=s_4=s_5=0,\ s_6\ne 0$이다. 따라서 정수 $\dfrac{b^{p-1}-1}{p}$은 (앞부분에 0을 허용하여)

$$\begin{aligned}\frac{2^{36}-1}{37}&=1857283155=s_1s_2\cdots s_{35}s_{36_{(2)}}\\&=000001101110101100111110010001010011_{(2)}\end{aligned}$$

와 같이 나타낼 수 있고 유리수 $\dfrac{1}{37}$은

$$\frac{1}{37}=0.\overline{000001101110101100111110010001010011}_{(2)}$$

인 주기 36인 순환소수이고 또 각 $i(0\le i\le 35)$에 대하여 i값을 차례대로 대입하여 구하면 다음과 같다.

$$b_0=2^0\equiv 1 \bmod 37;\quad \frac{1}{37}=0.\overline{000001101110101100111110010001010011}_{(2)}$$

$$b_1=2^1\equiv 2 \bmod 37;\quad \frac{2}{37}=0.\overline{000011011101011001111100100010100110}_{(2)}$$

$$b_2=2^2\equiv 4 \bmod 37;\quad \frac{4}{37}=0.\overline{000110111010110011111001000101001100}_{(2)}$$

$$b_3=2^3\equiv 8 \bmod 37;\quad \frac{8}{37}=0.\overline{001101110101100111110010001010011000}_{(2)}$$

$$b_4=2^4\equiv 16 \bmod 37;\quad \frac{16}{37}=0.\overline{011011101011001111100100010100110000}_{(2)}$$

$$b_5=2^5\equiv 32 \bmod 37;\quad \frac{32}{37}=0.\overline{110111010110011111001000101001100000}_{(2)}$$

$$b_6=2^6\equiv 27 \bmod 37;\quad \frac{27}{37}=0.\overline{101110101100111110010001010011000001}_{(2)}$$

$\vdots$

$$b_{35} = 2^{35} \equiv 19 \bmod 37; \quad \frac{19}{37} = 0.\overline{100000110111010110011111001000101001}_{(2)}$$

위에서 얻은 36개의 순환소수에 의해 얻어진 각각의 무한 이진수열은 모두 주기가 36이며 환 $Z_2 = \{0,\ 1\}$ 위에서의 순환수열로서 다음과 같다.

$$0, 0, 0, 0, 0, 1, 1, 0, 1, 1, 1, 0, 1, 0, 1, 1, 0, 0, 1, 1, 1, 1, 1, 0, 0, 1, 0, 0, 0, 1, 0, 1, 0, 0, 1, 1, \cdots$$
$$0, 0, 0, 0, 1, 1, 0, 1, 1, 1, 0, 1, 0, 1, 1, 0, 0, 1, 1, 1, 1, 1, 0, 0, 1, 0, 0, 0, 1, 0, 1, 0, 0, 1, 1, 0, \cdots$$
$$0, 0, 0, 1, 1, 0, 1, 1, 1, 0, 1, 0, 1, 1, 0, 0, 1, 1, 1, 1, 1, 0, 0, 1, 0, 0, 0, 1, 0, 1, 0, 0, 1, 1, 0, 0, \cdots$$
$$\vdots$$
$$1, 0, 0, 0, 0, 0, 1, 1, 0, 1, 1, 1, 0, 1, 0, 1, 1, 0, 0, 1, 1, 1, 1, 1, 0, 0, 1, 0, 0, 0, 1, 0, 1, 0, 0, 1, \cdots$$

(3) $p = 17,\ b = 10;$

$p = 17$은 $p > 2$인 소수이고 $b = 10$은 법 17에 관한 원시근이다. 그리고 정리 3.7에 의해 $10^1 < 17 < 10^2$이기 때문에 $n = 1$이다. 따라서 $0 \le n \le p-1$가 성립하고 $s_1 = 0,\ s_2 \ne 0$이다. 따라서 정수 $\dfrac{b^{p-1}-1}{p}$은 (앞부분에 0을 허용하여)

$$\frac{10^{16}-1}{17} = s_1 s_2 \cdots s_{15} s_{16} = 0588235294117647$$

와 같이 나타낼 수 있고 유리수 $\dfrac{1}{17}$은

$$\frac{1}{17} = 0.\overline{0588235294117647}$$

인 주기 16인 순환소수이고 이를 통해 환 $Z_{10} = \{0,\ 1,\ 2,\ \cdots,\ 9\}$ 위에서 다음과 같은 무한수열을 얻게 된다. 즉,

$$0,\ 5,\ 8,\ 8,\ 2,\ 3,\ 5,\ 2,\ 9,\ 4,\ 1,\ 1,\ 7,\ 6,\ 4,\ 7,\ \cdots$$

이고 나머지 15개는 (2)와 같은 방법으로 하면 된다.

참고 $q_1,\ q_2 \in Z^+$이고 $(q_1,\ q_2) = 1$일 때, $(b,\ q_1) = (b,\ q_2) = 1$인 $b \in Z^+$에 대하여 $\mathrm{ord}_{q_1} b = r,\ \mathrm{ord}_{q_2} b = s$ 즉, $b^r \equiv 1 \bmod q_1,\ b^s \equiv 1 \bmod q_2$이면 $\mathrm{ord}_{q_1 q_2} b = [r,\ s]$이다(정리 1.38의 (3)). 따라서 이 경우에 $\dfrac{1}{q_1},\ \dfrac{1}{q_2},\ \dfrac{1}{q_1 q_2}$은 b진법에 관하여 각각 주기 $r,\ s,\ [r,\ s]$인 순환소수로 나타난다.

연습문제 3.2

1. 다음 주어진 쌍 양의 정수 q와 b에 대하여 $\text{ord}_q b = r$이라 할 때 $\dfrac{b^r - 1}{q}$을 구하여라.

(1) $q = 3,\ b = 2$　　(2) $q = 5,\ b = 3$

(3) $q = 11,\ b = 2$　　(4) $q = 32,\ b = 5$

(5) $q = 35,\ b = 2$　　(6) $q = 77,\ b = 10$

2. 위 문제 1번으로부터 주어진 각 쌍 q와 b에 대하여 $\dfrac{1}{q}$을 b진법 순환소수로 나타내고 이로부터 얻은 순환수열을 구하여라.

3. 두 소수 $p_1 = 5,\ p_2 = 7$와 $b = 2$에 대하여 다음을 구하여라.

(1) $\text{ord}_{p_1} b,\ \text{ord}_{p_2} b,\ \text{ord}_{p_1 p_2} b$의 값

(2) 정수 $\dfrac{b^{12} - 1}{p_1 p_2}$의 b진수 값

(3) 소수 $\dfrac{1}{p_1 p_2}$의 b진수 값

4. 두 소수 $p_1 = 9851,\ p_2 = 9949$와 $b = 2$에 대하여 다음을 구하여라.(단, $p = p_1 p_2$)

(1) $\text{ord}_{p_1} b = r,\ \text{ord}_{p_2} b = s$ 그리고 $\text{ord}_p b = t$일 때 $r,\ s$와 t값

(2) 정수 $\dfrac{b^r - 1}{p_1},\ \dfrac{b^s - 1}{p_2}$와 $\dfrac{b^t - 1}{p}$의 b진수 값

(3) $\dfrac{1}{p_1},\ \dfrac{1}{p_2}$와 $\dfrac{1}{p}$의 b진법 순환소수로 나타내었을 때 주기

3.3

가환환 Z_m에서의 무한수열

우리는 2장 대수적 구조 편에서 2.2절의 정의 2.9에 의하면 $m \geq 2$인 정수일 때 집합 $Z_m = \{0, 1, \cdots, m-1\}$은 단위원 1을 가진 가환환이라고 하였고 이를 법 m에 관한 정수환이라고 정의하였다. 이 절에서는 가환환 $Z_m = \{0, 1, \cdots, m-1\}$에서의 특수한 무한수열에 대하여 설명한다. 이 무한수열은 1948년에 레머(D.H. Lehmer)가 제안한 수열로서 스트림암호에서 종종 활용된다.

정리 3.8

가환환 Z_m에서의 무한수열 $\{x_t\}$가 두 원소 $a, c \in Z_m$에 대하여

$$x_{t+1} = ax_t + c \quad (t = 0, 1, 2, \cdots) \qquad (*)$$

을 만족시키는 수열이라고 하면 다음이 성립한다.

(1) $\{x_t\}$는 x_0에 의하여 완전히 결정된다. 실제로

$$x_t = a^t x_0 + (1 + a + a^2 + \cdots + a^{t-1})c \quad (t = 0, 1, 2, \cdots)$$

(2) $\{x_t\}$는 궁극적 순환수열이다. 즉, 적당한 $i \in Z$와 $r \in Z^+$에 대하여 ${}_i\{x_t\}$는 주기가 r인 순환수열이고

$$x_{i+t+r} = x_{i+t} \quad (t = 0, 1, 2, \cdots)$$

증명 (1) 가정 $(*)$에 의해 가환환 Z_m에서의 무한수열 $\{x_t\}$가 두 원소 $a, c \in Z_m$에 대하여

$$x_{t+1} = ax_t + c \quad (t = 0, 1, 2, \cdots)$$

을 만족시키는 수열이라고 했으므로

$$x_1 = ax_0 + c,$$
$$x_2 = ax_1 + c = a(ax_0 + c) + c = a^2x_0 + (1+a)c,$$
$$x_3 = ax_2 + c = a\{a^2x_0 + (1+a)c\} + c = a^3x_0 + (1+a+a^2)c,$$
$$\vdots$$
$$x_k = a^kx_0 + (1+a+a^2+\cdots+a^{k-1})c$$

이므로

$$x_t = a^tx_0 + (1+a+a^2+\cdots+a^{t-1})c \quad (t=0,\ 1,\ 2,\ \cdots)$$

임을 알 수 있다. 즉, 무한수열 $\{x_t\}$는 x_0에 의하여 완전히 결정된다.

(2) 모든 정수 $t(t \geq 0)$에 대하여 $0 \leq x_t < m$이므로 적당한 정수 $i,\ j(j > i \geq 0)$에 대하여 $x_i = x_j$이다. 이때 $l = j - i \geq 1$이라 하면 가환환 Z_m에서

$$x_{i+l} = x_j = x_i,$$
$$ax_{i+l+1} + c = x_{i+l+1} = ax_{i+l+1} + c = ax_{j+1} + c = ax_{i+1} + c$$

에서

$$x_{i+l+1} = x_{i+1}$$

이고 수학적 귀납법에 의해 $x_{i+t+l} = x_{i+t}(t=0,\ 1,\ 2,\ \cdots)$임을 알 수 있다. 한편 양의정수 l 중에서 가장 작은 양의 정수를 k라 하면 $_i\{x_t\}$는 주기 k인 순환수열이고 정리 3.3에 의하여 $x_{i+t+k} = x_{i+t}\ (t=0,\ 1,\ 2,\ \cdots)$이다(정리 3.4). 즉, 무한수열 $\{x_t\}$는 궁극적 순환수열이다.

참고 정리 3.8에서 관계식 (*)는 정수환 Z에서 다음이 성립함을 의미한다.

$$x_{t+1} \equiv ax_t + c \bmod m,\ 0 \leq x_t < m\,(t=0,\ 1,\ 2,\ \cdots)$$

정리 3.9

가환환 Z_m에서의 무한수열 $\{x_t\}$가 원소 $a \in Z_m$에 대하여

$$x_{t+1} = ax_t \quad (t=0,\ 1,\ 2,\ \cdots)$$

을 만족시키는 수열이라고 하면 다음이 성립한다.

(1) $\{x_t\}$는 순환수열이고

$$x_t = a^t x_0 \quad (t = 0,\ 1,\ 2,\ \cdots)$$

을 만족한다.

(2) $(a,\ m) = 1$, $\mathrm{ord}_m a = r$일 때, 무한수열 $\{x_t\}$는 순환수열이고 주기는 r의 약수이다.

(3) $(a,\ m) = 1$, $\mathrm{ord}_m a = r$일 때, $(x_0,\ m) = 1$이면 무한수열 $\{x_t\}$는 순환수열이고 주기는 r이다.

증명 (1) 정리 3.8에서 $c = 0$인 경우이므로 $x_t = a^t x_0 (t = 0,\ 1,\ 2,\ \cdots)$가 성립한다.

(2) $(a,\ m) = 1$, $\mathrm{ord}_m a = r$이라 하자. 그러면 $a^r \equiv 1 \bmod m$이므로 가환환 Z_m에서 $a^r = 1$이다. 따라서

$$x_{t+r} = a^{t+r} x_0 = a^t a^r x_0 = a^t x_0 = x_t \quad (t = 0,\ 1,\ 2,\ \cdots)$$

이다. 그러므로 무한수열 $\{x_t\}$는 순환수열이고 주기는 r의 약수이다(정리 3.3).

(3) $(x_0,\ m) = 1$이고 $x_{t+k} = x_t (t = 0,\ 1,\ 2,\ \cdots)$라 하자. 그러면 (1)에 의해

$$x_{t+k} = a^{t+k} x_0 = a^t x_0 = x_t$$

이므로

$$a^t a^k x_0 = a^t x_0$$

이다. 가환환 Z_m에서 $(a,\ m) = 1$, $(x_0,\ m) = 1$이므로 a와 x_0는 역원이 존재한다. 따라서 (2)에서 $\mathrm{ord}_m a = r$, 즉 a의 위수가 r이고($a^r = 1$)이고 $a^k = 1$이므로 $r | k$이다(정리 1.38, 정의 2.6). 그러므로 이 경우에 $\{x_t\}$는 주기가 r인 순환수열이다.

예제 1 임의의 소수 $p > 2$에 대하여 체 Z_p에서의 무한수열 $\{x_t\}$가 $x_0 \neq 0$이고

$$x_{t+1} = a x_t \quad (t = 0,\ 1,\ 2,\ \cdots)$$

인 관계식을 만족시킬 때 $a \in Z_p^*$가 법 p에 관한 원시근이면 정리 3.9에 의하여 $\mathrm{ord}_p a = p - 1$이므로 $\{x_t\}$는 순환수열이고 주기는 $p - 1$이다. $a = 3$, $p = 31$일 때 다음을

구하여라.

(1) $a=3$은 소수 $p=31$에 관한 원시근임을 보여라.

(2) 체 Z_{31}에서 관계식

$$x_0=3,\ x_{t+1}=3x_t\ \ (t=0,\ 1,\ 2,\ \cdots)$$

을 만족시키는 무한수열 $\{x_t\}$을 구하고 또 그의 주기를 구하여라.

■ 풀이 (1) $(3,\ 31)=1$이고

$$\begin{aligned}3^{\varphi(31)}&=3^{30}=(3^3)^{10}\equiv(-4)^{10}=(16)^5\equiv256^2\cdot256^2\cdot16\\&\equiv8\times8\times16=1024\equiv1 \bmod 31\end{aligned}$$

이므로 $3^{\varphi(31)}\equiv1 \bmod 31$이다. 따라서 정의 1.3에 의해 $a=3$은 $p=31$에 대한 원시근이다.

(2) 정리 3.9에 의해 무한 순환수열 $\{x_t\}$의 주기는 30이다. 또한, 체 Z_p에서의 무한수열은 다음과 같다.

$$\begin{aligned}\{x_t\}&=\{x_0,\ x_1,\ x_2,\ \cdots,\ x_{29},\ x_{30},\ x_{31},\ x_{32},\ \cdots,\ \}\\&=\{3,\ 9,\ 27,\ \cdots,\ 1,\ 3,\ 9,\ 27,\ \cdots\}\end{aligned}$$

구체적으로 생성순환마디를 나열하면 다음과 같다.

3, 9, 27, 19, 26, 16, 17, 20, 29, 25, 13, 8, 24, 10, 30, 28, 22, 4, 12, 5, 15, 14, 11, 2, 6, 18, 23, 7, 21, 1, ⋯

정리 3.10

가환환 Z_m에서의 두 무한수열 $\{x_t\}$, $\{y_t\}$가 두 원소 $a,\ c\in Z_m$에 대하여 각각 다음 관계식을 만족한다고 하자. 즉,

$$x_{t+1}=ax_t+c\qquad(t=0,\ 1,\ 2,\ \cdots)$$

$$y_0=0,\ y_t=1+a+a^2+\cdots+a^{t-1}\qquad(t=1,\ 2,\ 3,\ \cdots)$$

그러면 $a'=(a-1)x_0+c\in Z_m$일 때,

(1) $y_t(a-1)=a^t-1\ \ (t=0,\ 1,\ 2,\ \cdots)$

(2) $x_t=a't_t+x_0\ \ (t=0,\ 1,\ 2,\ \cdots)$

(3) $c, a' \neq 0, m' = \dfrac{m}{(a', m)}$일 때,

$$y_t' \equiv y_t \bmod m',\ 0 \le y_t' < m' \quad (t = 0, 1, 2, \cdots)$$

이라 하면 환 $Z_{m'}$에서의 무한수열 $\{y_t'\}$은 궁극적 순환수열이고 환 Z_m에서의 궁극적 순환수열 $\{x_t\}$의 주기와 같다.

증명 (1) $y_0 = 0, y_1 = 1$이므로

$$y_0(a-1) = 0 = a^0 - 1,$$
$$y_1(a-1) = a - 1 = a^1 - 1,$$

이고 또 모든 $t(t = 2, 3, \cdots)$에 대하여

$$y_t(a-1) = (a-1)(1 + a + a^2 + \cdots + a^{t-1}) = a^t - 1$$

이 성립한다.

(2) 가환환 Z_m에서, 모든 $t(t = 0, 1, 2, 3, \cdots)$에 대하여 정리 3.8과 (1)에 의해

$$\begin{aligned} x_t &= a^t x_0 + (1 + a + a^2 + \cdots + a^t)c \\ &= (a^t - 1)x_0 + x_0 + (1 + a + a^2 + \cdots a^t)c \\ &= (a-1)y_t x_0 + x_0 + y_t c \\ &= \{(a-1)x_0 + c\}y_t + x_0 = a' y_t + x_0 \end{aligned}$$

이 성립한다.

(3) 정리 3.8에 의하여 Z_m에서의 수열 $\{x_t\}$는 궁극적 순환수열이다. 그리고 각 $t(t = 0, 1, 2, 3, \cdots)$에 대하여 다음 조건은 서로 동치이다.

Z_m에서 $x_{i+t+r} = x_{i+t}$

$\Leftrightarrow$ (2)에 의하여 Z_m에서 $a' y_{i+t+r} + x_0 = a' y_{i+t} + x_0$ 즉, $a' y_{i+t+r} = a' y_{i+t}$

$\Leftrightarrow$ Z에서 $a' y_{i+t+r} = a' y_{i+t} \bmod m$

$\Leftrightarrow$ Z에서 $y_{i+t+r} = y_{i+t} \bmod m'$

$\Leftrightarrow$ Z에서 $y_{i+t+r}' = y_{i+t}' \bmod m'$

$\Leftrightarrow$ $Z_{m'}$에서 $y_{i+t+r}' = y_{i+t}'$

따라서 (3)이 성립한다.

정리 3.11

가환환 Z_m에서의 두 무한수열 $\{x_t\}$가 주기 r인 순환수열이라 하고 또 쌍마다 서로소인 양의 정수 $m_1, m_2, \cdots, m_k$에 대하여

$$m = m_1 m_2 \cdots m_k (m_1 \geq 2,\ m_2 \geq 2,\ \cdots,\ m_k \geq 2)$$

이라고 하자. 이때, 각 $i(1 \leq i \leq k)$와 $t(t = 0, 1, 2, \cdots)$에 대하여

$$x_{i,\ t} \equiv x_t \bmod m_i,\ 0 \leq x_{i,\ t} < m_i$$

라고 하면 환 Z_{m_i}에서의 무한수열 $\{x_{i,\ t}\}$는 순환수열이다. 그리고 각 $i(1 \leq i \leq k)$에 대하여 Z_{m_i}에서의 수열 $\{x_{i,\ t}\}$의 주기를 r_i라고 하면 $r = lcm[r_1, r_2, \cdots, r_k]$이다.

정리 3.12

홀수인 소수 p와 양의 정수 k에 대하여 $m = p^k$라고 할 때, 환 Z_m에서 $a \in Z_m$, $a \neq 0$에 대하여

$$y_0 = 0,\ y_t = 1 + a + a^2 + \cdots + a^{t-1} (t = 1, 2, \cdots)$$

라고 하면

(1) $a \equiv 0 \bmod p$이면 $y_k = y_{k+1} = y_{k+2} = \cdots$이다.

(2) $a \not\equiv 0 \bmod p$, $a \not\equiv 1 \bmod p$일 때 환 Z_m에서의 무한수열 $\{y_t\}$는 주기 $\mathrm{ord}_m a$인 순환수열이다.

(3) $a \equiv 1 \bmod p$일 때 환 Z_m에서의 무한수열 $\{y_t\}$는 주기 $m = p^k$인 순환수열이다.

예제 2 짝수 또는 홀수인 소수 p와 양의 정수 k에 대하여 $m = p^k$라고 할 때 환 Z_m에서 $a = 1$에 대하여

$$y_0 = 0,\ y_t = 1 + a + a^2 + \cdots + a^{t-1} \ (t = 1, 2, \cdots)$$

이라고 하면 Z_m에서의 무한수열 $\{y_t\}$는

$$0,\ 1,\ 2,\ \cdots,\ m-1,\ 0,\ 1,\ 2,\ \cdots,\ m-1,\ \cdots$$

이고 따라서 이 무한수열은 주기 m인 순환수열이다.

정리 3.13

양의 정수 k에 대하여 $m=2^k$라고 할 때 환 Z_m에서 원소 $a\in Z_m$에 대하여

$$y_0=0,\ y_t=1+a+a^2+\cdots+a^{t-1}\ \ (t=1,\ 2,\ \cdots)$$

이라고 하면 다음이 성립한다.

(1) $a\equiv 0 \bmod 2$이면 $y_k=y_{k+1}=y_{k+2}=\cdots$이다.

(2) $k=1,\ a\equiv 1 \bmod 4$일 때 환 Z_m에서의 무한수열 $\{y_t\}$는 주기 2인 순환수열이다.

(3) $k\geq 2,\ a\equiv 1 \bmod 4$일 때 환 Z_m에서의 무한수열 $\{y_t\}$는 주기 $m=2^k$인 순환수열이다.

(4) $k\geq 2,\ a\equiv 3 \bmod 4$일 때 환 Z_m에서의 무한수열 $\{y_t\}$는 순환수열이고 주기는 $\leq \dfrac{m}{2}=2^{k-1}$이다.

예제 3 다음 조건을 만족하는 무한수열 $\{y_t\}$을 구하여라.

(1) 환 $Z_4=\{0,\ 1,\ 2,\ 3\}$에서 원소 $a\in Z_4$에 대하여

$$y_0=0,\ y_t=1+a+a^2+\cdots+a^{t-1}\ \ (t=1,\ 2,\ \cdots)$$

이라고 할 때 환 Z_4에서의 무한수열 $\{y_t\}$

(2) 환 Z_8에서 원소 $a\in Z_8$에 대하여

$$y_0=0,\ y_t=1+a+a^2+\cdots+a^{t-1}\ \ (t=1,\ 2,\ \cdots)$$

이라고 할 때 환 Z_8에서의 무한수열 $\{y_t\}$

(3) 환 $Z_{2^{32}}=\{0,\ 1,\ 2,\ \cdots,\ 2^{32}-1\}$에서 원소 $a=69069$에 대하여

$$x_{t+1} = ax_t + 1 \quad (t = 0,\ 1,\ 2,\ \cdots)$$

$$y_0 = 0,\ y_t = 1 + a + a^2 + \cdots + a^{t-1} \quad (t = 1,\ 2,\ \cdots)$$

이라고 할 때 환 $Z_{2^{32}}$에서의 무한수열 $\{y_t\}$

■ **풀이** (1) (a) $a=0$일 때 0, 1, 1, 1, 1, 1, 1, ⋯

$a=2$일 때 0, 1, 3, 3, 3, 3, 3, ⋯

(b) $a=1$일 때 0, 1, 2, 3, 0, 1, 2, 3, ⋯

$a=3$일 때 0, 1, 0, 1, 0, 1, 0, 1, ⋯

(2) (a) $a=0$일 때 0, 1, 1, 1, 1, 1, 1, 1, ⋯

$a=2$일 때 0, 1, 3, 7, 7, 7, 7, ⋯

$a=4$일 때 0, 1, 5, 5, 5, 5, 5, ⋯

$a=6$일 때 0, 1, 7, 3, 3, 3, 3, , ⋯

(b) $a=1$일 때 0, 1, 2, 3, 4, 5, 6, 7, 0, 1, 2, 3, 4, 5, 6, 7, ⋯

$a=5$일 때 0, 1, 6, 7, 4, 5, 2, 3, 0, 1, 6, 7, 4, 5, 2, 3, ⋯

(c) $a=3$일 때 0, 1, 4, 5, 0, 1, 4, 5, 0, 1, 4, 5, ⋯

$a=7$일 때 0, 1, 0, 1, 0, 1, 0, 1, 0, 1, 0, 1, ⋯

(3) $a \equiv 1 \bmod 4$이므로 정리 3.13에 의하여 환 $Z_{2^{32}}$에서의 무한수열 $\{y_t\}$은 주기 2^{32}인 순환수열이다. 한편, $a' = (a-1)x_0 + 1 = 69068x_0 + 1$이라고 하면 $(a',\ n) = 1$이므로 정리 3.10에 의하여 $Z_{2^{32}}$에서의 무한수열 $\{x_t\}$는 순환수열로서 그 주기는 무한수열 $\{y_t\}$의 주기와 같다.

정의 3.14 BBS수열

가환환 $Z_m = \{0,\ 1,\ \cdots,\ m-1\}$에서의 무한수열 $\{x_t\}$가 관계식

$$x_{t+1} = x_t^2 \quad (t = 0,\ 1,\ 2,\ \cdots)$$

을 만족시킬 때, 즉 $x_{t+1} = x_t^2 \bmod m,\ 0 \le x_t < m$일 때 이 무한수열을 환 Z_m에서의 BBS수열(Blum, Blum, Shub sequence)이라고 한다.

BBS수열은 L. Blum, M. Blum, M. Shub가 1986년에 암호체계에 이용하기 위하여 고안해낸 환 Z_m 위에서의 무한수열이다.

예제 4 환 $Z_{77}=\{0, 1, 2, \cdots, 76\}$에서 $x_0=5$일 때 BBS수열 $\{x_t\}$을 구하여라.

■ **풀이** 관계식 $x_{t+1}=x_t^2$ $(t=0, 1, 2, \cdots)$에 의하여 무한수열 $\{x_t\}$을 구하면

$$5,\ 25,\ 9,\ 4,\ 16,\ 25,\ 9,\ 4,\ 16,\ \cdots$$

이다. 이 수열에서 첫째항을 제외한 무한수열 ${}_1\{x_t\}$은 주기가 4인 순환수열이다.

정리 3.15

가환환 $Z_m=\{0, 1, \cdots, m-1\}$에서의 무한수열 $\{x_t\}$가 관계식

$$x_{t+1}=x_t^2 \quad (t=0, 1, 2, \cdots)$$

을 만족시키는 BBS수열일 때

(1) $\{x_t\}$는 x_0의 값에 의하여 완전히 결정된다. 실제로

$$x_t=x_0^{2^t} \quad (t=0, 1, 2, \cdots)$$

이다.

(2) $x_0\in Z_m^*$ 즉 $(x_0, m)=1$일 때, $\mathrm{ord}_m x_0=2^r s\,(r\geq 0,\ s$는 홀수$)$이면 무한수열 ${}_r\{x_t\}$는 주기가 $\mathrm{ord}_s 2$인 순환수열이다. 특히, $\mathrm{ord}_m x_0=s\,(s$는 홀수$)$이면 $\{x_t\}$는 주기가 $\mathrm{ord}_s 2$인 순환수열이다.

보기 5 예제 3.4에서 언급한 Z_{77}에서의 BBS수열 $\{x_t\}$에서 $x_0=5$일 때 $\mathrm{ord}_{77}5=30=2^1\times 15$, $\mathrm{ord}_{15}2=4$, 즉 $2^4\equiv 1 \bmod 15$(정리 1.37)이므로 ${}_1\{x_t\}$는 주기가 4인 순환수열이다.

BBS수열을 논할 때는 m이 $p\equiv q\equiv 3 \bmod m$인 서로 다른 홀수인 두 소수 p와 q의 곱인 경우를 주로 생각한다. 이 경우에 $\{x_t\}$을 Z_m에서의 BBS수열이라고 하면,

$$x_{t+1}=x_t^2 \bmod m \quad (t=0, 1, 2, \cdots)$$

즉 $x_0^2\equiv x_1 \bmod m$, $x_1^2\equiv x_2 \bmod m$, $\cdots$이므로 $x_1, x_2, x_3, x_4, \cdots$는 법 m에 관하여 이차잉여이다. 한편, 각 $t(t\geq 0)$에 대하여 이차합동식 $x_t^2\equiv x_{t+1} \bmod m$의 해는

$x \equiv x_t \bmod m$을 포함하여 법 m에 관하여 4개가 존재하고 이들 4개의 해 중에서 법 m에 관하여 이차잉여인 것은 $x \equiv x_t \bmod m$뿐이다.

참고 1. 양의 정수 m과 $(a,\ m) = 1$인 a에 대하여 이차합동식 $x^2 = a \bmod m$의 해가 존재할 때 a를 법 m에 관한 이차잉여라 하고 이 이차합동식의 해가 존재하지 않을 때 a를 법 m에 관한 이차비잉여라고 한다(정의 1.44). 특히, p가 홀수인 소수일 때 $(a,\ p) = 1$인 정수 a가 법 p에 관한 이차잉여이기 위한 필요충분조건은 $1 = \left(\frac{a}{p}\right) \equiv a^{\frac{p-1}{2}} \bmod p$이어야 한다(정리 1.45, 정의 1.46).

2. 홀수인 소수 p에 대하여 $(a,\ p) = 1$이고 $p \equiv 3 \bmod 4$일 때 이차합동식

$$x^2 \equiv a \bmod p$$

의 해가 존재하면, $x \equiv \pm a^{\frac{p+1}{4}} \bmod p$이다.

증명 가정에 의하여 $\frac{p+1}{4}$는 정수이고 $1 = \left(\frac{a}{p}\right) \equiv a^{\frac{p-1}{2}} \bmod p$이므로

$$(\pm a^{\frac{p+1}{4}})^2 = a^{\frac{p+1}{2}} = a^{\frac{p-1}{2}} \times a \equiv a \bmod p$$

이므로 위 이차합동식을 만족한다.

3. 서로 다른 홀수인 소수 $p,\ q$에 대하여 $m = pq$라고 하자. 이때, $(a,\ m) = 1$, 즉 $(a,\ p) = (a,\ q) = 1$인 정수 a에 대하여 다음이 성립한다.

(1) 이차합동식 $x^2 \equiv a \bmod m$는 두 개의 이차합동식

$$x^2 \equiv a \bmod p,\ x^2 \equiv a \bmod q$$

가 모두 해를 가질 때 그리고 이때에만 해를 가진다. 즉, $\left(\frac{a}{p}\right) = \left(\frac{a}{q}\right) = 1$일 때 그리고 이때에만 a는 법 m에 관한 이차잉여이다.

(2) 이차합동식 $x^2 \equiv a \bmod m$의 해가 존재하면 이 이차합동식은 4개의 해

$$x \equiv \pm x_1 \bmod m,\ x \equiv \pm x_2 \bmod m$$

을 가진다. 또 $(x_1 + x_2,\ m) = p$이고 $(x_1 - x_2,\ m) = q$이거나 $(x_1 + x_2,\ m) = q$이고 $(x_1 - x_2,\ m) = p$이다(참고문헌 ≪대수학과 암호학≫ 정리 2.2).

증명 (1) 이차합동식 $x^2 \equiv a \bmod m$는 중국인의 나머지정리(정리 1.36)에 의하여 연립합동식

$$\begin{cases} x^2 \equiv a \bmod p \\ x^2 \equiv a \bmod q \end{cases}$$

과 동치이므로 (1)이 성립한다.

(2) 이차합동식 $x^2 \equiv a \bmod m$의 해가 존재하면 (1)에 의하여

$$x^2 \equiv a \bmod p, \quad x^2 \equiv a \bmod q$$

은 각각 2개의 해를 가진다. 이를 $x \equiv \pm b \bmod p$, $x \equiv \pm c \bmod q$라고 하면 이차합동식 $x^2 \equiv a \bmod m$의 해는 다음 4개의 연립합동식의 해와 같다.

(a) $\begin{cases} x \equiv b \bmod p \\ x \equiv c \bmod q \end{cases}$ (b) $\begin{cases} x \equiv -b \bmod p \\ x \equiv c \bmod q \end{cases}$

(c) $\begin{cases} x \equiv b \bmod p \\ x \equiv -c \bmod q \end{cases}$ (d) $\begin{cases} x \equiv -b \bmod p \\ x \equiv -c \bmod q \end{cases}$

위의 각 연립합동식의 해는 중국인의 나머지정리(정리 1.36)를 이용하여 구하면 된다. 먼저 $qN_1 + pN_2 = 1$인 정수 N_1, N_2을 구하여

$$x_1 = qN_1 b + pN_2 c, \quad x_2 = qN_1(-b) + pN_2 c$$

라고 놓으면 연립합동식 (a), (b), (c), (d)의 해는 각각 다음과 같다.

$$x \equiv x_1 \bmod m, \ x \equiv x_2 \bmod m, \ x \equiv -x_2 \bmod m, \ x \equiv -x_1 \bmod m$$

이들은 이차합동식 $x^2 \equiv a \bmod m$의 해이다. 또한

$$x_1 + x_2 = 2pN_2 c, \ x_1 - x_2 = 2qN_1 b$$
$$(c, \ q) = (N_2, \ q) = 1, \ (b, \ p) = (N_1, \ p) = 1$$

이므로 $(x_1 + x_2, \ m) = p$이고 $(x_1 - x_2, \ m) = q$이다.

4. $p \equiv q \equiv 3 \bmod 4$인 서로 다른 홀수인 두 소수 p, q에 대하여 $m = pq$일 때, 이차합동식 $x^2 \equiv a \bmod m$의 해가 존재하면 이 해 중에는 법 m에 관하여 이차잉여인 해 $x \equiv x_0 \bmod m$가 존재하고 또 이와 같은 해는 단 하나뿐이다.(참고문헌 ≪대수학과 암호학≫ 정리 2.3)

증명 이차합동식 $x^2 \equiv a \bmod m$의 해가 존재하면, 두 합동식

$$x^2 \equiv a \bmod p, \quad x^2 \equiv a \bmod q$$

은 각각 두 개의 해 $x \equiv \pm b \bmod p$, $x \equiv \pm c \bmod q$을 가진다. 이때, 이차합동식 $x^2 \equiv a \bmod m$의 해는 다음 4개의 연립합동식의 해와 같다.

(a) $\begin{cases} x \equiv b \bmod p \\ x \equiv c \bmod q \end{cases}$ (b) $\begin{cases} x \equiv -b \bmod p \\ x \equiv c \bmod q \end{cases}$

(c) $\begin{cases} x \equiv b \bmod p \\ x \equiv -c \bmod q \end{cases}$ (d) $\begin{cases} x \equiv -b \bmod p \\ x \equiv -c \bmod q \end{cases}$

따라서 이 4개의 해를

$$x \equiv x_1 \bmod m, \ x \equiv x_2 \bmod m, \ x \equiv -x_2 \bmod m, \ x \equiv -x_1 \bmod m$$

라 하면 이것은 모두 이차합동식 $x^2 \equiv a \bmod m$의 해이다. 한편,

$$x_1 = b \bmod p, \ x_1 = c \bmod q, \ x_2 = -b \bmod p, \ x_2 = c \bmod q$$

이므로 정리 1.47의 (3)에 의하여

$$\left(\frac{x_1}{p}\right) = \left(\frac{b}{p}\right) = \left(\frac{-x_2}{p}\right), \ \left(\frac{x_1}{q}\right) = \left(\frac{c}{q}\right) = \left(\frac{x_2}{q}\right)$$

이고 또, $p \equiv q \equiv 3 \bmod 4$이므로 다음이 성립한다(정리 1.47의 (5), (6)).

$$\left(\frac{-1}{p}\right) = (-1)^{\frac{p-1}{2}} = -1, \ \left(\frac{-1}{q}\right) = (-1)^{\frac{q-1}{2}} = -1$$

따라서 4개의 순서쌍

$$\left(\left(\frac{x_1}{p}\right), \left(\frac{x_1}{q}\right)\right), \ \left(\left(\frac{x_2}{p}\right), \left(\frac{x_2}{q}\right)\right), \ \left(\left(\frac{-x_2}{p}\right), \left(\frac{-x_2}{q}\right)\right), \ \left(\left(\frac{-x_1}{p}\right), \left(\frac{-x_1}{q}\right)\right)$$

은

$$\left(\left(\frac{b}{p}\right), \left(\frac{c}{q}\right)\right), \ \left(-\left(\frac{b}{p}\right), \left(\frac{c}{q}\right)\right), \ \left(\left(\frac{b}{p}\right), -\left(\frac{c}{q}\right)\right), \ \left(-\left(\frac{b}{p}\right), -\left(\frac{c}{q}\right)\right)$$

이다. 그러므로 이들은 각각

$$(1, \ 1), \ (-1, \ 1), \ (1, \ -1), \ (-1, \ -1)$$

중에서 하나 그리고 단 하나와 같으므로 이 중에는 $(1,\ 1)$인 것이 존재하고 또 이와 같은 것은 단 하나뿐이다. 따라서 이차합동식 $x^2 \equiv a \bmod m$의 4개의 해 중에는 $\left(\dfrac{x_0}{p}\right) = \left(\dfrac{x_0}{q}\right) = 1$인 해 $x \equiv x_0 \bmod m$가 단 하나 존재한다. 이때, x_0는 법 m에 관하여 이차잉여이다(참고 3).

보기 6 이차합동식 $x^2 \equiv 860 \bmod 11021$의 해를 구하여라.

■ **풀이** 먼저 11021은 서로 다른 두 소수 103, 107의 곱이고 이차합동식

$$x^2 \equiv 860 \equiv 36 = 6^2 \bmod 103$$
$$x^2 \equiv 860 \equiv 4 = 2^2 \bmod 107$$

의 해는 각각 $x \equiv \pm 6 \bmod 103$, $x \equiv \pm 2 \bmod 107$이다. 따라서 $x^2 \equiv 860 \bmod 11021$의 해는 다음 4개의 연립합동식의 해와 같다.

$$\begin{cases} x \equiv 6 \bmod 103 \\ x \equiv 2 \bmod 107 \end{cases} \begin{cases} x \equiv -6 \bmod 103 \\ x \equiv 2 \bmod 107 \end{cases} \begin{cases} x \equiv 6 \bmod 103 \\ x = -2 \bmod 107 \end{cases} \begin{cases} x \equiv -6 \bmod 103 \\ x \equiv -2 \bmod 107 \end{cases}$$

유클리드 알고리즘을 이용하여

$$107N_1 + 103N_2 = 1$$

($107N_1 \equiv 1 \bmod 103$, $103N_2 \equiv 1 \bmod 107$을 하나의 식으로 표현)

인 정수 N_1, N_2을 구하면 $N_1 = 26$, $N_2 = -27$이다. 따라서

$$x_1 = 107 \cdot 26 \cdot 6 + 103 \cdot (-27) \cdot 2 = 11130$$
$$x_2 = 107 \cdot 26 \cdot (-6) + 103 \cdot (-27) \cdot 2 = -22254$$

이라고 놓으면 이차합동식 $x^2 \equiv 860 \bmod 11021$의 해는 다음과 같다.

$$x \equiv 11130 \equiv 109 \bmod 11021,\ x \equiv -22254 \equiv 10809 \bmod 11021,$$
$$x \equiv -10809 \equiv 212 \bmod 11021,\ x \equiv -109 \equiv 1012 \bmod 11021$$

그리고 $x_1 + x_2 = 11130 - 22254 = -11124$, $(x_1 + x_2,\ 11021) = 103$이고 $x_1 - x_2 = 11130 + 22254 = 33384$, $(x_1 - x_2,\ 11021) = 107$이다.

5. BBS수열을 이용한 암호체계

(1) 수신자 A는 $p \equiv q \equiv 3 \bmod 4$인 서로 다른 홀수인 두 소수 $p,\ q$을 선택하여 $m = pq$을 계산하고 m값만 공개한다.

(2) 송신자 B는 $(x_0,\ m) = 1,\ 1 \le x_0 < m$인 정수 x_0을 택하여 관계식

$$x_{t+1} = x_t^2 \bmod m \quad (t = 0,\ 1,\ 2,\ \cdots)$$

을 만족시키는 BBS수열 $\{x_t\}$을 얻은 다음에 $s_t \equiv x_t \bmod 2,\ 0 \le s_t \le 1$로 정의되는 $Z_2 = \{0,\ 1\}$에서의 이진수열 $\{s_t\}$을 얻는다.

(3) 송신자 B는 통신문을 이진수열로 이루어진 유한수열 $p_1,\ p_2,\ \cdots,\ p_k$로 나타내고

$$c_i = p_i + s_i \bmod 2,\ c_i \in Z_2 \quad (i = 1,\ 2,\ \cdots,\ k)$$

인 $c_1,\ c_2,\ \cdots,\ c_k$을 계산하여 암호문 $c_1,\ c_2,\ \cdots,\ c_k$와 x_{k+1}을 수신자 A에게 전송한다.

(4) 수신자 A는 x_{k+1}에 참고 4을 적용하여 차례로 $x_k,\ x_{k-1},\ \cdots,\ x_1$을 복호화하고 이를 이용하여 $s_k,\ s_{k-1},\ \cdots,\ s_1$을 구한 다음에 $c_i \equiv p_i + s_i \bmod 2$을 이용하여 즉 $p_i \equiv c_i + s_i \bmod 2$을 계산하여 평문 $p_1,\ p_2,\ \cdots,\ p_k$을 얻는다.

여기서 이차합동식 $x^2 \equiv a \bmod m,\ (a,\ m) = 1$의 해를 구하는 문제는 $m = pq$의 두 소인수 $p,\ q$을 구하는 문제와 동치이므로 이 암호체계는 안전하다(참고 3 참조).

연습문제 3.3

1. 가환환 Z_{169}에서의 무한수열 $\{x_t\}$가 관계식

$$x_0 = 23,\ x_{t+1} = 3x_t + 7\ (t = 0,\ 1,\ 2,\ \cdots)$$

을 만족시키는 수열이라고 할 때, $\{x_t\}$의 주기를 구하여라.

2. 가환환 Z_{169}에서의 무한수열 $\{x_t\}$가 관계식

$$x_0 = 6,\ x_{t+1} = 27x_t + 30\ (t = 0,\ 1,\ 2,\ \cdots)$$

을 만족시키는 수열이라고 할 때, $\{x_t\}$의 주기를 구하여라.

3. 환 Z_{77}에서 초기값이 63인 BBS수열 $\{x_t\}$의 처음 10개의 항을 구하여라. 그리고 무한 수열 $_1\{x_t\}$는 어떤 수열인가?

4. 환 Z_{15}에서 BBS수열 $\{x_t\}$에서, $x_0 \in Z_{15}^*$에 대하여 $\{x_t\}$의 특성을 말하여라.

3.4 소인수분해

암호학에서 암호의 암·복호화 과정에서 암호의 암·복호화를 위해 정수를 소인수분해하는 방법이 자주 사용된다. 이 절에서는 이러한 정수를 소인수분해 하는 방법으로서 폴라드(Pollaed)의 방법, 연분수를 이용하는 방법, 그리고 이차체를 이용하는 방법에 대하여 설명한다. 먼저, 폴라드의 방법은 J.M. Pollard가 개발한 방법으로서 양의 정수를 인수분해하는 방법이다. 연분수를 이용하는 방법은 D.H. Lehmer와 R.E. Powers가 1931년 제안한 방법으로서 양의 정수 n에 대하여 $\sqrt{n}$의 연분수를 이용한 인수분해 방법으로서 전자계산기를 다양하게 사용하는 현대적인 인수분해 방법이다. 마지막으로 이차 체를 이용한 정수의 인수분해방법은 C. Pomerance가 1981년에 발표한 방법으로서 M.Kraitchik과 J. Dixon의 인수분해 방법을 확장한 것이다.

3.4.1 폴라드의 정수의 인수분해

1) 폴라드의 $(p-1)$방법

이 방법은 모든 양의 정수에 대하여 적용할 수는 없지만 대단히 큰 특수한 정수의 인수를 구할 수 있는 방법이다.

먼저 주어진 양의 정수 n에 대하여 p를 n의 홀수인 소인수라 하고 또 $(a,\ p)=1$인 a를 양의 정수라고 하자. 그러면 $a^{p-1}\equiv 1 \bmod p$이다(정리 1.34의 페르마의 정리 참조). 따라서 $(p-1)|M$인 양의 정수 M에 대하여

$$a^M \equiv 1 \bmod p \text{ 즉 } p|(a^M-1)$$

이고 또 $p|n$이므로 $p|(a^M-1,\ n)$이다.

그러므로 $(a^M-1,\ n)\neq n$이면 a^M-1과 n의 최대공약수 $(a^M-1,\ n)$은 1도 아니고 n도 아닌 n의 인수이다. 물론 이 인수는 p가 아닐 수도 있다. 여기서,

$$a^M-1\equiv m \bmod n,\ 0\le m<n$$

이라고 하면 $(a^M-1,\ n)=(m,\ n)$이다.

위의 계산과정에서 n의 소인수 p를 알 수 없으므로 $(p-1)|M$인 양의 정수 M은 가능한 작아야 비교적 짧은 시간 안에 a^M-1을 계산할 수 있다. 한편, $p-1$의 모든 소인수를 알지 못하므로 각 $k=2,\ 3,\ 4,\ \cdots$에 대하여

$$k!,\ [1,\ 2,\ \cdots,\ k],\ (k\text{보다 작은 소수 전체의 곱})$$

와 같은 수를 M으로 선택한다. 예를 들어 $M=k!$라고 하면 적당한 양의 정수 a에 대하여

$$a^{k!}-1\equiv m \bmod n,\ 0\leq m<n$$

인 정수 m을 구하여 $(a^{k!}-1,\ n)=(m,\ n)$을 계산하면 운이 따르는 경우에 n의 인수를 얻는다. 실제로, n의 홀수인 소인수 p 중에서 $p-1$의 소인수가 모두 비교적 작은 p가 존재하면 n의 인수를 성공적으로 구할 수 있다.

위에서 설명한 폴라드의 $(p-1)$방법은 사실 홀수인 소수 p에 대하여 체 Z_p의 곱셈군 $Z_p^*=Z_p-\{0\}$의 성질을 이용한 방법이다. 실제로, 체 Z_p에서 $(p-1)$의 곱셈에 대한 역원이 존재한다.

보기 1 양의 정수 $n=1073$에 대하여 $n=29\cdot 37$이다. 먼저 $p=29$이고 $a=2$을 선택하면 $a^{28}-1\equiv 899 \bmod n$, $(a^{28}-1,\ n)=(899,\ n)=29$이고 $p=37$일 때 $p-1=36$이고 $a=2$에 대하여 $a^{36}-1\equiv 776 \bmod n$, $(a^{36}-1,\ n)=(776,\ n)=37$이다.

알고리즘 3.16 폴라드의 $(p-1)$방법

주어진 양의 정수 n에 대하여, 양의 정수 a를 선택하여

$$a_k\equiv a^{k!} \bmod n\ \ (1\leq k\leq B)$$

인 a_k값을 순차적으로 구하여 이를 처음부터 25단계로 나누어

$$Q_1=(a_1-1)(a_2-1)\cdots(a_{25}-1) \bmod n$$
$$Q_2=(a_{26}-1)(a_{27}-1)\cdots(a_{50}-1) \bmod n$$
$$\vdots$$

라 놓고 최대공약수 $(Q_i,\ n)$을 계산한다.

(1) [시작] $a=2,\ m=1,\ Q=1,\ k=2$라 놓고 양의 정수 B를 정한다.

(2) [Q_k의 계산] 먼저

$$b \equiv a^k \bmod n,\ 0 \le b < n$$

인 정수 b를 계산하여 다시 a로 놓고 다시

$$P \equiv Q(a-1) \bmod n,\ 0 \le P < n$$

인 정수 P를 계산하여 P를 다시 Q로 놓는다. 그리고 $k+1,\ m+1$을 각각 다시 $k,\ m$으로 놓는다. 이때, $m < 25$이면 단계 (2)를 되풀이하고 $m=25$이면 단계 (3)으로 간다.

(3) [최대공약수 계산] $d=(Q,\ n)$을 계산한다. 여기에서 $d \ne 1,\ d \ne n$이면 d를 n의 인수라 놓고 그렇지 않을 경우에는 단계 (4)로 간다.

(4) [세분해야 할 필요가 있는지 확인] $d=n$인 경우에는 세분해야 할 필요가 있다고 보고하고 좀 더 세분하여 최대공약수를 계산한다.

한편, $d=1$인 경우에 $k<B$이면 $Q=1,\ m=1$로 놓고 단계 (2)로 간다. 그러나 $m \ge B$이면 알고리즘을 끝낸다. 이 경우에 n의 홀수인 소인수 p 중에는 $p-1$의 소인수가 상당히 작은 소인수 p가 없다.

위의 알고리즘을 시행하기에 앞서 실제로 나눗셈을 하여 비교적 작은 n의 인수를 없애어 간단히 하는 것이 좋고 또 B는 10^6 이하의 정수로 택하는 것이 좋다. 또, $a^{k!}$ 대신에 $a^{[1,\ 2,\ \cdots,\ k]}$를 이용하는 것이 더 효율적이다.

2) 폴라드의 ρ방법

양의 정수 $n(n \ge 2)$과 정수를 계수로 가지는 다항식 $f(x)$에 대하여 환 Z_n에서의 무한수열 $\{x_t\}$가 관계식

$$x_{t+1} = f(x_t)\ \ (t=0,\ 1,\ 2,\ \cdots)$$

을 만족시키면 적당한 정수 i와 양의 정수 r에 대하여 Z_n에서의 무한수열 ${}_i\{x_t\}$는 주기 r인 순환수열이므로 다음 관계식이 성립한다(정리 3.4).

$$x_{i+t+r} = x_{i+t} \quad (t = 0,\ 1,\ 2,\ \cdots)$$

이제 n의 소인수 p에 대하여 체 Z_p에서의 무한수열 $\{z_t\}$을

$$z_t \equiv x_t \bmod p,\ 0 \le z_t < p \quad (t = 0,\ 1,\ 2,\ \cdots)$$

라고 놓자. 이때, 각 t에 대하여

$$z_{i+t+r} \equiv x_{i+t+r} \equiv x_{i+t} \equiv z_{i+t} \bmod p$$

이므로 체 Z_p에서

$$z_{i+t+r} = z_{i+t} \quad (t = 0,\ 1,\ 2,\ \cdots)$$

이 성립한다. 따라서 체 Z_p에서의 무한수열 $_i\{z_t\}$는 순환수열이고 그 주기는 r의 약수이다(정리 3.3). 한편 적당한 $j,\ k(k > j \ge 0)$에 대하여 $z_j = z_k$이면

$$x_j \equiv z_j \equiv z_k \equiv x_k \bmod p$$

이므로 $p \mid (x_j - x_k)$이고 또 $p \mid n$이므로 $p \mid (x_j - x_k,\ n)$은 1도 아니고 n도 아닌 n의 인수이다.

예제 2 양의 정수 $n = 341 = 11 \times 31$에 대하여 다항식 $f(x) = x^2 + 1$을 이용하여 Z_n에서의 무한수열 $\{x_t\}$을

$$x_0 = 3,\ x_{t+1} = f(x_t) = x_t^2 + 1 \quad (t = 0,\ 1,\ 2,\ \cdots)$$

와 같이 정의하였을 때 무한수열 $\{x_t\}$을 구하여라. 또

(1) 341의 소인수 11을 선택하여 체 Z_{11}에서의 무한수열 $\{z_t\}$을

$$z_t \equiv x_t \bmod 11,\ 0 \le z_t < 11 \quad (t = 0,\ 1,\ 2,\ \cdots)$$

으로 정의하였을 때 체 Z_{11}에서의 무한수열 $_4\{z_t\}$을 구하여라.

(2) 341의 소인수 31을 선택하여 체 Z_{31}에서의 무한수열 $\{y_t\}$을

$$y_t \equiv x_t \bmod 31,\ 0 \le z_t < 31 \quad (t = 0,\ 1,\ 2,\ \cdots)$$

으로 정의하였을 때 체 Z_{31}에서의 무한수열 $\{y_t\}$을 구하여라.

■ **풀이** 다항식 $f(x)=x^2+1$을 이용하여 Z_n에서의 무한수열 $\{x_t\}$을

$$x_0=3,\ x_{t+1}=f(x_t)=x_t^2+1\ \ (t=0,\ 1,\ 2,\ \cdots)$$

와 같이 정의하면 무한수열 $\{x_t\}$는

$\{x_t\}$: 3 10 101 313 103 39 158 72 70 127 103 39 158 72 70 127 103 $\cdots$

이다. 그리고 $x_{10}=x_4$이고 또 수열 $_4\{z_t\}$는 주기 6인 순환수열이다. 즉, Z_n에서의 무한수열 $\{x_t\}$는

$$x_{4+t+6}=x_{4+t}\ \ (t=0,\ 1,\ 2,\ \cdots)$$

을 만족시킨다.

(1) 341의 소인수 11을 선택하여 체 Z_{11}에서의 무한수열 $\{z_t\}$을

$$z_t\equiv x_t \bmod 11,\ 0\le z_t<11\ \ (t=0,\ 1,\ 2,\ \cdots)$$

으로 정의하였을 때 $z_0,\ z_1,\ z_2,\ \cdots,\ z_{10}$의 값은 각각 3, 10, 2, 5, 4, 6, 4, 6, 4, 6, 4이고 또 이 무한수열은 관계식

$$z_{4+t+2}=x_{4+t}\ \ (t=0,\ 1,\ 2,\ \cdots)$$

을 만족시키므로 체 Z_{11}에서의 무한수열 $_4\{z_t\}$는 주기 2인 순환수열이다.

(2) 341의 소인수 31을 선택하여 체 Z_{31}에서의 무한수열 $\{y_t\}$을

$$y_t\equiv x_t \bmod 31,\ 0\le z_t<31\ \ (t=0,\ 1,\ 2,\ \cdots)$$

으로 정의하면 $y_0,\ y_1,\ \cdots,\ y_5$의 값은 각각 3, 10, 8, 3, 10, 8이고 또

$$y_{t+3}=y_t\ \ (t=0,\ 1,\ 2,\ \cdots)$$

이므로 체 Z_{31}에서의 무한수열 $\{y_t\}$는 주기 3인 순환수열이다. 특히, $y_3=y_0$이므로 $x_3\equiv y_3\equiv y_0\equiv x_0 \bmod 31$ 이므로 $31\,|\,(x_3-x_0)$이다.

따라서 $(x_3-x_0,\ 341)=(310,\ 341)=31$이다.

주어진 양의 정수 n을 인수분해 하려면 먼저 적당한 다항식 $f(x)$을 택하여 환 Z_n에서의 무한수열 $\{x_t\}$의 각 항의 값을 계산해야 한다. 그런데 n의 홀수인 소인수 p의

값을 모르기 때문에 체 Z_p에서의 무한수열 $\{z_t\}$의 각 항의 값을 계산해 낼 수가 없으므로 각 x_t의 값을 계산하는 과정에서 무한수열 $\{x_t\}$의 순환하는 부분을 결정하도록 노력한다. 한편, 모든 x_t의 값을 구하여 두 항 x_i, x_j에 대하여 최대공약수 $(x_i - x_j, n)$의 값을 일일이 구한다는 것은 비현실적이다. 폴라드가 사용한 방법은 이른바 Floyd의 알고리즘을 이용하여 환 Z_n에서의 무한수열 $\{x_t\}$의 순환하는 부분을 알아내는 방법이다. 실제로

$$x_t - x_{2t} \quad (t = 0,\ 1,\ 2,\ \cdots)$$

을 계산하고 최대공약수 $(x_t - x_{2t},\ n)$을 구하고 이를 이용하여 n의 인수를 구한다. 이때, $x_k \equiv x_{2k} \bmod p$이면 $p \mid (x_k - x_{2k},\ n)$이다.

알고리즘 3.17 폴라드의 ρ방법

주어진 양의 정수 n에 대하여, 다항식 $f(x) = x^2 + 1$과 $x_0 = 2$을 이용하여 $1 \le t \le 10^6$인 t에 대하여 환 Z_n에서 x_t, $y_t = x_{2t}$을 계산하고 20단계씩 묶어 $Q \equiv \Pi\,(y_i - x_i) \bmod n$과 최대공약수 $(Q,\ n)$을 구한다.

(1) [시작] $x = 2,\ y = 2,\ Q = 1,\ i = 1,\ c = 1$이라고 놓는다.

(2) $i > 10^6$이면 이 알고리즘을 종료한다. 그리고 $i \le 10^6$이면

$$x' \equiv f(x) \bmod n, \quad 0 \le x' < n$$
$$y' \equiv f(f(x)) \bmod n, \quad 0 \le y' < n$$

인 정수 x', y'을 다시 각각 x, y로 놓고 또 $i+1$을 i로 놓는다.

(3) [곱의 축적] 만약에 $y = x$이면 이 알고리즘을 종료한다. 그리고 $y \ne x$인 경우 $Q(y - x)$을 다시 Q로 놓고 $c+1$을 c로 놓는다. 여기서 $c = 20$이면 단계 (4)로 가고 $c < 20$이면 단계 (2)로 간다.

(4) [최대공약수의 계산] $d = (Q,\ n)$이라고 할 때, $d > 1$이면 단계 (5)로 가고 $d = 1$이면 $Q = 1,\ c = 1$이라 놓고 단계 (2)로 간다.

(5) $d < n$이면 d를 n의 인수로 놓고 $d = n$이면 좀 더 작은 구간에서 최대공약수를 계산할 필요가 있음을 보고한다.

보기 3 양의 정수

$$n = \frac{11^{23} - 6^{23}}{5}$$

에 위의 알고리즘을 적용하면 46740회 만에 $n_1 = 7345513129$을 얻을 수 있고 n_1과 $n_2 = \frac{n}{n_1} = 24380310477967$이 소수임을 확인할 수 있다.

이 인수분해 방법을 적용할 때에는 먼저 인수분해할 양의 정수 n이 합성수인지를 결정하고 n의 비교적 작은 소인수를 없앤 후에 적용하여야 한다. 그리고 이 방법이 성공할 것인지는 행운에 맡길 수밖에 없다.

3.4.2 기타 방법

1) 연분수를 이용한 정수의 인수분해

이 방법은 1970년과 1985년 사이에 널리 사용되었으며 이 방법을 체계적으로 연구하고 발전시킨 사람은 M.A. Morrison과 J. Brillhart이다. 이들은 이 방법으로 페르마의 수 $F_7 = 59649589127497217 \times 5704689200685129054721$와 같이 인수분해 된다는 것을 밝혔다(1장 1.2.3 소수 참조).

2) 이차 체를 이용한 정수의 인수분해

이 방법은 연분수를 이용한 방법과 마찬가지로 주어진 양의 정수 n에 대한 합동식 $a^2 \equiv b^2 \bmod n$, $a \not\equiv \pm b \bmod n$의 해를 이용하여 n의 소인수를 체(sieve)로 걸러내는 방법이다.

연습문제 3.4

1. 양의 정수 $n = 61 \times 73$에 대하여 다항식 $f(x) = x^2 + 1$을 이용하여 Z_n에서의 무한수열 $\{x_t\}$을

$$x_0 = 2,\ x_{t+1} = f(x_t) = x_t^2 + 1 \ \ (t = 0,\ 1,\ 2,\ \cdots)$$

라 하자. 이때,

(1) 무한수열 $\{x_t\}$의 처음 10개의 항을 구하여라.

(2) 무한수열 $\{x_t\}$을 적당히 평행이동시킨 ${}_i\{x_t\}$는 주기 r인 순환수열이다. 이때, i와 r을 구하여라.

2. 양의 정수 $n = 59 \times 67$에 대하여 다항식 $f(x) = x^2 - 1$을 이용하여 Z_n에서의 무한수열 $\{x_t\}$을

$$x_0 = 2,\ x_{t+1} = f(x_t) = x_t^2 - 1 \ \ (t = 0,\ 1,\ 2,\ \cdots)$$

라 하자. 이때,

(1) 무한수열 $\{x_t\}$의 처음 10개의 항을 구하여라.

(2) 무한수열 $\{x_t\}$을 적당히 평행이동시킨 ${}_i\{x_t\}$는 주기 r인 순환수열이다. 이때, i와 r을 구하여라.

제 4 장 대수적 부호론

현대사회가 정보화 시대를 넘어서 4차 산업혁명시대로 접어들었다. 즉, 세계적으로 생명과학이 주도하는 시대가 도래하였다. 바야흐로 무인자동차, 드론, 알파고와 같은 인공지능, IT기술로 탄생한 인간을 대신하는 로봇시대가 도래하였다. 이는 IT의 근간인 정보전달의 핵심가치를 기반에 두고 있는 것이다. 이러한 시대에 부호이론(coding theory)에 대한 중요성은 말할 수 없이 중요한 분야가 되었다.
부호이론은 1948년에 셰논(Shannon)에 의해 시작되어 1960년대에 부호화 회로와 복호회로의 개발로 활발히 연구되었고 1965년에 화성착륙선 마리너(Mariner)4호가 화성의 사진을 지구로 전송하는데 사용하였다. 부호이론은 코딩교육과 매우 밀접한 관계가 있다. 일반적으로 코딩(부호)교육이란 코딩(명령어를 넣는 작업), 알고리즘(명령체계), 프로그래밍(모든 절차와 과정)등을 배우는 교육과정을 말한다. 이러한 교육을 받은 후에 실제 구현을 하기 위해 각 객체별 명령어(C언어 등)도 배우게 된다.
정보화 시대에 즈음하여 모든 소프트웨어를 개발하는 데 필요한 기법으로 코딩(코드(명령어)를 넣는 작업)은 필수 불가결한 학문분야이다. 4차 산업혁명시대를 맞이한 최근에는 많은 대학들이 인문사회과학 분야에서 조차 코딩교육을 필수과목으로 선정하여 교육하도록 교육과정을 개편하였다. 더구나 교육부에서는 초, 중등 교육과정에 코딩교육을 필수화 하여 의무적으로 교육하도록 하였다.
부호이론은 대수학, 확률론, 그리고 통계학의 이론을 토대로 하여 발전하여 왔으며 초기에는 암호학과 정보이론 분야에 활용되면서 그 중요성이 증대되다가 이제는 국가적 차원에서 공학뿐만 아니라 경영학, 경제학, 사회과학 등 많은 학문분야의 기초과목으로 학습을 하도록 하는 추세가 되었다. 이러한 이유는 4차 산업혁명시대에서 요구하는 소프트웨어에 대한 이해와 개발을 하기 위한 논리적 사고, 창의적 발현, 문제해결능력 함양 등을 기르는 데 그 목적이 있기 때문이다.

이 장에서는 대학교육에서 필요로 하는 코딩교육과 밀접한 대수적 부호이론에 대해서 다룬다. 이 장은 2장의 대수적 구조 편과 밀접한 관계가 있다. 군론과 환, 체론의 많은 이론들이 접목되었다. 이 장은 다음과 같이 구성하였다.

4.1 부호와 부호어

유무선 통신망(channel)을 통해 통신문을 전송할 때, 이 통신문을 통신로가 인식할 수 있도록 특정한 기호(symbol)로 바꾸는 과정을 **부호화**(encoding)라 하고 통신문을 전환하는 장치를 **부호기**(decoder)라고 한다. 또한 부호화된 언어를 **부호어**(codeword)라 하고 한 정보체계에 속하는 부호어 전체의 집합을 **부호**(code)라고 한다.

통신로를 통하여 통신문을 부호어로 바꾼 부호어가 송신기에 의해 전송되면 이를 수신기가 수신하여 우리가 이해할 수 있는 언어로 바꾸어 원래의 통신문의 내용을 이해할 수 있게 된다. 이때, 수신된 내용을 이해할 수 있는 언어로 바꾸는 과정을 **복호화**(decoding)라 하고 이렇게 전환하는 장치를 **복호기**(decoder)라고 한다.
통신문을 체계적으로 부호화하고 복호화하는 작업을 할 수 있도록 하기 위해 2장의 대수학의 지식을 활용하는 것이 좋다.

통신문이나 부호어를 만들 때에는 q개의 기호로 이루어진 집합 F을 가정한다. 통신문은 F에 속하는 $k(k \geq 1)$개의 기호를 차례대로 나열하여 $a_1a_2 \cdots a_k$와 같이 나타내고 부호어는 F에 속하는 $n(n \geq k)$개의 기호를 나열하여 $x_1x_2 \cdots x_n$과 같이 나타낸다. 2장에서 언급한 다음 정의를 생각해 보자.

정의 4.1 갈루아 체

임의의 소수 p와 $m \in Z^+$에 대하여 $q = p^m$이라 하면 이때, q개의 원소를 가진 유한 체를 갈루아 체(Galois field)라 하고 F_q 또는 $GF(q)$로 나타낸다. 특히,

$$F_p = Z_p = \{0,\ 1,\ \cdots,\ p-1\},\ F_2 = Z_2 = \{0,\ 1\}$$

이다(정의 2.73 참조).

갈루아 체 F_q 위에서 정의된 n개의 순서쌍으로 이루어진 집합을

$$F_q^n = \{(x_1,\ x_2,\ \cdots,\ x_n) \mid x_1,\ x_2,\ \cdots,\ x_n \in F_q\}$$

라 하자. 이때 집합 F_q^n 위에 정의된 덧셈과 스칼라곱을 다음과 같이 정의하면 $(F_q^n,\ +,\ \times)$은 n차원 벡터공간을 이룬다. 즉,

$$(a_1,\ a_2,\ \cdots,\ a_n) + (b_1,\ b_2,\ \cdots,\ b_n) = (a_1 + b_1,\ a_2 + b_2,\ \cdots,\ a_n + b_n)$$
$$k(a_1,\ a_2,\ \cdots,\ a_n) = (ka_1,\ ka_2,\ \cdots,\ ka_n),\ k \in F_q$$

이 장에서는 n차원 벡터공간 $(F_q^n,\ +,\ \times)$을 간단하게 벡터공간 F_q^n으로 나타내고 F_q^n의 원소인 벡터 $v = (x_1,\ x_2,\ \cdots,\ x_n)$을

$$v = (x_1,\ x_2,\ \cdots,\ x_n) \text{ 또는 } v = x_1 x_2 \cdots x_n$$

으로 나타내기로 한다.

다음 예제들은 부호어와 부호에 대한 개념을 이해하는데 벡터공간과 부분공간이 어떻게 이용되는지 보여주고 있다.

예제 1 체 $F_2 = \{0,\ 1\}$의 원소를 기호로 사용하여 두 가지 정보인 '예'와 '아니오'로 이루어진 정보체계에 대하여 다음을 구하여라.

(1) '예'를 0, '아니오'를 1로 나타냈을 때 부호어(부호화된 언어)와 부호(부호어 전체의 집합)

(2) '예'를 00, '아니오'를 11로 나타냈을 때 부호어와 부호

■ 풀이 (1) 부호어는 0 과 1이다. 따라서 부호어 전체로 이루어진 집합 $C = \{0,\ 1\}$가 부호이다. 참고로 부호 C는 벡터공간 F_2와 같다.

(2) 부호어는 00과 11이다. 따라서 부호는 집합 $C = \{00,\ 11\}$이다. 부호 C는 벡터공간 $F_2^2 = \{00,\ 01,\ 10,\ 11\}$의 1차원 부분공간이다.

예제 2 체 $F_2 = \{0,\ 1\}$의 원소를 사용하여 네 가지 정보인 '동', '서', '남', '북'으로 이루어진 정보체계에 대하여 다음을 구하여라.

(1) '동', '서', '남', '북'을 각각 00, 01, 10, 11로 나타냈을 때 부호어와 부호

(2) '동', '서', '남', '북'을 각각 000, 010, 100, 110으로 나타냈을 때 부호어와 부호

■ 풀이 (1) 부호어는 00, 01, 10, 11이다. 따라서 부호는 집합 $C=\{00, 01, 10, 11\}$이고 이는 2차원 벡터공간 F_2^2와 동일하다.

(2) 부호어는 000, 010, 100, 110이다. 따라서 부호는 집합

$$C=\{000, 010, 100, 110\}$$

이고 이는 3차원 벡터공간 $F_2^3=\{000, 001, 010, 011, 100, 101, 110, 111\}$의 2차원 부분공간이다(즉, 집합 C는 두 벡터 $v_1=010$과 $v_2=100$을 기저로 생성되는 집합이다. 따라서 C는 $C=\langle v_1, v_2\rangle=\{a_1v_1+a_2v_2 \mid a_1, a_2\in F_2\}$로 나타낼 수 있기 때문에 2차원 부분공간이다.).

부호와 부호어를 다음과 같이 좀 더 계량적으로 새로이 정의할 수 있다.

정의 4.2 (n, k)부호, 부호어

갈루아 체 F_q 위의 벡터공간 F_q^n에서 C가 F_q^n의 k차원 부분공간일 때 C를 블록(block)의 길이가 n인 F_q 위의 선형 (n, k)부호(linear (n, k)code)라 한다. 또, C에 속하는 각 벡터를 F_q 위에서 길이가 n인 부호어라고 한다. 특히, 갈로아 체 F_2 위의 부호와 부호어를 2진 부호(binary code), 2진 부호어(binary codeword)라고 한다.

예를 들어 위 예제 4.1의 (2)의 경우 부분공간 C는 블록의 길이가 2인 F_2 위의 선형 $(2, 1)$부호이다. 또, 예제 4.1과 예제 4.2는 모두 2진 부호와 부호어이다. 다음 예제는 부호어의 길이를 전환하는 방법을 보여준다.

예제 3 다음 벡터공간의 원소를 부호어로 하는 통신문에 대하여 다음을 구하여라.

(1) 벡터공간 $F_2^2=\{00, 01, 10, 11\}$의 원소인 4개의 벡터로 네 가지 통신문을 나타내었다고 하자. 이때, 체 $F_2=\{0, 1\}$ 위의 2×5행렬

$$G=\begin{pmatrix}0 & 1 & 1 & 0 & 1\\ 1 & 0 & 1 & 1 & 0\end{pmatrix}$$

라 할 때, 임의의 통신문 $(a_1, a_2)\in F_2^2$에 대하여

$$(x_1x_2x_3x_4x_5) = (a_1a_2)G$$

으로 정의하면 새로 전환된 4개의 부호어 $(x_1x_2x_3x_4x_5)$은 어떻게 표현되는가?

(2) 임의의 통신문 $(a_1,\ a_2,\ a_3) \in F_2^3$에 대하여 다음 두 가지 조건을 만족하는 새로 전환된 부호어 $(x_1,\ x_2,\ x_3,\ x_4,\ x_5,\ x_6) \in F_2^6$을 구하여라.

(i) $x_1 = a_1,\ x_2 = a_2,\ x_3 = a_3$

(ii) 체 $F_2 = \{0,\ 1\}$ 위의 3×6행렬

$$H = \begin{pmatrix} 0 & 1 & 1 & 1 & 0 & 0 \\ 1 & 0 & 1 & 0 & 1 & 0 \\ 1 & 1 & 0 & 0 & 0 & 1 \end{pmatrix}$$

일 때, $H\begin{pmatrix} x_1 \\ x_2 \\ \vdots \\ x_6 \end{pmatrix} = \begin{pmatrix} 0 \\ 0 \\ \vdots \\ 0 \end{pmatrix}$

■ **풀이** (1) 임의의 통신문 $(a_1,\ a_2) \in F_2^2$에 대하여

$$(x_1x_2x_3x_4x_5) = (a_1a_2)G$$

라 하였으므로

$$(x_1x_2x_3x_4x_5) = (a_1a_2)G = (a_1,\ a_2)\begin{pmatrix} 0 & 1 & 1 & 0 & 1 \\ 1 & 0 & 1 & 1 & 0 \end{pmatrix}$$

이다. 따라서

$$(x_1,\ x_2,\ x_3,\ x_4,\ x_5) = a_1(0,\ 1,\ 1,\ 0,\ 1) + a_2(1,\ 0,\ 1,\ 1,\ 0)$$

이므로 $F_2^2 = \{00,\ 01,\ 10,\ 11\}$에 속하는 통신문은 각각

$$C = \{00000,\ 01101,\ 10110,\ 11011\}$$

에 속하는 부호어로 전환된다. 한편, 부호 C는 행렬 G의 행공간이고 G의 계수(rank) $r(G) = 2$이므로 C는 5차원 벡터공간 F_2^5의 2차원 부분공간이다. 따라서 2진 선형 (5, 2)부호이다.

(2) 임의의 통신문 $(a_1,\ a_2,\ a_3) \in F_2^3$에 대하여 (i)과 (ii)을 만족한다고 가정하자. 그러면 우선, (ii)에서

$$\begin{pmatrix} 0 & 1 & 1 & 1 & 0 & 0 \\ 1 & 0 & 1 & 0 & 1 & 0 \\ 1 & 1 & 0 & 0 & 0 & 1 \end{pmatrix}\begin{pmatrix} x_1 \\ x_2 \\ \vdots \\ x_6 \end{pmatrix} = \begin{pmatrix} x_2 + x_3 + x_4 \\ x_1 + x_3 + x_5 \\ x_1 + x_2 + x_6 \end{pmatrix} = \begin{pmatrix} 0 \\ 0 \\ 0 \end{pmatrix}$$

이므로

$$\begin{cases} \quad\ \ x_2 + x_3 + x_4 \qquad\quad = 0 \\ x_1 \quad\ + x_3 \quad\ + x_5 \qquad = 0 \\ x_1 + x_2 \qquad\qquad\quad + x_6 = 0 \end{cases}$$

이다. 따라서 $x_4 = x_2 + x_3$, $x_5 = x_1 + x_3$, $x_6 = x_1 + x_2$가 되어 (i)에 의해

$$x_1 = a_1,\ x_2 = a_2,\ x_3 = a_3,\ x_4 = a_2 + a_3,\ x_5 = a_1 + a_3,\ x_6 = a_1 + a_2$$

이다. 그러므로 $F_2^3 = \{000,\ 001,\ 010,\ 011,\ 100,\ 101,\ 110,\ 111\}$에 속하는 8개의 통신문은 다음과 같은 부호

$$C = \{000000,\ 001110,\ 010101,\ 011011,\ 100011,\ 101101,\ 110110,\ 111000\}$$

에 속하는 부호어로 전환된다. 한편, 집합 C는 동차 연립방정식 (ii)의 해공간이고 H의 계수 $r(H) = 3$이므로 C는 6차원 벡터공간 F_2^6의 3차원 부분공간이다. 따라서 2진 선형 (6, 3)부호이다.

참고 1. 부호 C가 갈루아 체 F_q 위의 선형 $(n,\ k)$부호이면 C는 F_q 위의 k차원 벡터공간이므로 $C \cong F_q^k$이므로 $|C| = q^k$이다. 선형부호인 집합 C는 분명히 덧셈군이므로 이를 군 부호(group code)라고도 한다.

2. 체 $F_2 = \{0,\ 1\}$의 원소를 기호로 사용하는 경우에 각 기호가 잘못 전달(error)될 확률이 p이면 송신된 기호 0, 1이 각각 0 또는 1로 수신될 확률은 $1-p$이다.

3. 부호를 작성할 때는 부호어가 통신로를 통해 수신된 벡터로부터 각 성분의 오류를 수정하여 본래의 부호어로 복호하는 작업이 비교적 쉽고 효율적이 되도록 부호를 만드는 알고리즘을 개발하여야 한다.

정의 4.3 G의 계수

체 F_q 위의 $m \times n$ 행렬 G에 대하여 G의 m개의 행벡터를 $w_1, \cdots, w_m$이라 하고 이들 m개의 벡터에 의하여 생성된 F_q^n의 부분공간을 C라고 할 때, C를 행렬 G의 행공간이라고 하며 또 C의 차원을 G의 계수라 하고 이것을 $r(G)$로 나타낸다. 즉,

$$C = \langle w_1, \cdots, w_m \rangle = \{a_1 w_1 + \cdots + a_m w_m \mid a_1, \cdots, a_m \in F_q\}$$
$$r(G) = \dim C,\ c(G) \leq m,\ r(G) \leq n$$

이때, C에 속하는 벡터 $(x_1, \cdots, x_n)$은

$$(x_1, \cdots, x_n) = (a_1, \cdots, a_k)G,\ (a_1, \cdots, a_k) \in F_q^k$$

에 의해 결정된다.

체 F_q 위의 벡터공간 F_q^n의 부분공간 C는 적당한 행렬의 행공간이다. 실제로, $\dim C = k$일 때, C의 어떤 기저 $\{w_1, \cdots, w_k\}$을 선택하여 $w_1, \cdots, w_k$을 행벡터로 가지는 $k \times n$ 행렬을 G라 하면 $C=$(G의 행공간)이다.

정의 4.4 생성행렬

체 F_q 위의 $m \times n$ 행렬 G에 대하여

$$C = (G\text{의 행공간})$$

일 때, G을 부호 C의 생성행렬(generator matrix)이라고 한다.

특히, 체 F_q 위의 $k \times n$ 행렬 G가

$$G = (I_k \mid D)\ (I_k\text{는 } k\text{차 단위행렬})$$

와 같은 꼴일 때, $r(G) = k$이므로 G을 생성행렬로 가지는 부호 C는 체 F_q 위의 선형 (n, k)부호이다. 이 경우에 G을 C의 표준 생성행렬이라고 한다.

예제 4 체 F_2 위의 선형 (3, 2)부호 $C=\{000, 011, 101, 110\}$에 대하여 C의 생성 행렬 G을 구하여라.

■ **풀이** C의 차수는 체 F_2 위의 선형 (3, 2)부호이므로 $k=2$차이므로 C의 생성행렬 G의 행공간은 2이므로 G는 2×3 행렬이다. 따라서

$$G=\begin{pmatrix}0&1&1\\1&0&1\end{pmatrix}, \begin{pmatrix}1&0&1\\0&1&1\end{pmatrix}, \begin{pmatrix}0&1&1\\1&1&0\end{pmatrix}, \begin{pmatrix}1&0&1\\1&1&0\end{pmatrix}, \begin{pmatrix}1&1&0\\0&1&1\end{pmatrix}, \begin{pmatrix}1&1&0\\1&0&1\end{pmatrix}$$

은 모두 C의 생성행렬이다.

보기 5 체 F_3 위의 2×5 행렬

$$G=\begin{pmatrix}0&1&1&0&1\\1&0&1&1&0\end{pmatrix}$$

에 대하여 G을 생성행렬로 가지는 부호를 C라고 하면

$$C=\{a_1(0, 1, 1, 0, 1)+a_2(1, 0, 1, 1, 0) \mid a_1, a_2\in F_3\},\ r(G)=2$$

이고 따라서 C는 체 F_3 위의 선형 (5, 2)부호이다.

체 F_q 위의 $m\times n$ 행렬 H에 대하여 $r(H)=r$이면 동차 연립방정식

$$H\begin{pmatrix}x_1\\x_2\\\vdots\\x_n\end{pmatrix}=\begin{pmatrix}0\\0\\\vdots\\0\end{pmatrix}$$

의 해공간은 벡터공간 F_q^n의 $n-r$차원 부분공간이다. 역으로, 벡터공간 F_q^n에서, 각 정수 $k(1\le k<n)$에 대하여 F_q^n의 n차원 부분공간은 모두 이와 같은 꼴의 동차 연립일차방정식의 해공간이다.

정의 4.5　홀짝 검사행렬

체 F_q 위의 $m\times n$ 행렬 H에 대하여

$$H\begin{pmatrix} x_1 \\ x_2 \\ \vdots \\ x_n \end{pmatrix} = \begin{pmatrix} 0 \\ 0 \\ \vdots \\ 0 \end{pmatrix}$$

의 해공간을 체 F_q 위의 부호 C라 할 때 H를 C의 홀짝 검사행렬(parity-check matrix)이라고 한다.

여기에서 $r(H)=r$이면 C는 F_q 위의 선형 $(n, n-r)$부호이다.

특히, 체 F_q 위의 $(n-k)\times n$ 행렬 H가

$$H=(A \mid I_{n-k})(I_{n-k} : n-k\text{차 단위행렬})$$

와 같은 꼴일 때 $r(H)=n-k$이므로 H을 홀짝 검사행렬로 가지는 부호 C는 체 F_q 위의 선형 (n, k)부호이다. 이 경우에 행렬 H을 부호 C의 표준 홀짝 검사행렬이라고 한다.

보기 6　(1) (반복부호) 체 F_2 위의 $(n-1)\times n$행렬

$$A=\begin{pmatrix} 1 & 1 & 0 & \cdots & 0 \\ 1 & 0 & 1 & \cdots & 0 \\ \vdots & \vdots & \vdots & \cdots & \vdots \\ 1 & 0 & 0 & \cdots & 1 \end{pmatrix} \text{(각 행에 1이 두 개)}$$

을 부호 C의 홀짝 검사행렬일 때 C는

$$C=\{000\cdots 0,\ 111\cdots 1\}$$

이고 $r(A)=n-1$이므로 정의 4.5에 의하여 C는 이진선형 $(n, 1)$부호이다.

(2) (홀짝 검사부호) 체 F_2 위의 모든 성분이 1인 $1\times n$ 행렬

$$H=[11\cdots 1]$$

에 대하여 H가 부호 C의 홀짝 검사행렬이라고 하면

$$C=\left\{(x_1,\ \cdots,\ x_n)\in F_2^n \mid x_1+\cdots+x_n=0\right\}$$

이고 $r(H)=1$이므로 정의 4.5에 의하여 C는 F_2 위의 이진선형 $(n,\ n-1)$부호이다.

체 F_q 위의 $m\times n$ 행렬 A에 적당한 기본 행 연산을 유한번 시행하여 얻은 행렬을 B라고 하면

$$(A\text{의 행공간})=(B\text{의 행공간}),\ r(A)=r(B)$$

이고 다음 두 연립일차방정식의 해공간은 일치한다(정리 2.38).

$$A\begin{pmatrix}x_1\\x_2\\\vdots\\x_n\end{pmatrix}=\begin{pmatrix}0\\0\\\vdots\\0\end{pmatrix},\ B\begin{pmatrix}x_1\\x_2\\\vdots\\x_n\end{pmatrix}=\begin{pmatrix}0\\0\\\vdots\\0\end{pmatrix}$$

그리고 체 F_q 위의 임의의 m차의 정칙행렬 P에 대하여

$$(A\text{의 행공간})=(PA\text{의 행공간}),\ r(A)=r(PA)$$

이고 또 두 연립방정식

$$A\begin{pmatrix}x_1\\x_2\\\vdots\\x_n\end{pmatrix}=\begin{pmatrix}0\\0\\\vdots\\0\end{pmatrix},\ PA\begin{pmatrix}x_1\\x_2\\\vdots\\x_n\end{pmatrix}=\begin{pmatrix}0\\0\\\vdots\\0\end{pmatrix}$$

의 해공간은 일치한다(정리 2.38). 따라서 다음 정리가 성립한다.

정리 4.6

체 F_q 위의 $m\times n$ 행렬 A와 임의의 m차의 정칙행렬 P에 대하여 A을 생성행렬로 가지는 부호와 PA을 생성행렬로 가지는 부호는 일치하고 또 A을 홀짝 검사행렬로 가지는 부호와 PA을 홀짝 검사행렬로 가지는 부호는 일치한다.

정리 2.39에 의하면 체 F_q 위의 $m\times n$행렬 A에 적당한 기본 행 연산을 유한번 시행하여 얻은 기약 행 사다리꼴 행렬 A'의 처음 r개의 행벡터 $v_1{}',\ \cdots,\ v_r{}'$만이 영벡터가 아니라고 하면

$$(A\text{의 행공간}) = (A'\text{의 행공간}) = \langle v_1', \cdots, v_r' \rangle$$
$$r(A) = r(A') = r$$

이 성립하므로 A의 행공간은 F_q 위의 선형 (n, r)부호이다. 또 A을 부호 C의 홀짝 검사행렬이라고 할 때 C는 F_q 위의 선형 $(n, n-r)$부호이다.

예제 7 체 F_2 위의 4×7 행렬 A가 아래와 같이 주어졌을 때 다음을 구하여라.

$$A = \begin{pmatrix} 1 & 1 & 1 & 1 & 1 & 1 & 1 \\ 1 & 0 & 0 & 0 & 1 & 0 & 1 \\ 1 & 1 & 0 & 0 & 0 & 1 & 0 \\ 0 & 1 & 1 & 0 & 0 & 0 & 1 \end{pmatrix}$$

(1) 행렬 A을 생성행렬로 가지는 부호는 어떤 부호인가?

(2) 행렬 A을 홀짝 검사행렬로 가지는 부호는 어떤 부호인가?

■ 풀이 (1) 정의 4.4의 생성행렬의 정의에 의하면 행렬 A를 생성행렬로 가지는 부호를 구하려면 행렬 A의 행공간을 구해야 한다(정의 2.36). 먼저, 행렬 A의 행공간을 구하기 위해 A을 다음과 같이 기약 행 사다리꼴 행렬 A'로 변형한다. 즉,

$$A = \begin{pmatrix} 1 & 1 & 1 & 1 & 1 & 1 & 1 \\ 1 & 0 & 0 & 0 & 1 & 0 & 1 \\ 1 & 1 & 0 & 0 & 0 & 1 & 0 \\ 0 & 1 & 1 & 0 & 0 & 0 & 1 \end{pmatrix} \left\{\begin{matrix} (2\text{행}) - (1\text{행}) \\ \hline (3\text{행}) - (1\text{행}) \end{matrix}\right\} \rightarrow \begin{pmatrix} 1 & 1 & 1 & 1 & 1 & 1 & 1 \\ 0 & 1 & 1 & 1 & 0 & 1 & 0 \\ 0 & 0 & 1 & 1 & 1 & 0 & 1 \\ 0 & 1 & 1 & 0 & 0 & 0 & 1 \end{pmatrix}$$

$$\left\{\begin{matrix} (1\text{행}) - (2\text{행}) \\ \hline (4\text{행}) - (2\text{행}) \end{matrix}\right\} \rightarrow \begin{pmatrix} 1 & 0 & 0 & 0 & 1 & 0 & 1 \\ 0 & 1 & 1 & 1 & 0 & 1 & 0 \\ 0 & 0 & 1 & 1 & 1 & 0 & 1 \\ 0 & 0 & 0 & 1 & 0 & 1 & 1 \end{pmatrix}$$

$$\xrightarrow{(2\text{행}) - (3\text{행})} \begin{pmatrix} 1 & 0 & 0 & 0 & 1 & 0 & 1 \\ 0 & 1 & 0 & 0 & 1 & 1 & 1 \\ 0 & 0 & 1 & 1 & 1 & 0 & 1 \\ 0 & 0 & 0 & 1 & 0 & 1 & 1 \end{pmatrix}$$

$$\xrightarrow{(3\text{행}) - (4\text{행})} \begin{pmatrix} 1 & 0 & 0 & 0 & 1 & 0 & 1 \\ 0 & 1 & 0 & 0 & 1 & 1 & 1 \\ 0 & 0 & 1 & 0 & 1 & 1 & 0 \\ 0 & 0 & 0 & 1 & 0 & 1 & 1 \end{pmatrix} = A'$$

따라서 A'의 처음 4개의 행벡터가 영벡터가 아니므로 $r(A) = r(A') = 4$이므로 A을 생성행렬로 가지는 부호는 이진선형 $(7,\ 4)$부호이다.

(2) 또, 행렬 A을 홀짝 검사행렬로 가지는 부호는 이진선형 $(7,\ 3)$부호이다.

정의 4.7 $v \cdot w$

갈루아 체 F_q 위의 벡터공간 F_q^n에서 임의의 v, $w \in F_q^n$에 대하여 $v = (x_1, \cdots, x_n)$, $w = (y_1, \cdots, y_n)$라고 했을 때

$$v \cdot w = \sum_{i=1}^{n} x_i y_i = x_1 y_1 + \cdots + x_n y_n$$

으로 정의한다. 이때 $v \cdot w = 0$이면 v와 w는 서로 직교한다(orthogonal)고 말한다.

위 정의에 의하면 임의의 벡터 v, w, $u \in F_q^n$과 스칼라 $a \in F_q$에 대하여

(1) $(v+w) \cdot u = v \cdot u + w \cdot u$, $(av) \cdot w = a(v \cdot w)$

(2) $v \cdot (w+u) = v \cdot w + v \cdot u$, $v \cdot (aw) = a(v \cdot w)$

(3) $v \cdot w = w \cdot v$

이 성립함을 알 수 있다. 각자 점검해 보기 바란다.

정리 4.8

체 F_q 위에서 부호 C가 선형 (n, k)부호일 때

$$C^{\perp} = \left\{ v \in F_q^n \mid \text{모든 } w \in C\text{에 대하여 } v \cdot w = 0 \right\}$$

이라고 하면 $C^{\perp}$은 체 F_q 위의 선형 $(n, n-k)$부호이다.

증명 위의 (1), (2)에 의하여 $C^{\perp}$는 벡터공간 F_q^n의 부분공간이다. 또, 부호 C는 (n, k) 부호이므로 벡터공간 F_q^n의 k차 부분공간이다. 따라서 C는 k개의 벡터

$$w_1 = (a_{11}, a_{12}, \cdots, a_{1n}), \cdots, w_k = (a_{k1}, a_{k2}, \cdots, a_{kn})$$

로 이루어진 기저를 가진다. 이 k개의 벡터를 행벡터로 가지는 $k \times n$ 행렬을 G라고 하면 $C = (G\text{의 행공간}) = \langle w_1, \cdots, w_k \rangle$, $r(G) = k$이고 또 다음이 성립한다.

$$v = (x_1, \cdots, x_n)\text{에 대하여 } v \in C^{\perp} \iff w_1 \cdot v = \cdots = w_k \cdot v = 0$$

$$\iff \begin{pmatrix} a_{11} & a_{12} & \cdots & a_{1n} \\ a_{21} & a_{22} & \cdots & a_{2n} \\ \vdots & \vdots & \cdots & \vdots \\ a_{k1} & a_{k2} & \cdots & a_{kn} \end{pmatrix} \begin{pmatrix} x_1 \\ x_2 \\ \vdots \\ x_n \end{pmatrix} = \begin{pmatrix} 0 \\ 0 \\ \vdots \\ 0 \end{pmatrix} \iff G \begin{pmatrix} x_1 \\ x_2 \\ \vdots \\ x_n \end{pmatrix} = \begin{pmatrix} 0 \\ 0 \\ \vdots \\ 0 \end{pmatrix}$$

그러므로 $C^{\perp}$는 벡터공간 F_q^n의 $n-k$차원 부분공간이다. 따라서 $C^{\perp}$은 체 F_q 위의 선형 $(n, n-k)$부호이다.

참고 부호 $C^{\perp}$을 C의 쌍대부호(dual code, orthogonal code)라고 한다.

정리 4.9

체 F_q 위에서 부호 C가 선형 (n, k)부호일 때, $(C^{\perp})^{\perp} = C$이다. 즉, $C^{\perp}$의 쌍대공간은 C이다.

증명 정의에 의하여 $C \subseteq (C^{\perp})^{\perp}$이고 또, 정리 4.8에 의하여

$$\dim(C^{\perp})^{\perp} = n - \dim C^{\perp} = n - (n-k) = k = \dim C$$

이므로 $(C^{\perp})^{\perp} = C$이다.

정리 4.10

체 F_q 위의 $k \times n$ 행렬 G와 $(n-k) \times n$ 행렬 H에 대하여

$$r(G) = k,\ r(H) = n-k,\ G \times H^T = O \text{ 즉 } H \times G^T = O$$

라고 할 때, $C=$(G의 행공간)이라고 하면

(1) 부호 C는 체 F_q 위의 선형 (n, k)부호이고 행렬 G, H는 각각 C의 생성행렬, 홀짝 검사행렬이다.

(2) 부호 $C^{\perp}$는 체 F_q 위의 선형 $(n, n-k)$부호이고 행렬 H, G는 각각 $C^{\perp}$의 생성행렬, 홀짝 검사행렬이다.

보기 8 체 F_q 위에서 행렬 G와 H가 각각 다음과 같이 주어지면 G와 H는 위 정리의 조건을 만족시킨다.

(1) $G = (I_k \mid D)$, $H = (-D^T \mid I_{n-k})$

(2) $H = (A \mid I_{n-k})$, $G = (I_k \mid -A^T)$

예를 들면, 체 F_2 위에서 3×7행렬 G와 $(7-3) \times 7$행렬 H을

$$G=\begin{pmatrix}1&0&0&1&1&0&1\\0&1&0&1&0&1&1\\0&0&1&0&1&1&1\end{pmatrix}=(I_3 \mid D),\ H=(-D^T \mid I_4)=\begin{pmatrix}1&1&0&1&0&0&0\\1&0&1&0&1&0&0\\0&1&1&0&0&1&0\\1&1&1&0&0&0&1\end{pmatrix}$$

라고 놓으면 $r(G)=3,\ r(H)=7-3=4$이고

$$G\times H^T=\begin{pmatrix}1&0&0&1&1&0&1\\0&1&0&1&0&1&1\\0&0&1&0&1&1&1\end{pmatrix}\times\begin{pmatrix}1&1&0&1&0&0&0\\1&0&1&0&1&0&0\\0&1&1&0&0&1&0\\1&1&1&0&0&0&1\end{pmatrix}^T$$

$$=\begin{pmatrix}1&0&0&1&1&0&1\\0&1&0&1&0&1&1\\0&0&1&0&1&1&1\end{pmatrix}\times\begin{pmatrix}1&1&0&1\\1&0&1&1\\0&1&1&1\\1&0&0&0\\0&1&0&0\\0&0&1&0\\0&0&0&1\end{pmatrix}=\begin{pmatrix}0&0&0&0\\0&0&0&0\\0&0&0&0\end{pmatrix}=O$$

이 된다. 이때, C=(G의 행공간) 즉,

$$w_1=(1,\ 0,\ 0,\ 1,\ 1,\ 0,\ 1),\ w_2=(0,\ 1,\ 0,\ 1,\ 0,\ 1,\ 1),\ w_3=(0,\ 0,\ 1,\ 0,\ 1,\ 1,\ 1)$$

라고 하면

$$C=\langle w_1,\ w_2,\ w_3\rangle=\{a_1w_1+a_2w_2+a_3w_3 \mid a_1,\ a_2,\ a_3\in F_2\}$$
$$=\{0000000,\ 1001101,\ 0101011,\ 0010111,\ 1100110,\ 0111100,\ 1011010,\ 1110001\}$$

는 G의 행공간이다. 이때, 부호 C는 체 F_2 위의 선형 (7, 3)부호이고 행렬 G는 C의 생성행렬이다. 또,

$$\begin{pmatrix}1&1&0&1&0&0&0\\1&0&1&0&1&0&0\\0&1&1&0&0&1&0\\1&1&1&0&0&0&1\end{pmatrix}\begin{pmatrix}x_1\\x_2\\\vdots\\x_7\end{pmatrix}=\begin{pmatrix}0\\0\\\vdots\\0\end{pmatrix}$$

의 해공간이 C이므로 행렬 H는 C의 홀짝 검사행렬이다.

한편, $C^\perp$을 찾기 위해 정리 4.8에 의해

$$C^\perp=\{v\in F_q^n \mid \text{모든 } w\in C\text{에 대하여 } v\cdot w=0\}$$

이라고 하였으므로 $v=(x_1x_2\cdots x_7)$이라 놓고 부호 C의 원소와 내적을 해보면

$$v \cdot w = \begin{cases} x_1 + x_4 + x_5 + x_7 = 0 \\ x_2 + x_4 + x_6 + x_7 = 0 \\ x_3 + x_5 + x_6 + x_7 = 0 \\ x_1 + x_2 + x_5 + x_6 = 0 \\ x_2 + x_3 + x_4 + x_5 = 0 \\ x_1 + x_3 + x_4 + x_6 = 0 \\ x_1 + x_2 + x_3 + x_7 = 0 \end{cases}$$

이므로 연립하여 풀면

$$x_1 = x_7, \quad x_2 = x_3, \quad x_4 = x_5$$

이다. 따라서

$$\begin{aligned} C^{\perp} &= \left\{ v \in F_q^n \mid \text{모든 } w \in C\text{에 대하여 } v \cdot w = 0 \right\} \\ &= \{0000000,\ 0001110,\ 0110010,\ 0111100,\ 1000011,\ 1001101,\ 1110001,\ 1111111\} \end{aligned}$$

이고 체 F_q 위의 선형 $(n, n-k)$부호이다(정리 4.8). 또, 행렬 H는 $C^{\perp}$의 생성행렬이고 G는 $C^{\perp}$의 홀짝 검사행렬이다.

보기 9 체 $F_3 = \{0, 1, 2\}$ 위의 다음 두 행렬 G와 H을 다음과 같이 주어졌다고 하자.

$$H = \begin{pmatrix} 1 & 2 & 1 & 0 & 0 \\ 0 & 1 & 0 & 1 & 0 \\ 2 & 0 & 0 & 0 & 1 \end{pmatrix}, \quad G = \begin{pmatrix} 1 & 0 & 2 & 0 & 1 \\ 0 & 1 & 1 & 2 & 0 \end{pmatrix}$$

이때, H가 선형부호 C의 홀짝 검사행렬이라 하면 C는 F_3 위의 선형 $(5, 2)$부호이고 행렬 G는 C의 생성행렬이다. 반면에, C의 쌍대부호 $C^{\perp}$은 F_3 위의 선형 $(5, 3)$부호이고 행렬 H가 $C^{\perp}$의 생성행렬이다. 그리고 G는 $C^{\perp}$의 홀짝 검사행렬이다.

정의 4.11 부호 동치

체 F_q 위의 선형부호 C에 대하여 다음과 같은 유형의 연산을 유한번 시행하여 부호 C'을 얻었을 때 C와 C'을 서로 동치(equivalent)부호라고 한다.

(Ⅰ) $i \neq j$에 대하여 모든 부호어의 제i성분과 제j성분을 서로 교환한다.

(Ⅱ) 영이 아닌 $k \in F_q$에 대하여 모든 부호어의 제i성분을 k배 한다.

예제 10 체 $F_3=\{0,\ 1,\ 2\}$ 위의 다음 세 부호 C, C'과 C''은 모두 동치임을 보여라.

$$C=\{0000,\ 0120,\ 1012,\ 1102,\ 1222,\ 0210,\ 2021,\ 2201,\ 2111\}$$
$$C'=\{0000,\ 1020,\ 0112,\ 1102,\ 2122,\ 2010,\ 0221,\ 2201,\ 1211\}$$
$$C''=\{0000,\ 1010,\ 0122,\ 1102,\ 2112,\ 2020,\ 0211,\ 2201,\ 1221\}$$

■ 풀이 부호 C'은 부호 C에 속한 각 부호어의 제1성분과 제2성분을 서로 교환한 부호이고 부호 C''은 부호 C에 속한 각 부호어의 제3성분을 2배 한 부호이므로 정의 4.11에 의해 세 부호 C, C'과 C''은 모두 동치이다.

정의 4.11에 의하면 부호 C의 부호어에 (Ⅰ)과 (Ⅱ)와 같은 연산을 유한번 시행하여 얻은 부호를 C'이라 하면 C와 C'은 동치관계라고 하였다. 이와 같은 연산을 행렬에도 적용하면 의미 있는 결과를 얻을 수 있다. 2장 대수적 구조편의 정의 2.36에서 정의한 체 F 위의 $m\times n$ 행렬

$$A=\begin{pmatrix} a_{11} & a_{12} & \cdots & a_{1n} \\ a_{21} & a_{22} & \cdots & a_{2n} \\ \vdots & \vdots & \cdots & \vdots \\ a_{m1} & a_{m2} & \cdots & a_{mn} \end{pmatrix}$$

에 대하여 다음과 같은 기본 열 연산을 생각할 수 있다. 즉,

(Ⅰ) $i\neq j$에 대하여 모든 부호어의 제i성분과 제j성분을 서로 교환한다.

(Ⅱ) 영이 아닌 $k\in F_q$에 대하여 모든 부호어의 제i성분을 k배 한다.

이들 연산에 대응하는 기본행렬은 각각 C_{ij}, $D_{ii}(k)$(정리2.2.23의 하단부 참고; n차의 단위행렬 I_n에 대하여 기본 행 연산 (Ⅰ), (Ⅱ), (Ⅲ)을 시행하여 얻어지는 n차의 행렬을 C_{ij}, $D_{ii}(k)$, $E_{ij}(k)$로 나타낼 때 이러한 행렬을 기본행렬(elementary matrix)이라고 한다.)이고 이 연산에 의해 행렬 A는 각각 AC_{ij}, $AD_{ii}(k)$로 변형되며 특히 다음이 성립한다.

$$(x_1 \cdots x_j \cdots x_i \cdots x_n)=(x_1 \cdots x_i \cdots x_j \cdots x_n)C_{ij}$$
$$(x_1 \cdots kx_i \cdots x_n)=(x_1 \cdots x_i \cdots x_n)D_{ii}(k)$$

따라서 C가 체 F_q 위의 선형 $(n,\ k)$부호일 때, C에 속하는 각 부호어 $(x_1,\ \cdots,\ x_n)$

에 대하여 (Ⅰ)과 (Ⅱ)와 같은 유형의 연산을 s번 시행하여 얻은 부호 C'을 얻는다는 것은 각 행렬 $(x_1 \cdots x_n)$에 대하여 (Ⅰ), (Ⅱ)와 같은 유형의 기본 열 연산을 s번 시행하여 부호 C'을 얻는 것과 동일하다. 여기서

$$C_{ij}^T = C_{ij}^{-1} = C_{ij},\ D_{ii}(k)^T = D_{ii}(k),\ D_{ii}(k)^{-1} = D_{ii}(k^{-1})$$

이다.

정리 4.12

C가 체 F_q 위의 선형 (n, k)부호일 때, 그의 생성행렬, 홀짝 검사행렬을 각각 G, H라 하고

$$G' = GE_1 \cdots E_s,\ H' = HE_1^{-1} \cdots E_s^{-1}$$

라 하자(여기서 $E_1, \cdots, E_s$는 n차의 항등행렬을 순서대로 유한번 기본 행 연산을 한 C_{ij} 또는 $D_{ii}(k)$와 같은 형태의 기본행렬이다). 이때 다음이 성립한다.

(1) 행렬 G'을 부호 C'의 생성행렬이라고 하면 C'은 C와 동치이고 F_q 위의 선형 (n, k)부호이다.

(2) 행렬 H'을 부호 D'의 홀짝 검사행렬이라고 하면 $D' = C'$이고 따라서 D'은 C와 동치이다.

증명 (1) 임의의 $(x_1, \cdots, x_n) \in C$와 $(x_1', \cdots, x_n') \in C'$에 대하여

$$(x_1 \cdots x_n) = (a_1 \cdots a_k)G, \quad (a_1, \cdots, a_k) \in F_q^k$$
$$(x_1' \cdots x_n') = (a_1 \cdots a_k)G', \quad (a_1, \cdots, a_k) \in F_q^k$$

이고, 이때

$$(x_1' \cdots x_n') = (a_1 \cdots a_k)GE_1 \cdots E_s = (x_1 \cdots x_n)E_1 \cdots E_s$$

가 성립한다. 그러므로 부호 C'은

$$(x_1' \cdots x_n') = (x_1 \cdots x_n)E_1 \cdots E_s, \quad (x_1, \cdots, x_n) \in C$$

로 결정되는 $(x_1', \cdots, x_n')$ 전체로 이루어진 집합이므로 C'은 C와 동치이다.

따라서 $C \cong C'$이므로 C'은 F_q 위의 선형 $(n,\ k)$부호이다.

(2) 부호 C는 동차 연립일차방정식

$$H\begin{pmatrix} x_1 \\ x_2 \\ \vdots \\ x_n \end{pmatrix} = \begin{pmatrix} 0 \\ 0 \\ \vdots \\ 0 \end{pmatrix}$$

을 만족시키는 해 $(x_1,\ \cdots,\ x_n)$ 전체의 집합이다. 또한, 부호 D'은 동차 연립일차방정식

$$H'\begin{pmatrix} x_1' \\ x_2' \\ \vdots \\ x_n' \end{pmatrix} = \begin{pmatrix} 0 \\ 0 \\ \vdots \\ 0 \end{pmatrix}$$

을 만족시키는 해 $(x_1',\ \cdots,\ x_n')$ 전체의 집합이다. 한편,

$$\begin{pmatrix} x_1' \\ x_2' \\ \vdots \\ x_n' \end{pmatrix} = E_s \cdots E_1\begin{pmatrix} x_1 \\ x_2 \\ \vdots \\ x_n \end{pmatrix}$$

이라고 하면 $E_i^T = E_i$이므로

$$(x_1' \cdots x_n') = (x_1 \cdots x_n)E_1 \cdots E_s,$$

$$H\begin{pmatrix} x_1 \\ x_2 \\ \vdots \\ x_n \end{pmatrix} = HE_1^{-1} \cdots E_s^{-1}E_s \cdots E_1\begin{pmatrix} x_1 \\ x_2 \\ \vdots \\ x_n \end{pmatrix} = H'\begin{pmatrix} x_1' \\ x_2' \\ \vdots \\ x_n' \end{pmatrix}$$

이고

$$H\begin{pmatrix} x_1 \\ x_2 \\ \vdots \\ x_n \end{pmatrix} = \begin{pmatrix} 0 \\ 0 \\ \vdots \\ 0 \end{pmatrix} \Leftrightarrow H'\begin{pmatrix} x_1' \\ x_2' \\ \vdots \\ x_n' \end{pmatrix} = \begin{pmatrix} 0 \\ 0 \\ \vdots \\ 0 \end{pmatrix}$$

이다. 그러므로 부호 D'은

$$(x_1{}' \cdots x_n{}') = (x_1 \cdots x_n)E_1 \cdots E_s, \quad (x_1, \cdots, x_n) \in C$$

로 결정되는 $(x_1{}', \cdots, x_n{}')$ 전체로 이루어진 집합이므로 $D' = C'$이다. 따라서 (1)에 의해 D'은 C와 동치이다.

체 F_q 위의 $k \times n$ 행렬 A에서 $r(A) = k$일 때 행렬 A의 기약 행 사다리꼴 행렬 A'에 대하여 서로 다른 두 열을 교환하는 연산을 유한번 시행하면 A'은 $A'' = (I_k \mid D)$와 같은 꼴의 행렬로 변형된다.

예제 11 체 $F_3 = \{0, 1, 2\}$ 위의 다음과 같은 3×6행렬 A에 대하여 다음을 구하여라.

$$A = \begin{pmatrix} 1 & 2 & 1 & 0 & 0 & 1 \\ 2 & 1 & 0 & 2 & 0 & 2 \\ 1 & 2 & 1 & 0 & 1 & 0 \end{pmatrix}$$

(1) A을 생성행렬로 가지는 부호를 C라 하고 A의 기약 행 사다리꼴 행렬을 A'이라고 놓자. 이때 $G = A'$이라고 하면 G가 부호 C의 생성행렬임을 보이고 C는 F_3 위의 어떤 부호인지를 말하여라.

(2) 행렬 G'을 $G' = GC_{23}C_{35} = (I_3 \mid D)$라 하고 행렬 H'을 $H' = (-D^T \mid I_3)$라고 했을 때 부호 C의 홀짝 검사행렬 H를 구하여라.

(3) 부호 $C' = (G'\text{의 행공간})$이라고 하면 C'의 생성행렬과 홀짝 검사행렬을 구하고 C'과 C가 서로 동치임을 보여라.

■ **풀이** (1) 행렬 A에 기본 행 연산을 3번 시행하면 다음과 같은 기약 행 사다리꼴 행렬 A'을 얻는다. 즉,

$$A = \begin{pmatrix} 1 & 2 & 1 & 0 & 0 & 1 \\ 2 & 1 & 0 & 2 & 0 & 2 \\ 1 & 2 & 1 & 0 & 1 & 0 \end{pmatrix} \xrightarrow{(3\text{행}) - (1\text{행})} \begin{pmatrix} 1 & 2 & 1 & 0 & 0 & 1 \\ 2 & 1 & 0 & 2 & 0 & 2 \\ 0 & 0 & 0 & 0 & 1 & 2 \end{pmatrix}$$

$$\xrightarrow{(2\text{행}) - (1\text{행}) \times 2} \begin{pmatrix} 1 & 2 & 1 & 0 & 0 & 1 \\ 0 & 0 & 1 & 2 & 0 & 0 \\ 0 & 0 & 0 & 0 & 1 & 2 \end{pmatrix}$$

$$\xrightarrow{(1\text{행}) - (2\text{행})} \begin{pmatrix} 1 & 2 & 0 & 1 & 0 & 1 \\ 0 & 0 & 1 & 2 & 0 & 0 \\ 0 & 0 & 0 & 0 & 1 & 2 \end{pmatrix} = A'$$

가정에서 A는 부호 C의 생성행렬이고 $G = A'$이라고 하였으므로

$$C=(A\text{의 행공간})=(G\text{의 행공간}),\quad r(A)=r(G)=3$$

이다. 따라서 정의 4.4에 의하여 G는 부호 C의 생성행렬이고 정리 4.10에 의하여 C는 F_3 위의 $(6,\ 3)$부호이다.

(2) 행렬 G'을 $G'=GC_{23}C_{35}$라 하면(행렬 G의 2열과 3열을 교환하고 나서 또 3열과 5열을 교환)

$$G'=GC_{23}C_{35}=\begin{pmatrix}1&2&0&1&0&1\\0&0&1&2&0&0\\0&0&0&0&1&2\end{pmatrix}C_{23}C_{35}=\begin{pmatrix}1&0&0&1&2&1\\0&1&0&2&0&0\\0&0&1&0&0&2\end{pmatrix}$$
$$=(I_3 \mid D)$$

이 되고 또 $C_{ij}^{-1}=C_{ij}$이므로

$$G'C_{35}^{-1}C_{23}^{-1}=(GC_{23}C_{35})C_{35}^{-1}C_{23}^{-1}\Leftrightarrow G=G'C_{35}C_{23}$$

이다. 한편, 행렬 H'을 $H'=(-D^T \mid I_3)$라고 했을 때 $D=\begin{pmatrix}1&2&1\\2&0&0\\0&0&2\end{pmatrix}$이므로

$-D^T=\begin{pmatrix}2&1&0\\1&0&0\\2&0&1\end{pmatrix}$이 되어 $H'=\begin{pmatrix}2&1&0&1&0&0\\1&0&0&0&1&0\\2&0&1&0&0&1\end{pmatrix}$이다. 여기에서 행렬 H'의 3열과 5열을 교환하고 나서 2열과 3열을 교환한 행렬을 H라 하면 즉, $H=H'C_{35}C_{23}$라고 하면

$$H=\begin{pmatrix}2&0&1&1&0&0\\1&1&0&0&0&0\\2&0&0&0&1&1\end{pmatrix}$$

가 되고

$$H'=HC_{23}^{-1}C_{35}^{-1}=HC_{23}C_{35},\ \ G'H'^{T}=O,\ GH^T=O$$

이 되어 H는 부호 C의 홀짝 검사행렬이 된다.

(3) 부호 $C'=(G'\text{의 행공간})$이라고 하면 정리 4.9에 의해 G', H'은 부호 C'의 생성행렬과 홀짝 검사행렬이다. 따라서 정리 4.11에 의해 C'과 C는 서로 동치인 부호이다.

연습문제 4.1

1. 다음 행렬 G는 이진선형 (7, 4)부호 C의 생성행렬이다.

$$G=\begin{pmatrix}1&0&0&0&1&0&1\\0&1&0&0&1&1&1\\0&0&1&0&1&1&0\\0&0&0&1&0&1&1\end{pmatrix}$$

각 통신문 $u=a_1a_2a_3a_4\in F_2^4$에 대하여

$$(x_1x_2x_3x_4x_5x_6x_7)=(a_1a_2a_3a_4)G$$

로 결정되는 부호어 $v=x_1x_2x_3x_4x_5x_6x_7$을 대응시킬 때, 통신문

$$1000,\ 1010,\ 1011,\ 1111$$

에 대응하는 부호어를 구하여라. 그리고 C의 홀짝 검사행렬 하나만 구하여라.

2. 다음 행렬 H는 체 $F_3=\{0,\ 1,\ 2\}$ 위의 부호 C의 홀짝 검사행렬이다.

$$H=\begin{pmatrix}0&2&1&1&0&0\\2&1&1&0&1&0\\2&0&1&0&0&1\end{pmatrix}$$

각 전문 $u=a_1a_2a_3\in F_3^3$에 대하여

$$(x_1x_2x_3x_4x_5x_6)=(a_1a_2a_3)H$$

로 결정되는 부호어 $v=x_1x_2x_3x_4x_5x_6$을 대응시킬 때, 통신문

$$011,\ 120,\ 122,\ 201$$

에 대응하는 부호어를 구하여라. 그리고 C와 $C^{\perp}$의 생성행렬을 하나씩만 구하여라.

3. 다음 행렬 G는 체 $F_2=\{0,\ 1\}$ 위의 4×7행렬이다.

$$G=\begin{pmatrix} 0 & 1 & 1 & 0 & 0 & 0 & 1 \\ 0 & 1 & 1 & 1 & 0 & 1 & 0 \\ 1 & 0 & 0 & 0 & 1 & 0 & 1 \\ 1 & 1 & 0 & 0 & 0 & 1 & 0 \end{pmatrix}$$

행렬 G을 생성행렬로 가지는 부호를 C라 할 때, 부호 C의 길이와 차원을 구하여라. 또, 부호 C의 홀짝 검사행렬 하나만 구하여라.

4. 다음 두 행렬 H와 H'은 체 $F_2=\{0, 1\}$ 위의 3×7행렬이다.

$$H=\begin{pmatrix} 0 & 0 & 0 & 1 & 1 & 1 & 1 \\ 0 & 1 & 1 & 0 & 0 & 1 & 1 \\ 1 & 0 & 1 & 0 & 1 & 0 & 1 \end{pmatrix} \quad H'=\begin{pmatrix} 1 & 0 & 0 & 0 & 1 & 1 & 1 \\ 0 & 1 & 0 & 1 & 0 & 1 & 1 \\ 0 & 0 & 1 & 1 & 1 & 0 & 1 \end{pmatrix}$$

이때, 두 행렬 H와 H'을 홀짝 검사행렬로 가지는 선형부호를 각각 C, C'이라고 할 때 부호 C와 C'의 길이와 차원을 구하여라. 또, 부호 C와 C'의 생성행렬 G와 G'을 하나씩만 구하여라.

4.2 복호

우리는 4.1절에서 부호에 대한 용어의 정의를 간단히 하였다. 부호어가 통신로를 통하여 전달될 때 여러 가지 이유로 오류가 발생할 수 있으므로 수신자는 부호의 특성을 이용하여 수신된 벡터로부터 오류를 수정하여 수신된 벡터를 본래의 부호어로 전환하는 작업을 해야 한다. 이와 같이 수신된 내용을 이해할 수 있는 언어로 전환하는 과정인 본래의 부호어로 복호(decoding)하여야 한다. 이 절에서는 부호어에 대한 복호에 대하여 설명한다.

정의 4.13 해밍(Hamming)거리/무게

체 F_q 위의 벡터공간 F_q^n에 대하여 두 벡터 $v,\ w \in F_q^n$의 성분 중에서 서로 다른 성분의 개수를 $v,\ w$의 **해밍거리(hamming distance)** 또는 **거리(distance)**라 하고 $d(v,\ w)$로 나타낸다. 즉,

벡터공간 F_q^n에 속하는 $v=(x_1,\ \cdots,\ x_n),\ w=(y_1,\ \cdots,\ y_n)$에 대하여

$$d(v,\ w) = |\{i \mid x_i \neq y_i,\ 1 \leq i \leq n\}|$$

으로 나타낸다. 또, v의 성분 중에서 0이 아닌 성분의 개수를 v의 **해밍무게(hamming weight)** 또는 **무게(weight)**라 하고 이것을 $wt(v)$또는 $w(v)$로 나타낸다. 즉,

$$wt(v) = |\{i \mid x_i \neq 0,\ 1 \leq i \leq n\}|$$

으로 나타낸다.

위의 정의에서

$$wt(v) = d(O,\ v),\ \ O=(0,\ 0,\ \cdots,\ 0)$$
$$d(v,\ w) = d(O,\ v-w) = wt(v-w)$$

임을 알 수 있다.

정리 4.14

체 F_q 위의 벡터공간 F_q^n에서, 해밍거리와 해밍무게에 대하여 다음이 성립한다.

D.1: $0 \le d(v, w) \le n$이고 특히 $d(v, w) = 0 \Leftrightarrow v = w$

D.2: $d(v, w) = d(w, v)$

D.3: $d(v, w) \le d(v, u) + d(u, w)$

N.1: $0 \le wt(v) \le n$이고, 특히 $wt(v) = 0 \Leftrightarrow v = O$

N.2: $wt(v) = wt(-v)$

N.3: $wt(v + w) \le wt(v) + wt(w)$

정의 4.15 최소거리/무게

체 F_q 위의 선형 (n, k)부호 C에 대하여

$$d(C) = \min\{d(v, w) \mid v, w \in C, v \ne w\}$$
$$wt(C) = \min\{wt(v) \mid v \in C, v \ne O\}$$

을 각각 **최소거리**(minimum distance), **최소무게**(minimum weight)라고 한다.

또, $d(C) = d$일 때 C을 체 F_q 위의 선형 (n, k, d)부호라고 한다.

정리 4.16

체 F_q 위의 선형 (n, k)부호 C에서

$$d(C) = wt(C)$$

이다.

증명 부호 C는 벡터공간 F_q^n의 부분공간이므로 임의의 $v, w \in C$에 대하여 $v - w \in C$, $d(v, w) = wt(v - w)$이다. 따라서 $wt(C) \le d(C)$이다. 한편, $O \in C$이므로 임의의 $v \in C$에 대하여 $wt(v) = d(O, v)$이다. 따라서 $d(C) \le wt(C)$이므로 $d(C) = wt(C)$이다.

예제 1 다음 집합은 4.1절의 예제 3의 (2)에서 설명한 체 F_2 위의 부호 C이다. 즉,

$$C = \{000000,\ 001110,\ 010101,\ 011011,\ 100011,\ 101101,\ 110110,\ 111000\}$$

이때, 다음을 구하여라.

(1) 부호 C의 최소거리 $d(C)$을 구하여라.

(2) 부호 C의 최소무게 $wt(C)$을 구하여라.

(3) C는 체 F_2 위의 어떤 선형부호인가?

■ **풀이** (1) 주어진 부호 C는 체 F_2 위의 이진선형 $(6,\ 3)$부호이다. 따라서 정의 4.3에 의해 체 F_2 위의 선형 $(6,\ 3)$부호 C에 대하여

$$d(C) = \min\{d(v,\ w) \mid v,\ w \in C,\ v \neq w\} = 3$$

이다.

(2) 정리 4.16에 의해 $d(C) = wt(C)$이므로 $wt(C) = 3$이다.

(3) 정의 4.15에 의하여 C는 체 F_2 위의 선형 $(6,\ 3,\ 3)$부호이다.

정의 4.17 구

체 F_q 위의 벡터공간 F_q^n에서, 임의의 벡터 $v \in F_q^n$와 정수 $r(r \geq 0)$에 대하여

$$S_r(v) = \left\{w \in F_q^n \mid d(v,\ w) \leq r\right\}$$

을 중심이 v이고 반지름이 r인 구(sphere)라고 한다.

위 정의에 의하면

$$S_0(v) = \{v\},\ r \geq n\text{일 때 } S_r(v) = S_n(v)$$

$$S_r(O) = \left\{w \in F_q^n \mid wt(w) \leq r\right\}$$

정리 4.18

체 F_q 위의 벡터공간 F_q^n에서, 임의의 벡터 $v \in F_q^n$와 정수 $r(r \geq 0)$에 대하여 다음이 성립한다.

$$S_r(v) = \{v + u \mid u \in S_r(O)\} = v + S_r(O)$$

증명 임의의 $w \in S_r(v)$에 대하여

$$w = v + (w - v),$$
$$wt(w - v) = d(v,\ w) \leq r$$

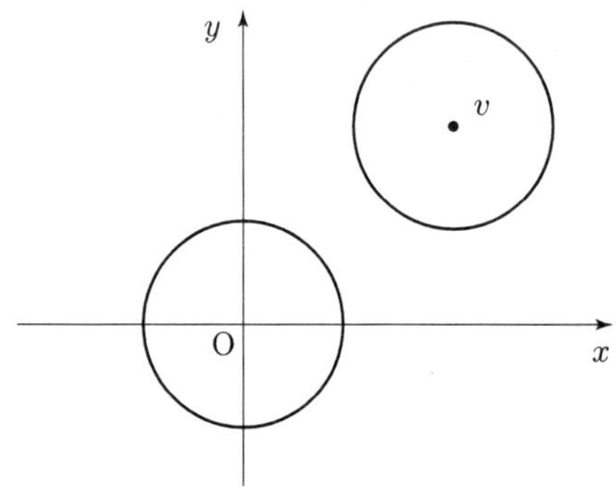

이므로 $w \in v + S_r(O)$이다. 그리고 임의의 $u \in S_r(O)$에 대하여

$$d(v,\ v + u) = wt(u) \leq r$$

이므로 $v + u \in S_r(v)$이다. 따라서 $S_r(v) = v + S_r(O)$이다.

정의 4.19 오류벡터

체 F_q 위의 선형 $(n,\ k,\ d)$부호 C에 속하는 부호어 $v = (x_1,\ \cdots,\ x_n)$가 통신로를 따라 전송되어 $w = (y_1,\ \cdots,\ y_n) \in F_q^n$로 수신되는 경우에 벡터 $e = w - v$을 오류벡터(error vector)라고 한다.

수신된 벡터 w로부터 송신된 부호어 v을 복호하는 방법 중에서 좋은 방법은 모든 $v \in C$와 w와의 해밍거리 $d(v,\ w)$을 비교하여 가장 작은 부호어 v가 단 하나 존재하는 경우에 w를 v로 복호하는 방법이다. 해밍거리 $d(w,\ v) = wt(w - v)$이므로 이 사실을 이용하여 다음과 같은 복호법을 정의한다.

정의 4.20 근사적 복호법

모든 부호어 $v \in C$에 대하여 $e = w - v$의 해밍무게 $wt(e)$을 비교하여 이러한 해밍무게 중에서 그 값이 가장 작은 벡터 e를 구하여 w를 $v = w - e \in C$로 복호하는 방법을 근사적 복호법(nearest neighborhood decoding)이라고 한다.

이 후, 수신된 벡터 w에 대하여 모든 부호어 $v \in C$는 같은 정도로 송신된다고 가정하고 또 체 F_q에 속하는 q개의 기호 하나하나가 잘못 송신될 확률이 $\frac{1}{2}$을 넘지 않는 다고 가정하기로 한다. 이러한 가정아래에서 근사적 복호법은 수신된 벡터를 잘못 복호할 확률을 최소화할 수 있다. 그러나 k가 상당히 큰 값일 경우에는 수신된 벡터 w와 q^k개의 부호어 v와의 거리를 일일이 구하는 것은 대단히 어렵다.

보기 2 체 F_2 위의 선형 (5, 2, 3)부호

$$C = \{00000,\ 01101,\ 10110,\ 11011\} \subset F_2^5$$

에 속하는 부호어가 통신로를 따라 송신될 때 두 기호 0과 1이 잘못 전달될 확률이 $\frac{1}{2}$ 이하로 동일하다고 하자. 이때 수신된 벡터 $w = (1,\ 0,\ 1,\ 1,\ 1)$이라고 하면 w와 부호 C에 속하는 4개의 부호어 v와의 해밍거리 $d(v,\ w)$는 각각 4, 3, 1, 2이고 따라서 수신 벡터 w와 해밍거리가 가장 가까운 $v = (1,\ 0,\ 1,\ 1,\ 0)$이 송신되었을 확률이 가장 크다. 따라서 수신된 벡터 $w = (1,\ 0,\ 1,\ 1,\ 1)$에서 한 개의 오류를 수정하여 10111을 10110로 복호한다. 한편, 수신된 벡터가 11000이면 부호어와의 해밍거리가 각각 2, 3, 3, 2이므로 송신 부호어는 00000과 11011일 확률이 같다.

이 경우 11000은 부호어로 복호할 수 없다.

정의 4.21 t개까지의 오류를 수정할 수 있다

체 F_2 위의 선형 $(n,\ k,\ d)$부호 C에 속하는 부호어 $v = (x_1,\ \cdots,\ x_n)$가 송신될 때, 수신된 벡터 $w = (y_1,\ \cdots,\ y_n) \in F_q^n$에 대하여 w와 t개 이하의 성분만이 다른 부호어 $v \in C$가 단 하나 존재하면 근사적 복호법에 따라 w에서 t개 이하의 오류를 수정하여 w를 부호어 v로 복호할 수 있다. 이와 같이 수신된 벡터 w에 대하여

$$d(v,\ w) \le t \ \text{ 즉 } \ w \in S_t(v)$$

인 부호어 $v \in C$가 단 하나 존재하는 경우에 부호 C는 t개까지의 오류를 수정할 수 있다고 한다.

정리 4.22

체 F_q 위의 선형 $(n,\ k,\ d)$부호 C에서 $d \geq 2t+1$일 때, 부호 C는 t개까지의 오류를 수정할 수 있다.

증명 수신된 벡터 w에 대하여 $d(v,\ w) \leq t$인 부호어 $v \in C$가 존재할 때, $v \neq v'$인 부호어 $v' \in C$에 대하여 $d(v',\ w) \leq t$라고 가정하자. 이때,

$$d(v,\ v') \leq d(v,\ w) + d(v',\ w) \leq t + t = 2t,$$
$$d(v,\ v') \geq d(C) = d \geq 2t+1$$

으로 되어 모순이 된다. 따라서 $d(v,\ w) \leq t$인 부호어 $v \in C$는 단 하나뿐이므로 부호 C는 t개까지의 오류를 수정할 수 있다.

보기 3 보기 2의 경우 $t=1$이므로 부호 C는 1개까지의 오류를 수정할 수 있다.

정리 4.23

체 F_q 위의 벡터공간 F_q^n에서, 임의의 벡터 $v \in F_q^n$와 $0 \leq r \leq n$인 정수 r에 대하여

$$|S_r(v)| = 1 + \binom{n}{1}(q-1) + \cdots + \binom{n}{r}(q-1)^r$$

이 성립한다.

증명 정리 4.18에 의하여 $|S_r(v)| = |S_r(O)|$이다. 한편, $0 \leq m \leq r$인 각 정수 m에 대하여 F_q^n의 벡터 중에서 해밍무게가 m인 벡터는 모두 $\binom{n}{m}(q-1)^m$개 존재한다. 따라서

$$|S_r(v)| = 1 + \binom{n}{1}(q-1) + \cdots + \binom{n}{r}(q-1)^r$$

이 성립한다.

정리 4.24

체 F_q 위의 선형 $(n,\ k,\ 2t+1)$인 부호 C에 대하여 다음이 성립한다.

(1) 임의의 서로 다른 부호어 $v,\ v' \in C$에 대하여 $S_t(v) \cap S_t(v') = \phi$이다.

(2) (해밍의 상계)

$$q^k\left\{1+\binom{n}{1}(q-1)+\cdots+\binom{n}{t}(q-1)^t\right\} \le q^n$$

이고 등호는 $F_q^n = \cup\{S_t(v) | v \in C\}$일 때만 성립한다.

증명 (1) 서로 다른 부호어 $v,\ v' \in C$에 대하여 $S_t(v) \cap S_t(v') \ne \phi$이라 가정하고 $w \in S_t(v) \cap S_t(v')$이라고 하자. 이때 $d(v,\ w) \le t,\ d(v',\ w) \le t$이므로

$$d(v,\ v') \le d(v,\ w) + d(v',\ w) \le t+t = 2t$$
$$d(v,\ v') \ge d(C) = 2t+1$$

이 되어 모순이다. 따라서 임의의 서로 다른 $v,\ v' \in C$에 대하여 $S_t(v) \cap S_t(v') = \phi$이다.

(2) 정리 4.22와 위 (1)에 의하여 임의의 $v \in C$에 대하여

$$|S_t(v)| = 1+\binom{n}{1}(q-1)+\cdots+\binom{n}{t}(q-1)^t$$

이고 또 서로 다른 부호어 $v,\ v' \in C$에 대하여 $S_t(v) \cap S_t(v') = \phi$이다. 한편, $|C| = q^k$, $|F_q^n| = q^n$이고 또

$$\cup\{S_t(v) \mid v \in C\} \subseteq F_q^n$$

이므로 (2)의 부등식이 성립한다. 또, $F_q^n = \cup\{S_t(v) | v \in C\}$일 때만 등호가 성립한다.

정의 4.25 완전부호

체 F_q 위의 선형 $(n,\ k,\ 2t+1)$인 부호 C에서

$$q^k\left\{1+\binom{n}{1}(q-1)+\cdots+\binom{n}{t}(q-1)^t\right\} = q^n$$

인 등식이 성립할 때, 즉 $F_q^n = \cup\{S_t(v) | v \in C\}$일 때 C을 완전부호(perfect code)라고 한다.

체 F_q 위의 선형 $(n,\ k,\ 2t+1)$인 부호 C에 속하는 부호어가 통신로를 따라 송신될 때 C는 t개까지의 오류를 수정할 수 있다. 또한,

$$N = q^k\left\{1 + \binom{n}{1}(q-1) + \cdots + \binom{n}{r}(q-1)^t\right\}$$

이라고 하면 벡터공간 F_q^n의 q^n개의 벡터 중에서 N개의 벡터 w에 대해서는

$$d(v,\ w) \leq t \text{ 즉 } w \in S_t(v)$$

인 부호어 $v \in C$가 단 하나 존재하므로 모든 수신된 벡터 w에 대하여 w의 성분의 t개까지의 오류를 수정하여 w를 부호어로 복호할 수 있다.

예제 4 아래 주어진 체 F_2 위의 부호 C에 대하여 다음을 구하여라.

$$C = \{000000,\ 001110,\ 010101,\ 011011,\ 100011,\ 101101,\ 110110,\ 111000\}$$

(1) 부호 C가 해공간이 되게 하는 동차 연립방정식을 구하여라.

(2) 이 동차 연립방정식의 계수행렬 H을 구하고 그의 계수 $r(H)$을 말하여라.

(3) 부호 C는 체 F_2 위의 이진선형 $(n,\ k,\ 2t+1)$부호이다. 이때 $n,\ k$, 그리고 t 값을 구하고 부호 C의 오류 수정개수를 말하여라.

(4) (3)에서 구한 오류 수정개수인 t개까지의 오류를 수정할 수 있는 수신된 벡터는 모두 몇 개인가?

■ **풀이** (1) 보기 3의 (2)에서, 임의의 통신문 $(a_1,\ a_2,\ a_3) \in F_2^3$에 대하여 두 가지 조건

(i) $x_1 = a_1,\ x_2 = a_2,\ x_3 = a_3$

(ii) 체 $F_2 = \{0,\ 1\}$ 위의 3×6 행렬

$$H = \begin{pmatrix} 0 & 1 & 1 & 1 & 0 & 0 \\ 1 & 0 & 1 & 0 & 1 & 0 \\ 1 & 1 & 0 & 0 & 0 & 1 \end{pmatrix}$$

일 때, $H\begin{pmatrix} x_1 \\ x_2 \\ \vdots \\ x_6 \end{pmatrix} = \begin{pmatrix} 0 \\ 0 \\ \vdots \\ 0 \end{pmatrix}$을 만족하는 것으로 설정하여 새로 전환된 부호어 $(x_1,\ x_2,\ x_3,\ x_4,\ x_5,\ x_6) \in F_2^6$을 구하면 (ii)에 의해

$$\begin{cases} \quad\ \ x_2 + x_3 + x_4 \qquad\quad = 0 \\ x_1 \qquad + x_3 \quad + x_5 \qquad = 0 \\ x_1 + x_2 \qquad\qquad\quad + x_6 = 0 \end{cases}$$

이 되고 따라서 (ⅰ)과 (ⅱ)에 의해

$$x_1 = a_1,\ x_2 = a_2,\ x_3 = a_3,\ x_4 = a_2 + a_3\ \ x_5 = a_1 + a_3,\ x_6 = a_1 + a_2$$

가 된다. 그러므로 $F_2^3 = \{000,\ 001,\ 010,\ 011,\ 100,\ 101,\ 110,\ 111\}$에 속하는 8개의 통신문을 위의 두 가지 조건에 의해 전환하면 문제에서 주어진 부호

$$C = \{000000,\ 001110,\ 010101,\ 011011,\ 100011,\ 101101,\ 110110,\ 111000\}$$

와 같게 된다. 따라서 부호 C가 해공간이 되게 하는 동차 연립방정식은

$$\begin{cases} \quad\ \ x_2 + x_3 + x_4 \qquad\quad = 0 \\ x_1 \qquad + x_3 \quad + x_5 \qquad = 0 \\ x_1 + x_2 \qquad\qquad\quad + x_6 = 0 \end{cases}$$

이다.

(2) 집합 C는 동차 연립방정식 (ⅱ)의 해공간이고 따라서 이 동차 연립방정식의 계수행렬 H는

$$H = \begin{pmatrix} 0 & 1 & 1 & 1 & 0 & 0 \\ 1 & 0 & 1 & 0 & 1 & 0 \\ 1 & 1 & 0 & 0 & 0 & 1 \end{pmatrix}$$

이다. 이때, H의 계수 $r(H) = 3$ 이다.

(3) C는 6차원 벡터공간 F_2^6의 3차원 부분공간이다. 따라서 2진 선형 (6, 3)부호이고 $d(C) = 3$이므로 위 부호 C는 이진선형 (6, 3, 3)부호이다. 또, $2t+1 = 3$이므로 $t = 1$이다. 따라서 부호 C는 1개까지의 오류를 수정할 수 있다.

(4) $q = 2,\ n = 6,\ k = 3$, 그리고 $t = 1$이므로 정리 4.24의 (2)에 의해

$$2^3\left\{1 + \binom{6}{1}\right\} = 56 < 2^6 = 64,\ \ 64 - 56 = 8$$

이므로 56개의 수신된 벡터에 대해서만 1개까지의 오류를 수정할 수 있다.

예제 5 체 F_2 위의 4×7행렬

$$G=\begin{pmatrix}1&0&0&0&1&0&1\\0&1&0&0&1&1&1\\0&0&1&0&1&1&0\\0&0&0&1&0&1&1\end{pmatrix}$$

에 대하여 다음을 구하여라.

(1) G을 생성행렬로 가지는 부호 C를 구하고 C의 차원을 구하여라.

(2) 부호 C는 체 F_2 위의 이진선형 $(n,\ k,\ 2t+1)$부호이다. 이때 $n,\ k,$ 그리고 t 값을 구하고 부호 C의 오류 수정개수를 말하여라.

(3) (2)에서 구한 오류 수정개수인 t개까지의 오류를 수정할 수 있는 수신된 벡터는 모두 몇 개인가?

■ 풀이 (1) $C=\{0000000,\ 1000101,\ 0100111,\ 0010110,\ 0001011,\ 1100010,\ 1010011,$ $1001110,\ 0110001,\ 0101100,\ 0011101,\ 1110100,\ 1101001,\ 1011000,$ $0111010,\ 1111111\}$이다. 또 부호 C의 차원 $\dim C$는 생성행렬 G의 계수인 $r(G)$이므로

$$\dim C=r(G)=4$$

이다. 따라서 부호 C는 행렬 G의 4개의 행벡터에 의해 생성된 F_2^7의 4차원 부분공간이다.

(2) $n=7,\ k=4$이고 $d(C)=3$이므로 $2t+1=3$에서 $t=1$이다.

(3) 수신된 벡터는 $2^4\left\{1+\binom{7}{1}\right\}=2^7$개 이다. 따라서 C는 완전부호이므로 모든 수신된 벡터에 대하여 1개까지의 오류를 수정할 수 있다.

보기 6 체 F_q 위의 벡터공간 F_q^n 자신은 선형 $(n,\ n,\ 1)$부호이고 이 부호는 완전부호이지만 수신된 벡터의 오류를 수정할 수 없다. 한편, n이 홀수일 때, 체 F_2 위의 반복부호

$$C=\{00\cdots00,\ 11\cdots11\}\subseteq F_2^n$$

에 대하여 $d(C)=n$이므로 C는 이진선형 $(n,\ 1,\ n)$부호이다. 특히, $n=2t+1$이면 C는 t개까지의 오류를 수정할 수 있다. 그리고 이때 $0\le i<t$인 각 i에 대하여 $\binom{n}{i}=\binom{n}{n-i}$이므로

$$2\left\{1+\binom{n}{1}(2-1)+\cdots+\binom{n}{t}(2-1)^t\right\}=\left\{\binom{n}{0}+\binom{n}{1}+\cdots+\binom{n}{t}+\binom{n}{t+1}+\cdots+\binom{n}{n}\right\}=2^n$$

이다. 따라서 C는 완전부호이고 모든 수신된 벡터에 대하여 t개까지의 오류를 수정할 수 있다.

이제 C을 체 F_q 위의 선형 $(n,\ k,\ d)$부호라고 하면 벡터공간 F_q^n은 정의에 의하여 덧셈에 관하여 군을 이루고 C는 F_q^n의 부분군이므로 잉여군 F_q^n/C을 생각할 수 있다 (정의 2.57, 정리 2.58). 이 정의 2.57과 정리 2.58에 따르면

$$F_q^n/C=\left\{w+C \mid w\in F_q^n\right\},\ \ |F_q^n/C|=\frac{|F_q^n|}{|C|}=\frac{q^n}{q^k}=q^{n-k}$$
$$w+C=\{w+v \mid v\in C\},\ \ w+C=u+C\ \Leftrightarrow\ w-u\in C$$

이다.

정의 4.26 선두대표원

C을 체 F_q 위의 선형 $(n,\ k,\ d)$부호라고 하고 F_q^n을 벡터공간이라 하자. 그러면 잉여군 F_q^n/C의 원소인 각 잉여류 $w+C$에 속하는 벡터 중에서 해밍무게가 가장 작은 벡터를 e라고 하면 $w+C=e+C$이다. 이와 같은 벡터 e를 이 잉여류의 선두대표원(coset leader)이라고 한다.

한 잉여류 안에는 선두대표원과 같은 벡터가 여러 개 있을 수 있다. 참고적으로 잉여류 C의 선두대표원은 O뿐이다.

보기 7 체 F_2 위의 부호 $C=\{0000,\ 1011,\ 0101,\ 1110\}$는 덧셈군 F_2^4의 부분군이다. 따라서 F_2^4/C는 잉여군이다. 즉,

$$F_2^4/C=\{0000+C,\ 0001+C,\ 0010+C,\ 0011+C\}$$

은 덧셈에 대하여 군이 된다. 이때, F_2^4/C의 원소인 잉여류

$$0001+C=\{0001,\ 1010,\ 0100,\ 1111\}=0100+C=1010+C=1111+C$$

이고 이 중 해밍무게가 가장 작은 벡터는 0001과 0100이므로 이 잉여류의 선두대표원은 0001과 0100이다.

정리 4.27

C을 체 F_q 위의 선형 (n, k, d)부호라고 하자. $d \geq 2t+1$일 때, 잉여류 $w+C$에 속하는 벡터 중에서 $wt(e) \leq t$인 벡터 e가 존재한다면 $w+C=e+C$이고 e는 이 잉여류의 유일한 선두대표원이다. 특히, 벡터공간 F_q^n에서 $e_1 = O, e_2, \cdots, e_s$을 해밍무게가 t 이하인 벡터 전체라고 하면 잉여류 $C, e_2+C, \cdots, e_s+C$에 대하여 e_i는 잉여류 e_i+C의 유일한 선두대표원이다.

증명　벡터 e'을 잉여류 $w+C$의 선두대표원이라고 하면

$$e+C=w+C=e'+C$$

이므로 $e-e' \in C$이다.

또한 $e' \in e+C$이므로 $wt(e') \leq wt(e) \leq t$이다. 따라서 정리 4.14에 의하여 다음이 성립한다.

$$wt(e-e') \leq wt(e)+wt(-e')=wt(e)+wt(e') \leq 2t$$

한편, $e \neq e'$이면 $e-e' \in C$, $e-e' \neq O$이므로

$$wt(e-e') \geq wt(C)=d(C)=d \geq 2t+1$$

이 되어 모순이다(정리 4.16 참조). 따라서 $e=e'$이다.

정리 4.28

체 F_q 위의 선형 $(n, k, 2t+1)$부호 C가 완전부호일 때, 임의의 $w \in F_q^n$에 대하여 잉여류 $w+C$에는 $wt(e) \leq t$인 벡터 e가 단 하나 존재하고, 이때 e는 잉여류 $w+C$의 유일한 선두대표원이다. 특히, F_q^n에는 $wt(e) \leq t$인 벡터 e가 꼭 $m=q^{n-k}$개 존재하고 이러한 벡터 전체를 $e_1=O, e_2, \cdots, e_m$이라고 하면 $C, e_2+C, \cdots, e_m+C$는 F_q^n의 C에 의한 잉여류 전체이고 각 e_i는 e_i+C의 유일한 선두대표원이다.

증명 가정에 의하여 임의의 벡터 $w \in F_q^n$에 대하여

$$w \in S_t(v),\ \text{즉}\ d(v,\ w) \le t$$

인 부호어 $v \in C$가 단 하나 존재한다(정의 4.25). 이때 $w - v = e$라고 하면 $w - e = v \in C$이므로 $w + C = e + C$이고 $e \in w + C$이다. 또,

$$wt(e) = d(O,\ w - v) = d(w,\ v) \le t$$

이므로 정리 4.27에 의하여 e는 잉여류 $w + C$의 유일한 선두대표원이다. 한편, F_q^n의 C에 관한 잉여류는 q^{n-k}개가 있고 따라서 앞의 결과에 의하여 F_q^n에는 $wt(e) \le t$인 벡터 e가 꼭 q^{n-k}개 존재한다.

이제 체 F_q 위의 선형 $(n,\ k,\ d)$부호 C에 대하여 $d \ge 2t+1$이면 C는 t개까지의 오류를 수정할 수 있다(정리 4.23). 이때 벡터공간 F_q^n에서 $e_1 = O,\ e_2,\ \cdots,\ e_s$을 해밍 무게가 t이하인 벡터 전체라고 하면 각 잉여류 $C,\ e_2 + C,\ \cdots,\ e_m + C$에 대하여 e_i는 잉여류 $e_i + C$의 유일한 선두대표원이다(정리 4.27).

$$\begin{array}{rcccccc} C: & O & v_2 & \cdots & v_j & \cdots & v_l \\ e_2 + C: & e_2 & e_2 + v_2 & \cdots & e_2 + v_j & \cdots & e_2 + v_l \\ \vdots & & \vdots & \vdots & \vdots & \vdots & \vdots \\ e_s + C: & e_s & e_s + v_2 & \cdots & e_s + v_j & \cdots & e_s + v_l \end{array}$$

위의 표에서 수신된 벡터 w가 제 i행, 제 j열에 있다면

$$w + C = e_i + C,\ w = e_i + e_j$$

이고 e_i는 $w + C$에 속하는 벡터 중에서 해밍무게가 가장 작다. 따라서 e_i는 가장 이상적인 오류벡터이므로 w를 부호어 v_j로 복호한다.

특히, 체 F_q 위의 선형 $(n,\ k,\ 2t+1)$의 부호 C가 완전부호이면 해밍무게가 t이하인 벡터는 q^{n-k}개 있으므로 모든 수신된 벡터 w에 대하여 w의 t개까지의 오류를 수정하여 부호어로 복호할 수 있다(정리 4.28).

연습문제 4.2

1. 다음 부호가 완전부호인지를 판정하여라.

(1) 이진 (15, 11, 3) 부호

(2) 체 F_3 위의 선형 (13, 10, 3) 부호

2. 체 F_3 위의 부호 C는 다음 행렬을 생성행렬로 가지는 부호이다.

$$G = \begin{pmatrix} 1 & 0 & 1 & 1 \\ 0 & 1 & 1 & 2 \end{pmatrix}$$

(1) C에 속하는 부호어를 모두 구하고 이 부호가 완전부호임을 밝혀라.

(2) C의 홀짝 검사행렬 H를 하나만 구하여라.

(3) F_3^4의 C에 의한 잉여류를 모두 구하고 각 잉여류의 선두대표원을 구하여라. 또, 수신된 벡터가 $w = 00110$일 때 w를 부호어로 복호하여라.

참고문헌

1. "길잡이 공학수학", 양정모, 교우사, 2004.
2. "대수학과 암호학", 박승안, 경문사, 2000.
3. "암호와 대수곡선", 서광석 외, ㈜북스힐, 2000.
4. "암호학의 기초", 한국전자통신연구원, 경문사, 2002.
5. "정수론", 김응태 · 박승안, 이우출판사, 1982.
6. "정수론(제5판)", 김응태 · 박승안, 경문사, 2002.
7. "현대대수학", 김응태 · 박승안, 경문사, 2003.
8. "현대암호학", 이민섭, 교우사, 2007.
9. "A Course in Number Theory and Cryptography", Springer-Verlag, 1987.
10. "Elementary Linear Algebra", Howard Anton, John Wiley, 1981.

찾아보기

ㅇ

ㅈ

ㅊ

* 이 책은 2018년도 중부대학교 학술연구비 지원에 의하여 이루어진 것임.

암호
수학

지은이 양정모
펴낸이 조경희
펴낸곳 경문사
펴낸날 2019년 2월 28일 1판 1쇄
2022년 8월 1일 1판 2쇄
등 록 1979년 11월 9일 제1979-000023호
주 소 04057, 서울특별시 마포구 와우산로 174
전 화 (02)332-2004 팩스 (02)336-5193
이메일 kyungmoon@kyungmoon.com

값 21,000원

ISBN 979-11-6073-190-3